东平湖蓄滞洪区防洪工程
环境影响研究

韩艳利　葛　雷　黄玉芳　孔晓娟　著

黄河水利出版社

·郑州·

内 容 提 要

东平湖蓄滞洪区防洪工程是根据黄河流域防洪规划、全国蓄滞洪区建设与管理规划进行的防洪工程建设项目,对于提高东平湖蓄滞洪区防洪能力的保障水平、完善黄河下游防洪体系、保障黄河下游重要城市和工农业发展具有重大意义。但本工程施工、占地将对区域水环境、生态环境产生一定的不利影响。本书在收集区域相关研究成果、开展区域环境现状调查和工程情况分析的基础上,对东平湖蓄滞洪区防洪工程项目建设可能造成的水环境、生态环境影响等进行了深入研究,并提出了减缓不利影响的环境保护工程措施和非工程措施。

本书可供水利部门、环境保护部门从事环境影响评价的专业技术人员、环境管理人员及环境科学相关专业的大专院校师生阅读参考。

图书在版编目(CIP)数据

东平湖蓄滞洪区防洪工程环境影响研究/韩艳利等著.
郑州:黄河水利出版社,2016. 11
ISBN 978 - 7 - 5509 - 1577 - 0

Ⅰ.①东…　Ⅱ.①韩…　Ⅲ.①蓄洪 - 水库 - 防洪工程 -
环境影响 - 研究 - 东平县②滞洪水库 - 防洪工程 - 环境影
响 - 研究 - 东平县　Ⅳ.①TV697.1②X820.3

中国版本图书馆 CIP 数据核字(2016)第 275627 号

策划编辑:李洪良　电话:0371 - 66026352　E-mail:hongliang0013@163. com

出 版 社:黄河水利出版社
　　　地址:河南省郑州市顺河路黄委会综合楼14层　　　邮政编码:450003
发行单位:黄河水利出版社
　　　发行部电话:0371 - 66026940、66020550、66028024、66022620(传真)
　　　E-mail:hhslcbs@ 126. com
承印单位:虎彩印艺股份有限公司
开本:787 mm × 1 092 mm　1/16
印张:14.5
字数:335 千字　　　　　　　　　　　　　印数:1—1 000
版次:2016 年 11 月第 1 版　　　　　　　　印次:2016 年 11 月第 1 次印刷
定价:60.00 元

前　言

东平湖蓄滞洪区位于黄河下游汶河支流末端的东平湖区,分别属于山东省济宁市梁山县和汶上县、泰安市东平县;湖区由二级湖堤分隔为新、老两个蓄滞洪区。东平湖蓄滞洪区总面积627 km²,涉及12个乡镇363个自然村,区内人口36.61万,耕地3.15万hm²。2009年,国务院明确东平湖蓄滞洪区为黄河下游唯一一处重要蓄滞洪区。东平湖蓄滞洪区是黄河下游防洪工程体系的重要组成部分,承担着分滞黄河洪水和蓄滞汶河来水的任务,同时老湖区还将作为南水北调东线一期工程的输水通道,在黄河下游防洪及国家水资源利用战略布局中具有十分重要的地位。

东平湖蓄滞洪区防洪工程环境影响课题研究从2012年开始至2015年通过环境保护部评估,历时4年。课题组主要开展了现场踏勘、资料收集、环境监测等工作,收集了当地水文、气象、生态环境等资料,对工程沿线自然环境、社会环境和生态状况进行了详细的调查和监测,并进行了多种形式的公众参与,广泛听取和吸收了各有关部门、单位和社会人士对工程建设的意见和建议。2013年11月该课题研究报告通过了水利部的审查,2015年9月通过了环境保护部的审查和评估。

东平湖蓄滞洪区防洪工程建成后,将提高黄河下游防洪的保障能力,同时防洪体系工程的建设也将改善沿岸地区的交通条件、环境状况,促进区域社会经济的发展,但工程施工将对水环境、生态环境等产生一定不利的影响。本书在区域环境现状调查和工程分析的基础上,对项目的环境影响进行研究,同时提出适合本项目环境保护措施、环境管理机构及环境管理监测计划等,为同类项目研究提供借鉴。

本书内容共分8章:第1章主要介绍了我国蓄滞洪区工程建设现状、该课题研究主要内容、研究思路及重点;第2章简要介绍了项目概况及区域环境概况;第3章介绍了对工程所处的水环境、生态环境、土壤环境等进行调查与评价;第4章识别项目建设对水环境的影响因素,分析了项目建设对区域水环境的影响;第5章识别项目建设对生态环境的影响因素,分析了项目建设对区域生态环境的影响;第6章针对项目涉及的自然保护区、风景名胜区等生态敏感目标进行影响分析;第7章针对项目产生的不利影响,提出相应的工程、非工程环境保护措施,并制订了环境监测计划;第8章为结论与建议。

在该课题研究和报告编写过程中,得到了泰安市东平县和济宁市梁山县、汶上县等市县(区)人民政府,东平湖管理委员会以及各县(区)有关部门,以及工程管理单位山东黄河河务局、建设单位东平湖管理局、设计单位山东黄河勘测设计院和协作单位中国科学院地质与地球物理研究所、中国科学院水生生物研究所、河南财政金融学院及河南大学的大力支持和协助,在此致以诚挚的感谢!

在本书撰写过程中,黄河水资源保护科学研究院院长彭勃教授、副院长潘轶敏教授给予了悉心的指导和帮助,并对撰写工作给予了大力支持,该课题研究历时4年,在此过程中,课题组成员付出了大量辛勤的劳动,在此表示衷心的感谢!

由于作者水平有限,书中难免存在不足之处,敬请广大读者批评指正。

作　者

2016 年 8 月

目 录

第 1 章　研究区概况

2000 年,黄河流域列入国家蓄滞洪区名录(《蓄滞洪区运用补偿暂行办法》,中华人民共和国国务院令第 286 号)的蓄滞洪区共有 5 处,全部分布在黄河下游,分别为东平湖蓄滞洪区、北金堤蓄滞洪区、齐河展宽区(北展宽区)、垦利展宽区(南展宽区)、大功分洪区。其中东平湖蓄滞洪区处于黄河与大汶河下游冲积平原的洼地上,用于削减艾山以下窄河段的洪水;北金堤蓄滞洪区位于黄河下游左岸临黄大堤和北金堤之间,设计用于分蓄黄河洪水;大功分洪区位于黄河下游北岸河南省封丘县境内,为黄河防御特大洪水的临时分洪区;齐河展宽区和垦利展宽区分别位于山东省齐河县和垦利县,是以防凌为主要目的修建的。2009 年 11 月国务院已批复《全国蓄滞洪区建设与管理规划》,明确东平湖蓄滞洪区为黄河下游唯一一处重要蓄滞洪区,北金堤蓄滞洪区运用标准提高到 1 000 年一遇,调整为蓄滞洪保留区。东平湖蓄滞洪区作为黄河流域唯一的蓄滞洪区,成为保证山东黄河窄河段防洪安全的关键工程,是黄河蓄滞洪区建设的重点。

经过长期建设,东平湖蓄滞洪区防洪工程体系基本建立,建设了部分安全设施及非工程措施。但长期以来东平湖蓄滞洪区防洪工程建设投入不足,部分堤防高度、宽度不足,质量差,且堤顶防汛路未硬化,闸门不满足防洪要求,致使决策启用蓄滞洪区困难,从而严重影响分洪运用。运用时需转移大量居民,转移安置难度大。蓄滞洪区内的居民生命安全保障、民生状况和发展条件的改善受到很大程度的制约,分蓄洪水、保障居民生命财产安全和发展经济的矛盾越来越突出。为充分发挥东平湖蓄滞洪区的蓄滞洪能力,保证山东黄河以及汶河的防洪安全,黄河水利委员会开展了黄河东平湖蓄滞洪区防洪工程建设项目。

1.1　工程概况

1.1.1　工程地理位置

东平湖蓄滞洪区防洪工程位于黄河下游山东省泰安市和济宁市境内,地跨两市的东平、梁山、汶上三县,地理位置为东经 116°00′~116°30′、北纬 35°30′~36°20′。东平湖蓄滞洪区防洪工程区域包括东平湖新、老湖区以及大汶河戴村坝以下河段。东平湖蓄滞洪区防洪工程区域在黄河流域的地理位置见图 1-1。

1.1.2　东平湖蓄滞洪区概况

东平湖位于大清河下游,古已有之,历经大野泽、梁山泊、北五湖等多个时代历史变迁。1855 年,黄河自河南兰考铜瓦厢决口,改道大清河,改走现行流路后,使东平湖与黄河连通,成为调蓄黄河与大汶河洪水的一个天然的蓄滞洪区。1958 年汛后,将东平湖自

图 1-1 东平湖蓄滞洪区在黄河流域的地理位置示意图

然蓄滞洪区改建为能控制运用的平原水库,1963 年经国务院批准改建,东平湖水库功能由原来的综合利用改为"以防洪运用为主、有洪滞洪、无洪生产"的蓄滞洪区,并开展了多次大规模防洪工程建设,形成了目前的治理格局。

东平湖蓄滞洪区由老湖区和新湖区组成,总面积 627 km²,设计蓄洪量 33.54 亿 m³(水位 43.72 m,1985 国家高程基准,下同)。新、老湖区由二级湖堤分隔,其中老湖区设计水位为 44.72 m,相应湖区面积为 209 km²、库容为 11.94 亿 m³;新湖区设计水位为 43.72 m,相应湖区面积为 418 km²、库容为 23.67 亿 m³。东平湖蓄滞洪区新湖围堤由围坝、河湖两用堤,山口隔堤和二级湖堤组成,全长 164.96 km。

1.1.3 东平湖蓄滞洪区作用及运用方式

1.1.3.1 东平湖蓄滞洪区定位及作用

1. 东平湖蓄滞洪区在保障黄河下游防洪安全的战略作用

黄河是一条多泥沙、多灾害河流,洪水泥沙灾害严重,治理黄河历来是中华民族安民兴邦的大事。新中国成立以来,党和政府对黄河防洪十分重视,为保障黄河下游两岸生产及生活安全,先后在黄河下游开辟了东平湖蓄滞洪区、北金堤蓄滞洪区、齐河展宽区、垦利展宽区、大功分洪区 5 个蓄滞洪区,并列入国家蓄滞洪区名录(《蓄滞洪区运用补偿暂行办法》,中华人民共和国国务院令第 286 号)。其中,东平湖蓄滞洪区处于黄河与大汶河下游冲积平原的洼地上,用于削减艾山以下窄河段的洪水。

小浪底水库建成运用后,黄河下游防洪标准提高到近 1 000 年一遇,防洪防凌形势大为改观。根据黄河流域防洪形势的变化,2008 年《国务院关于黄河流域防洪规划的批复》(国函〔2008〕63 号)对黄河流域蓄滞洪区进行了调整,确定设置东平湖蓄滞洪区、北金堤蓄滞洪区 2 处,分别作为蓄滞黄河设防标准以内的洪水和应对超标准特大洪水的分洪措施。2009 年 11 月国务院已批复《全国蓄滞洪区建设与管理规划》,明确东平湖蓄滞洪区为黄河下游唯一一处重要蓄滞洪区,北金堤蓄滞洪区调整为蓄滞洪保留区。东平湖蓄滞洪区的调度运用实行老湖区和新湖区分区使用,老湖区运用标准为 30 年一遇;新湖区运用标准近 100 年一遇,启用标准为 30 年一遇。

东平湖蓄滞洪区处于黄河下游宽河道转为窄河道的过渡河段,作为黄河下游重要蓄滞洪区,是保证窄河段防洪安全的关键工程,是黄河下游防洪体系的重要组成部分,对保证津浦铁路、济南市、胜利油田以及黄河艾山以下两岸的防洪安全具有十分重要的战略作用,在黄河流域防洪战略布局中具有十分重要的地位。东平湖蓄滞洪区在黄河流域防洪体系的位置见图 1-2,在黄河流域蓄滞洪区的位置见图 1-3。

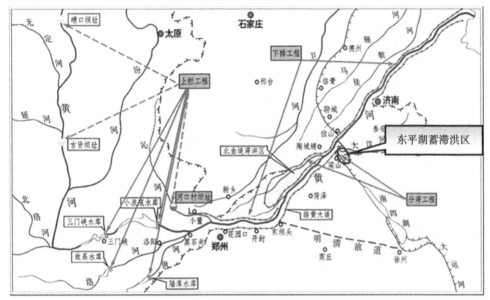

图 1-2 东平湖蓄滞洪区在黄河流域防洪体系的位置

2. 东平湖在南水北调东线工程中的作用

根据南水北调东线一期工程实施方案和水量调度方案,东平湖老湖区和柳长河是南水北调东线输水通道,东平湖在保障南水北调供水安全中承担重要任务,对防洪安全和水质安全要求高,东平湖的防洪安全关系到南水北调东线工程安全,其水质关系南水北调东线供水安全。

南水北调东线工程具体线路布置为从南四湖向北利用梁济运河输水至邓楼,建泵站抽水入东平湖新湖区,沿柳长河输水送至八里湾,然后由泵站抽水入东平湖老湖区,再分水两路,其一在东平湖老湖区玉斑堤破堤开渠穿黄而过入天津;其二向北经陈山口出湖闸后入胶东地区输水干线,接引黄济青渠道。南水北调东线工程在东平湖蓄滞洪区内的工程布设和线路走向见图 1-4。

1.1.3.2 东平湖蓄滞洪区运用方式

根据《黄河流域蓄滞洪区建设与管理规划》,东平湖蓄滞洪区分滞黄河超标准洪水的运用原则是:孙口站实测洪峰流量达 10 000 m³/s,且有上涨趋势时,运用东平湖蓄滞洪区分洪。具体分洪运用方式是:

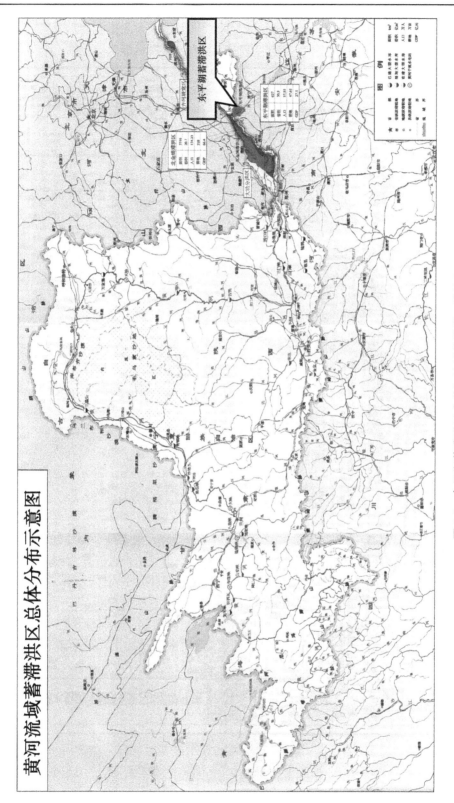

图 1-3 东平湖蓄滞洪区在黄河流域蓄滞洪区的位置

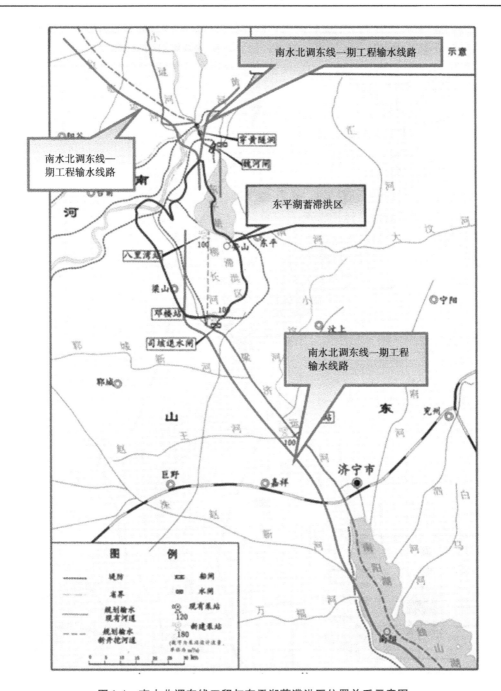

图 1-4 南水北调东线工程与东平湖蓄滞洪区位置关系示意图

(1)在老湖区水位低于 44.72 m 且孙口站实测洪峰流量为 10 000 ~ 13 500 m³/s 时，开启林辛、十里堡分洪闸，运用老湖区分洪。

(2)在老湖区水位达到 44.72 m 或孙口站实测洪峰流量超过 13 500 m³/s 时，开启石洼分洪闸，运用新湖区分洪。

(3)在分洪运用过程中，尽量用闸门控制分洪流量，使分洪后的黄河流量保持在

10 000 m³/s 左右。

(4)当全湖运用水位达 43.72 m 或孙口站实测洪峰流量已退落到 10 000 m³/s 以下时,关闭全部分洪闸,停止分洪。当湖区蓄水位超过南桥黄河水位时,开启陈山口、清河门退水闸向黄河干流退水。

大汶河蓄洪运用方式是:大汶河戴村坝站洪峰流量小于 7 000 m³/s 时,充分利用老湖区蓄滞洪水,尽力北排入黄;因黄河水顶托或遭遇黄河分洪等,老湖区难以满足蓄滞洪水需要时,通过八里湾闸或破除二级湖堤,使用新湖区蓄滞洪水。

本次东平湖蓄滞洪区防洪工程建设并不改变东平湖蓄滞洪区调度运行方式,工程建成后,东平湖蓄滞洪区运行时的进洪途径、蓄洪量和水位、退泄洪去向不发生改变。

1.1.3.3 东平湖蓄滞洪区运用情况

东平湖蓄滞洪区的运用主要为老湖区蓄滞大汶河来水,据统计,1990 ～2013 年 24 年间,老湖区超警戒水位和汶河年来水量超 9 亿 m³ 的有 13 年,即 1990 年、1994 ～1996 年、1998 年、2001 年、2003 ～2005 年、2007 年、2011 ～2013 年(见表 1-1)。

表 1-1 东平湖蓄滞洪区 1990 ～2013 年运行统计结果

序号	年份	最高水位(m)	超警戒运用历时(d)
1	1990	43.72	
2	1994	42.61	34
3	1995	42.9	22
4	1996	43.67	27
5	1998	43.48	30
6	2001	44.38	27
7	2003	43.2	
8	2004	43.2	
9	2005	43.7	3
10	2007	43.69	14
11	2011	43.11	5
12	2012	42.86	
13	2013	43.25	5

1.1.4 工程组成与规模

本次工程安排按内容分为堤防加固工程、护坡工程、退排水工程、河道整治工程和穿堤建筑物工程等,其中护坡翻修 61.325 km,堤防加固 26.664 km,堤顶防汛路 135.997 km,控导加固工程 4 处,险工加固 4 处,穿堤建筑物改建 5 座,废弃涵闸拆除堵复 4 处。具体工程组成与规模详见表 1-2。

表 1-2　东平湖蓄滞洪区工程建设项目规模

序号	类别	名称	位置	桩号	工程规模	工程形式
1	堤防工程	护坡翻修	新湖围坝	10+471~55+000	55.529 km	浆砌石框格+雷诺
				77+300~88+300		组合预制联锁块护坡
			两闸隔堤	0+188~0+434	0.246 km	干砌石护坡
			卧牛堤	0+000~1+830	1.83 km	雷诺+浆砌石护坡
			玉斑堤	1+850~3+907	2.057 km	雷诺+浆砌石框格
			大清河右堤	16+137~17+800	1.663 km	雷诺护垫+固脚
		小计			61.325 km	
		堤顶防汛路	新湖围坝	10+471~25+500	65.729 km	沥青混凝土路面
				32+800~76+300		沥青混凝土路面
				81+100~88+300		沥青混凝土路面
				上堤道路补残整修	44 条	
				村口路硬化	21 条	
			二级湖堤	0+000~26+731 km	26.731 km	沥青混凝土路面
			大清河左堤	88+300~108+300	20.0 km	沥青混凝土路面
				上堤道路补残整修	20 条	沥青混凝土路面
				村口路硬化	21 条	沥青混凝土路面
			大清河右堤	0+000~17+800	17.80 km	沥青混凝土路面
			卧牛堤	0+000~1+830	1.83 km	泥结碎石路面
			玉斑堤	0+000~3+907	3.907 km	泥结碎石路面
		小计			135.997 km	
		护堤固脚	新湖围坝	41+100~41+620	2.454 km	浆砌石挡墙
				47+600~48+612		浆砌石挡墙
				78+630~79+552		浆砌石挡墙
		帮宽加高及堤顶整修	大清河左堤	88+300~108+300	20.0 km	梯形断面
		截渗墙加固	大清河左堤	88+350~92+250	3.90 km	水泥搅拌桩截渗墙
			玉斑堤山体结合处	0-060~0+190	0.25 km	水泥搅拌桩截渗墙
		堤防延长	青龙堤	0-025~0+035	0.060 km	梯形断面加固
		背河坑塘处理	大清河右堤	7+650~17+800	10 处	
		错车道建设	大清河右堤	0+000~10+150	10 处	
		护堤屋建设	大清河左、右堤		19座(1 140 m²)	

续表 1-2

序号	类别	名称	位置	桩号	工程规模	工程形式
2	退排水工程	陈山口、清河门闸上河道疏浚	陈山口、清河门闸前		2.4 km	
		陈山口、清河门电源及机电改造,遮雨房			备用电源及114 m² 房	遮雨房改建
		清河门出湖闸闸门及启闭机改造	斑清堤	2 + 310	$Q = 1\ 300\ \mathrm{m^3/s}$	更换闸门启闭机设施
		陈山口闸公路桥改建	两闸隔堤	0 + 625	0.082 6 km	拆除改建
3	穿堤建筑物	改建工程 王台排涝站	大清河右堤	16 + 755	$Q = 6\ \mathrm{m^3/s}$	原址拆除重建
		路口排涝站	大清河右堤	11 + 800	$Q = 5.6\ \mathrm{m^3/s}$	原址拆除重建
		卧牛排涝站	卧牛堤	1 + 684	$Q = 6.8\ \mathrm{m^3/s}$	原址拆除重建
		马口闸	新湖围坝	79 + 300	排 $Q = 10\ \mathrm{m^3/s}$ 引 $Q = 4\ \mathrm{m^3/s}$	原址拆除重建
		堂子排灌站穿堤涵洞	玉斑堤	0 + 248	涵洞 2 m × 2 m	涵洞拆除改建
		拆除堵复工程 林辛淤灌闸	二级湖堤	0 + 150	$Q = 0.6\ \mathrm{m^3/s}$	原址拆除复堤
		范村涵洞	大清河右堤	1 + 050	$Q = 1.6\ \mathrm{m^3/s}$	原址拆除复堤
		后亭涵洞	大清河左堤	102 + 500	$Q = 1.7\ \mathrm{m^3/s}$	原址拆除复堤
		尚流泽涵洞		98 + 250	$Q = 1.7\ \mathrm{m^3/s}$	原址拆除复堤
4	河道整治工程	险工加固工程 古台寺	大清河右堤	2 + 428 ~ 3 + 763	5 段坝岸	乱石坝
		辛庄	大清河右堤	7 + 320 ~ 7 + 970	6 段坝岸	乱石坝
		武家曼	新湖围坝	87 + 820 ~ 88 + 250	3 段坝岸	乱石坝
		鲁祖屯	大清河左堤	94 + 845 ~ 95 + 180	6 段坝岸	乱石坝
		控导加固工程 大牛村	大清河左堤	93 + 480 ~ 93 + 680	200 m	改建
		尚流泽		98 + 400 ~ 98 + 950	520 m	改建
		后亭		102 + 600 ~ 103 + 200	1 050 m	改建
		南城子		106 + 630 ~ 106 + 910	280 m	改建

1.1.5　工程施工组织设计

1.1.5.1　施工交通运输

1.施工对外交通

东平湖蓄滞洪区交通运输条件发达。湖区周边有国道 G220,省道 S250、S255 与堤顶防汛路相连,湖区内的隔堤、围坝、二级湖堤、环湖路、防汛路以及现有的县乡交通路,均能满足施工运输要求。

2.施工场内交通

本工程场内道路路基尽量利用村间现有道路,不能利用的考虑新建或改建,新修的场内道路情况见表 1-3。

表 1-3　东平湖蓄滞洪区防洪工程建设场内临时施工道路汇总

位置	项目	临时道路起止	长度(m)			宽度(m)	占地面积(m²)	工程量(m³)
			新修	改建	总长			
东平湖蓄滞洪区	青龙堤接长	T3 号土场—公路		100	100	6		325
	堂子排灌站	G2 号土场—公路		200	200	6		650
	围坝堤防道路、村口路硬化、土方补残	G4 号土场—围坝	400	600	1 000	6	2 800	3 250
		G8-3 土场—公路		400	400	6		1 300
	围坝护堤固脚	G5 号土场—围坝	400		400	6	2 800	2 600
大清河	大清河左堤帮宽	G8-2 土场—公路		500	500	6		1 625
	大清河左堤截渗墙加固	G7-2 土场—公路		700	700	6		2 275
	鲁祖屯险工改建	G6 号土场—公路		200	200	6		650
	大清河右堤坑塘处理	G8-1 号土场—公路		500	500	6		1 625
	大清河右堤堤防道路	G7-1 号土场—公路		300	300	6		975
合计			800	3 900	4 700		5 600	15 275

1.1.5.2　料场布置

本次共布设土料场 8 处(见图 1-5 ~ 图 1-8),布置原则为在保证土料质量、储量的前提下,充分考虑运距和有利于复垦,并尽量少利用耕地、林地,减少施工征地面积。护坡、控导、险工工程石方填筑所需砂石料从市场购运。砂石料场选择遵循原则为就地、就近取材,料源充足并有储备。

1.土料场

土料场分两类,一类为护坡、帮宽、坑塘填筑、涵洞拆除堵复、堤防道路路基所用壤土料场;另一类为险工和控导工程坝体填筑,以及穿堤建筑物黏土环所用的黏土料场。8 处土料场基本情况见表 1-4。

图1-5　1号及2号土料场现状

图1-6　3号及4号土料场现状

图1-7　5号及6号土料场现状

图1-8　7号及8号土料场现状

表1-4　东平湖蓄滞洪区工程建设的土料场基本情况

编号	区域	位置	土料场面积（万 m²）	土料场储量（万 m³）	现状情况
1	老湖区	徐十堤西侧	46.3	46.3	大部分为耕地,局部分布菜地,零星分布树木
2		徐十堤西侧	4.2	4.2	耕地
3		卧牛堤西侧	8.0	6.4	大部分为林地
4	新湖区	新湖区	100	100	大部分为耕地,零星分布树木
5		新湖区	72.6	72.6	大部分为耕地,零星分布树木
6	大清河	大清河北岸	12.0	36.0	大部分为耕地,零星分布树木
7		稻屯洼北部	167.1	250.6	大部分为耕地,零星分布树木
8	稻屯洼	稻屯洼北部	502.1	753.1	大部分为耕地,零星分布树木

2. 砂石料场

护坡、控导、险工工程石方填筑需砂石料。因黄河下游河道无砂石料,砂石料需从外地购运。

砂的来源为东平县老湖镇王李屯村老八砂场,碎石来源为东平县旧县乡旧县二村张峪山银乐石料厂,块石来源主要为东平县旧县乡石料厂。

1.1.5.3　弃渣场布置

本次工程不专门设置渣场,拟在每个临时施工区设周转渣场,施工过程中对工程弃渣进行周转处理,最大可能地充分利用开挖土石方料。石料周转渣场分布于玉斑堤、卧牛堤、大清河险工和控导工程附近,占地83.24 亩[❶],施工结束后弃石用于堤脚加固。土料周转渣场分别位于玉斑堤、卧牛堤、二级湖堤、围坝和大清河险工和控导工程附近,占地5.39 亩。施工结束后弃土就近弃至堤脚附近,用于堤防堤脚加固。土料场清基表土就近堆置在土料场附近,施工结束后用于土料场回填。河道疏浚工程开挖底泥用于玉斑堤与斑清堤之间低洼地的填方,占地580.3 亩。建筑垃圾产生量为4.77 万 m³,其中拆除沥青采用冷再生新工艺用于堤顶防汛路建设,废钢筋回收利用,其余不能利用的建筑垃圾运往东平县垃圾填埋场进行集中处理。

1.1.5.4　施工工区布置

本次工程距离东平、梁山城镇较近,各施工工区不专门设置机械修配厂、汽车修理厂、综合加工厂等,仅简单设置工程必需的混凝土拌和站、施工机械停放修配场、综合加工厂（承担钢筋、木材加工及混凝土预制等任务）等设施;生活设施包括临时住房、办公用房等。

为了充分利用工程临时占地,减少生态影响,将各项建设中相邻近或独成一体的工程

---

❶　1 亩 =1/15 hm²,下同。

进行划分,整个建设共划分 14 个工区(见表 1-5、表 1-6),以便管理和保护措施的实施。

表 1-5　东平湖蓄滞洪区内建设工程施工工区布设具体情况

工区划分	涵盖工程	工区位置	占地面积(亩)	总机械量(台)	高峰期人数(人)
工区 1	青龙堤接长	G220 国道南,陈山口村东	16.42	89	341
	两闸隔堤翻修石护坡				
	陈山口闸公路桥改建				
	清河门闸门改建、启闭机改造				
	出湖闸备用电源工程				
工区 2	玉斑堤截渗加固	玉斑堤东,魏家河村以东	51.41	386	1 473
	玉斑堤翻修石护坡				
	堂子排灌站				
	玉斑堤堤顶防汛路				
	卧牛堤翻修石护坡	东腊山村以北			
	卧牛排灌涵洞				
	卧牛堤堤顶防汛路				
工区 3	出湖闸上河道疏浚	康村、王庙村之间	622.69	74	192
工区 4	二级湖堤堤顶防汛路	围坝桩号 25 +500 处,临湖侧以内;后码头村以东	58.33	523	311
	林辛淤灌闸拆除堵复				
工区 5	围坝护坡翻修 10 +471 ~35 +50	围坝桩号 50 +000 处,临湖侧以内;东张庄村以南与围坝之间	247.45	485	1 249
	围坝堤顶防汛路10 +471 ~25 +50032 +800 ~35 +500				
工区 6	围坝护堤固脚 41 +100 ~41 +62047 +600 ~48 +612	围坝桩号 79 +000 处,背湖侧;梁场村、马口村之间	252.02	443	1 142
	围坝护坡翻修 35 +500 ~55 +000				
	围坝堤顶防汛路 35 +500 ~55 +000				
工区 7	围坝护堤固脚 78 +630 ~79 +552	二级湖堤桩号 1 +000 处,背湖侧;小刘村与二级湖堤之间	296.85	539	1 293
	围坝护坡翻修 77 +300 ~88 +400				
	围坝堤顶防汛路 55 +000 ~76 +30081 +100 ~88 +300				
合计			1 545.17	2 539	6 001

表 1-6 大清河区域建设工程施工工区布设具体情况

工区划分	工程项目	工区位置	占地面积（亩）	总机械量（台）	高峰期人数（人）
工区 1	大清河左堤帮宽 大清河左堤截渗墙加固 大清河左堤防汛屋	左堤 90 +000 处，背河侧；莲花湾村以北	579.05	195	676
工区 2	武家曼险工改建 大牛村控导 鲁祖屯险工改建 尚流泽控导 尚流泽涵洞拆除堵复	左堤 97 +00 处，孙流泽村	25.17	178	505
工区 3	后亭涵洞拆除堵复 后亭控导 南城子控导	左堤 101 +500 处，后亭村西	9.16	90	345
工区 4	大清河左堤堤顶防汛路 村口路硬化 辅道、路口补残整修	左堤 100 +000 尚流泽村东	90.39	914	839
工区 5	大清河右堤石护坡加固 大清河右堤坑塘处理 王台排涝站 路口排涝站	小河村以南	167.52	292	916
工区 6	古台寺险工改建 辛庄险工改建 范村涵洞拆除堵复 大清河右堤防汛屋	东古台寺村东	81.28	148	595
工区 7	大清河右堤堤顶防汛路	前辛庄村附近	94.48	659	348
合计			1 047.05	2 476	4 224

1.1.5.5 施工导流

本工程均不在河道中施工，不需施工导流，仅穿堤建筑物工程施工需修筑施工围堰。

1. 穿堤建筑物工程施工围堰

为保证施工，马口闸、路口排涝站、王台排涝站等建筑物下游侧需修筑施工围堰，围堰应遵循尽量紧凑，距离基坑开挖边线 1 m，采用不过水土石围堰挡水，迎水面采用编织土袋施工，土袋下方铺设复合土工膜防渗。围堰顶高程为施工水位 + 超高。围堰断面设计按1:4浸润线考虑,顶宽2.0~6.0 m兼做场内施工道路和井点布设。路口排涝站、王台排涝站、卧牛排涝站上游侧基坑开挖时需要在新建引渠与原渠道交接处预留施工围堰,围堰顶高程为附近地面高程+超高,临、背河边坡均为1:2。堂子排灌站只改建穿堤涵洞不需施工围堰。穿堤建筑物工程施工围堰工程量汇总见表1-7。

表1-7 穿堤建筑物工程施工围堰工程量汇总

序号	项目名称	单位	马口闸	路口排涝站	王台排涝站	卧牛排涝站
1	施工围堰(水上)	m³	2 378	1 122	1 447	592
	施工围堰(水下)		5 548	2 618	3 376	1 382
2	编织袋装土	m³	792.5	374	482	197.4
3	土工膜	m²	1 585	748	964.5	394.8
4	围堰拆除	m³	8 717.5	4 114	5 305	2 171.4

2. 基坑排水

为保证施工,排涝站上游侧需修筑施工围堰,施工围堰顶高程与现状地面平,顶宽4.0 m兼做场内施工道路,边坡水上1:2、水下1:4。排涝站大清河侧开挖时需要修筑施工围堰,施工围堰设防水位根据前3年施工期大清河河道水位分析确定,围堰断面设计按1:4浸润线考虑,顶宽2 m,边坡水上1:2、水下1:4。马口闸围堰采用枯水期10年一遇洪水标准。施工以井点排水为主。如果排水效果局部不理想,应人工挖排水沟,将明水集中后,再用水泵排出基坑。

1.1.6 工程占地及移民安置

1.1.6.1 工程占地

黄河东平湖蓄滞洪区防洪工程占地统计见表1-8。

表1-8 黄河东平湖蓄滞洪区防洪工程占地统计

项目区	占地性质	项目	占地类型及面积(亩)	
			耕地	其他用地
东平湖	永久占地	主体工程	0	5.29
	临时占地	施工营地	57.44	0
		料场	858.3	0
		周转渣场	621.01	0
		临时道路	8.4	0
	小计		1 545.15	5.29

续表 1-8

项目区	占地性质	项目	占地类型及面积(亩)	
			耕地	其他用地
大清河	永久占地	主体工程	124.77	0
	临时占地	施工营地	60.23	0
		料场	983.16	0
		周转渣场	3.67	0
	小计		1 171.83	0
合计			2 716.98	5.29
总占地面积			2 722.27	

黄河东平湖蓄滞洪区防洪工程永久占地 130.06 亩,临时占地 2 592.21 亩。从建设区域来分,东平湖工程永久占地 5.29 亩,临时占地 1 545.15 亩;大清河工程永久占地 124.77 亩,临时占地 1 047.06 亩。

1.1.6.2　移民安置规划

根据工程施工进度安排,设计水平年确定为 2016 年,2011 年为设计基准年。

1. 移民安置人口

经调查和计算,黄河东平湖蓄滞洪区防洪工程建设永久征地涉及东平县 22 个村,需安置移民人口 157 人。

2. 移民安置标准

移民安置规划总目标为搬迁后移民生活水平不低于搬迁前,推算至设计水平年安置区移民安置规划目标详见表 1-9。根据确定的人均基本口粮 460 kg/年的标准及安置区基准年水浇地 538 kg/亩,年平均亩产值采用移民生产安置标准为移民人均耕地一般不低于 0.7 亩。

表 1-9　东平湖蓄滞洪区农村移民安置规划目标

行政村	人均年纯收入(元)	收入构成(%)				"十二五"收入增长率(%)	计划进度 5 年人均纯收入(元)
		种植业	养殖业	打工	其他收入		
东平县	4 882	30	32	25	13	5	5 126
梁山县	5 596	35	25	30	10	5	5 876

3. 移民安置方式

东平湖蓄滞洪区防洪工程建设只是在工程范围内有零星房屋面积 2 221.16 m² ,施工时受影响,需拆改或维护,工程完成后,在原地恢复。只进行房屋拆迁补偿,不再进行安置规划。

1.2　区域环境概况

1.2.1　自然环境

1.2.1.1　地形地貌

项目区东北部是泰山系的群山和丘陵,黄河从西南流向东北,受河流冲积影响,造成部分湖盆式的洼地。湖东北部为低山丘陵区,相对高度为 200~400 m,构成湖区东岸无堤防区。西北部分布有大小 42 座山峰和残丘,相对高度均为 150~250 m。东部汶河水系及其古河道自东向西呈扇面分布,构成向西微倾有坡状地形,坡度为 2‰~2.5‰。东平湖区位于黄河与汶河冲积平原相交地带的条形洼地内,老湖区常年积水面积约 124 km²,湖底平均高程 38.5 m 左右。新湖区地面平均高程 39.5 m。

1.2.1.2　气候气象

项目区属于暖温带大陆性半湿润气候,一年四季分明,气候特点是:春旱多风,夏热多雨,秋高气爽,冬寒晴燥。年温差及日温差异较显著,温度适宜,热量较多,光照充足。年平均气温 13.9 ℃,绝对最高气温 41 ℃,绝对最低气温 -16.5 ℃;年平均降水量 622.7 mm,冰冻期 201 d,全年 ≥0 ℃ 积温为 4 994.8 ℃,≥10 ℃ 积温为 4 492.8 ℃,年总辐射量为 120.63 kcal/cm² 左右,全年日照时数在 2 474.2 h 左右,年日照百分率为 55%。温度除受太阳光辐射的影响外,同时受地形、湖陆分布、天气系统等多种因素影响,与周围陆地相比形成了一个暖湖。

本区降水多集中在夏季,仅 7、8 两个月的降水量就占全年的 50% 以上,最大的年份两个月降水量达到 70% 以上。年蒸发量平均为 1 942.6 mm,约为降水量的 3 倍,最大蒸发量出现在 6 月,最小蒸发量出现在 12 月,春夏蒸发量最大能达到降水量的 5 倍左右,有利于农作物的生长,但也致使土壤表层的强烈积盐,是造成本地区多次生盐碱化土地的重要因素。

1.2.1.3　河流水系

与东平湖蓄滞洪区相关的水系主要包括黄河、大清河、稻屯洼、流长河等。

1. 黄河

黄河从东平县戴庙乡入境,向东北流经银山镇、斑鸠店镇,至旧县乡出境,流入平阴县。黄河东平段东临东平湖,西靠阳谷县和河南省台前县,南与梁山县相接,北与东阿县、平阴县相连,全长 33 km。河道最宽处约 5.5 km,最窄处约 1.4 km,1996 年汛期最大流量 5 540 m³/s。该段属黄河下游,河床高出地面数米,是名符其实的地上悬河。

2. 大清河

大清河为大汶河下游,又名北沙河。大汶河为古汶水,发源于泰莱山区,汇泰山山脉、蒙山山脉诸水自东向西流经莱芜、新泰、泰安、肥城、宁阳、汶上、东平等县市,又经东平湖流入黄河,全长 209 km,流域面积 8 633 km²。东平戴村坝以下为下游,即大清河。大清河是东平县境内最大的排洪河道,自戴村坝以下全长 37.7 km,河床宽为 500~1 500 m,流域面积 281 km²。

3. 稻屯洼

稻屯洼亦称稻屯湖,位于东平县城西 8 km 处,为县境内北部山丘中小河及坡水积水洼。1954 年定为大清河特大洪水滞泄区,同时修建了围堤、沟渠,总面积 66.1 km²。设计蓄洪库容量 1.59 亿 m³。临时爆破口门(宿城镇马口)设计宽为 42 m,进入流量 1 000 m³/s。稻屯洼常年水面 2 万亩,外围滩地 1.7 万亩,系县境北部山区诸水河道及坡水的汇集区。

4. 流长河

流长河位于东平湖南部,将东平湖与南四湖相连,是南水北调东线工程的天然输水通道。东平湖蓄滞洪区地表水系见图 1-9。

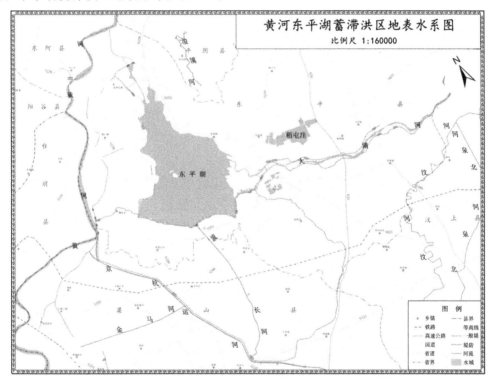

图 1-9 东平湖蓄滞洪区地表水系

1.2.1.4 水文

1. 洪水特性

黄河洪水主要由暴雨形成。黄河中游洪水过程为高瘦型,洪水历时较短,洪峰较高,洪量相对较小。洪水发生时间为 6~10 月,一次洪水的主峰历时一般为 8~15 d。

汶河流域属大陆性季风气候,汶河洪水皆由暴雨形成,含沙量较小。一次洪水总历时一般为 5~6 d。黄河、汶河的洪水遭遇特性是,黄河的大洪水与汶河的大洪水不同时遭遇、黄河的大洪水可以和汶河的中等洪水相遭遇、黄河的中等洪水可以和汶河的大洪水相遭遇、黄河与汶河的小洪水遭遇机会较多。

2. 径流、泥沙

1) 黄河孙口站

1987 年以来,黄河孙口站多年平均水量为 213.7 亿 m^3,最大年水量为 406.8 亿 m^3,最小年水量为 91.33 亿 m^3。

黄河孙口站 20 世纪 90 年代平均沙量为 4.80 亿 t,小浪底水库运用以来的平均沙量为 1.40 亿 t。由于小浪底水库拦沙作用,沙量大幅度减少。

2) 大清河

大清河来水量年际丰枯变差较大,根据 1952~2009 年实测资料统计,流域多年平均径流量戴村坝站为 10.7 亿 m^3,最大径流量达 60.7 亿 m^3(1964),最小为 0。年内水量分布极不均匀,汛期 6~9 月径流量占总径流量的 83%,且洪水期水量高度集中。历年实测最大洪峰流量为 6 900 m^3/s。3~5 月来水量仅占总径流量的 3%,10~11 月径流量占总径流量的 8%。

1.2.1.5　相关保护区概况

1. 东平湖市级湿地自然保护区

1) 地理位置概况

东平湖市级湿地自然保护区于 2003 年由泰安市人民政府以泰政函〔2003〕178 号文件批准建立。该保护区位于东平县境西部,地理位置在东经 116°2′~116°20′,北纬 35°43′~36°7′,北起清河口门,南至金线岭围堤,西濒济梁运河和黄河大桥,东临凤凰山、黄花园、州城、吴桃园等村镇及湖东排渗河,处于鲁中山区西部向平原过渡的边缘地带,总面积为 259.27 km^2。

2) 保护区性质、保护对象及生态功能

东平湖市级湿地自然保护区是以保护湖泊湿地生态系统为宗旨,集生物多样性保护、科研、宣传、教育、生态旅游和资源可持续利用为一体的内陆湖泊生态系统类型的自然保护区。

东平湖市级湿地自然保护区有国家一级保护野生动物 3 种,均为鸟类;国家二级保护野生动物 8 种,均为鸟类。有国家一级保护植物 2 种,分别为银杏、水杉;国家二级保护植物 2 种,分别为鹅掌楸、中华结缕草。

东平湖市级湿地自然保护区具有保护和恢复湿地资源、提供珍稀动物栖息地、维持生物多样性、蓄洪防旱、净化水质、调节水源丰枯、维护生态平衡等生态功能。

3) 功能区划分

东平湖市级湿地自然保护区核心区面积为 88.58 km^2,缓冲区面积约 37.77 km^2,实验区面积约 132.92 km^2。

东平湖市级湿地自然保护区各功能区位置、面积、保护对象见表 1-10。东平湖市级湿地自然保护区功能区划图见图 1-10。

表 1-10 东平湖市级湿地自然保护区功能区划分

功能区	基本概况
核心区	面积:88.58 km²,占保护区总面积的 34.16% 范围:位于东平湖的核心水面之内。南缘距东平湖二级湖堤 200~300 m,西缘距金山坝(环湖路)向湖约 300 m,东侧距岸约 200 m 保护对象:本区人类活动较少,是保护区生态系统保存最完整的区域,受干扰破坏程度低,湿地水域面积大,主要保护对象为野生动植物资源
缓冲区	面积:37.77 km²,占保护区总面积的 14.57%
实验区	面积:132.92 km²,占保护区总面积的 51.27%

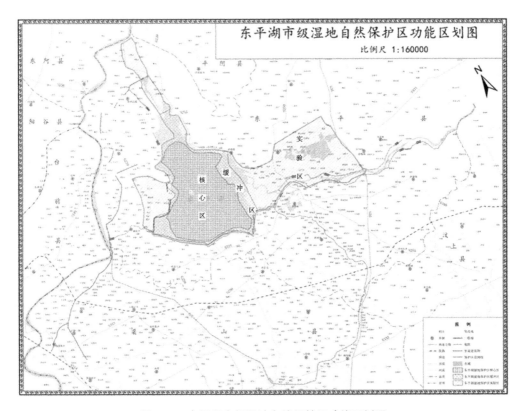

图 1-10 东平湖市级湿地自然保护区功能区划图

4)植物资源

东平湖市级湿地自然保护区内现有维管植物 679 种。其中,蕨类植物 15 种、裸子植物 16 种、被子植物 648 种。

A. 植被特点

从植物区系分区上分析,东平湖市级湿地自然保护区的植物属泛北极植物区的中国—日本森林植被亚区—华北地区中的辽东、山东丘陵亚地区。从植物区系优势科的总体来分析,属于温带性质的区系,温带成分占绝对优势,同时兼有北温带区系和亚热带区系的过渡成分。

B. 主要植被类型

东平湖市级湿地自然保护区植被包括陆生植被、水生植被两大类型,下分为侧柏林、杨树林、刺槐林、芦苇群落、莲群落、菱+芡实群落等6个主要群系(见表1-11)。

表1-11 东平湖市级湿地自然保护区主要植被类型

植被类型	优势群落	特点	分布
水生植被	芦苇群落	芦苇群落是东平湖典型的水生植被类型,为多年生根茎禾草,生活力极强,植株高3~5 m,地下横走茎发育,盖度90%以上。常见的伴生种有剑苞藨草、藨草、水蓼、水烛等	主要分布于常年积水、水深1.0 m以下水体和土壤矿化度较低的湖区东北部王台至陈山口部分
	莲群落	该群落主要为人工栽植,多年后逐渐成为自然状态,为多年生水生植物,具有粗壮的根状茎,多横生于水深0.5~0.7 m的淤泥质水体中。群落中常见浮萍、紫萍混生	主要分布在湖区老湖镇之内
	菱+芡实群落	建群种为菱和芡实,优势种有菱、丘角菱、芡实等数种,伴生植物有水鳖、莲子草、紫萍、浮萍等在边缘生长,该群落盖度大,在95%以上,一般生活在水深1.5~3.0 m处,水底几乎无沉水植物伴生	主要分布在湖区老湖镇之内
陆生植被	侧柏林	建群种为侧柏,伴生树种主要有刺槐、麻栎、栓皮栎等。林下常见灌木主要有荆条、兴安胡枝子、酸枣等;草本层主要有白羊草、黄背草、狗尾草等	分布在腊山、六工山、昆山的山顶
	杨树林	以黑杨类品种为主,系人工栽培,栽植年限不一,群落无灌木层,林下常见草本植物有黄花蒿、狗尾草等	广泛分布于东平湖湖区周围
	刺槐林	种类组成比较简单,乔木层通常只有刺槐一种,偶见麻栎、栓皮栎、榆、臭椿等。林下常见的种类有胡枝子、荆条、兴安胡枝子、酸枣等。草本层主要有大披针叶薹草、白羊草、荩草等常见植被	主要分布在腊山东部

C. 保护植物

东平湖湿地自然保护区有国家二级保护植物2种,分别为鹅掌楸、中华结缕草。鹅掌楸为木兰科,落叶大乔木,通常分布于海拔900~1 000 m的山地林中或林缘;中华结缕草为禾本科结缕草属的一种多年生阳性喜温植物,对环境条件适应性广。

5)动物资源

东平湖市级湿地自然保护区有动物种类786种。其中,鸟类186种、兽类18种、鱼类57种、爬行类9种、两栖类6种、昆虫398种、其他动物112种。国家一级保护野生动物有

3 种,国家二级保护野生动物有 8 种,均为鸟类。

A. 兽类资源调查

东平湖市级湿地自然保护区陆栖兽类有 5 目 11 科 18 种,兽类动物中,麝鼹、黄鼬、艾虎、狗獾、豹猫、赤狐为山东省重点保护动物,同时黄鼬、赤狐、豹猫也是《濒危野生动植物种国际贸易公约》中受保护的动物。赤狐、豹猫等 2 种只是文献记载在该区有分布,在实地调查中均没有观察到,通过访谈也证实其目前在项目区已难觅踪迹。

B. 两栖类动物调查

东平湖市级湿地自然保护区两栖类动物有 1 目 3 科 6 种。其中,金线蛙、黑斑蛙为山东省重点保护动物。

C. 爬行类动物

东平湖市级湿地自然保护区爬行类动物有 2 目 5 科 9 种。其中,龟鳖目 2 种、有鳞目 7 种。蛇类及壁虎为常见种类。

D. 鱼类资源调查

据初步调查和有关资料记载,保护区分布的淡水鱼类有 9 目 16 科 57 种。其中,鲤形目鱼类最多,共 38 种,主要是鲤科鱼类。

6)鸟类

东平湖市级湿地自然保护区有鸟类 186 种,隶属于 16 目 46 科,占山东省鸟类种数的 45.6%。

A. 居留型

保护区旅鸟最多,达 81 种,占保护区鸟类种数的 43.5%;其次为夏候鸟 47 种,占鸟类种数的 25.3%;再次为留鸟 35 种,占保护区内鸟类种数的 18.8%;冬候鸟最少,23 种,占鸟类种数的 12.4%(见表 1-12)。

表 1-12　东平湖市级湿地自然保护区珍稀鸟类居留型

居留型	数量	国家一级保护	国家二级保护
冬候鸟	23 种	大鸨	大天鹅、灰鹤、长耳鸮
夏候鸟	47 种	无	红脚隼、红角鸮
旅鸟	81 种	东方白鹳、丹顶鹤	白额雁、小天鹅、鸳鸯、苍鹰、雀鹰、白尾鹞、普通　　燕隼、白枕鹤、短耳鸮
留鸟	35 种	无	游隼、红隼、雕鸮、斑头鸺鹠、纵纹腹小鸮

分析保护国家级保护鸟类的居留型可知,国家级保护鸟类绝大多数是旅鸟,共有 11 种,占保护区国家级保护鸟类总数的 52.2%。

B. 生境类型

东平湖市级湿地自然保护区属湿地类型,水域面积较大,水禽种类较多。保护区内分布有腊山,山体海拔不高,林木分布比较集中。因此,东平湖市级湿地自然保护区鸟类的生境分布主要划分为两个类型,分别为湖河湿地区和山地丘陵区(见表 1-13)。

C. 国家重点保护鸟类及其生态习性

东平湖市级湿地自然保护区有国家一级保护鸟类东方白鹳、丹顶鹤、大鸨,国家二级保护鸟类有大天鹅、鸳鸯、短耳鸮等 8 种。国家保护鸟类生态习性、生境类型、分布详见表 1-14。

表 1-13　东平湖市级湿地自然保护区鸟类生境类型

生境类型	生境描述	鸟类资源
湖河湿地区	本区以东平湖为主,包括周边的稻屯湖、洲城湖、大清河等	主要有鹭科、鸭科、鸻科、欧科、鹟鸫科、鹬科、雉鸡科、雀科、鹀科等
		本区优势种主要有草鹭、赤麻鸭、普通燕鸻、骨顶鸡、青脚鹬、树麻雀、家燕、灰喜鹊、黄胸鹀等,普通种主要有斑嘴鸭、灰椋鸟、大山雀、黑卷尾、黄鹡鸰、山斑鸠等
山地丘陵区	本区以腊山为主,包括东平湖周边的林网防护林,是山丘森林鸟类的栖息繁衍场所	主要有雀形目的雀科、文鸟科、山雀科、鹟科、鸦科、伯劳科、燕科,隼形目的鹰科、隼科,䴕形目的啄木鸟科,鹃形目的杜鹃科,雁形目的鸭科,鸽形目的鸠科等
		本区优势种有树麻雀、家燕、金腰燕、灰喜鹊、金翅雀、燕雀、三道眉草鹀等,普通种有喜鹊、戴胜、红尾伯劳、黑卷尾、大斑啄木鸟、灰椋鸟、黑枕黄鹂、池鹭等

注:表中"生境类型"指的是主要栖息地。

表 1-14　东平湖市级湿地自然保护区国家重点保护鸟类及生态习性详表

级别	名称	生态习性	居留型	生境类型	分布	种群数量
国家一级保护野生动物	东方白鹳	栖息于开阔而偏僻的平原、草地、沼泽、河流、湖泊、水塘及水渠岸边 食性广,包括昆虫、鱼类、两栖类、爬行类、小型哺乳动物和小鸟	旅鸟	湖河湿地区	东平湖及周边河湖	本次调查未发现
	丹顶鹤	栖息于四周环水的浅滩上或苇塘边 主要以鱼、虾、水生昆虫、软体动物、蝌蚪、沙蚕、蛤蜊、钉螺以及水生植物的茎、叶、块根、球茎和果实为食	旅鸟	湖河湿地区	东平湖及周边河湖	本次调查未发现
	大鸨	栖息于广阔草原、农田草地、河流、湖泊沿岸及邻近的干湿草地 食性杂,以野草、甲虫、蝗虫、毛虫等为食	冬候鸟	湖河湿地区	东平湖及周边河湖	本次调查未发现
国家二级保护野生动物	大天鹅	主要栖息在多草的大型湖泊、水库、水塘、河流、海滩和开阔的农田地带 主要以水生植物叶、茎、种子和根茎为食	冬候鸟	湖河湿地区	东平湖及周边河湖	本次调查未发现
	小天鹅	主要栖息于多芦苇、蒲草和其他水生植物的大型湖泊、水库、水塘与河湾 主要以水生植物的叶、根、茎和种子等为食	旅鸟	湖河湿地区	东平湖及周边河湖	本次调查未发现

续表 1-14

级别	名称	生态习性	居留型	生境类型	分布	种群数量
国家Ⅱ级保护野生动物	鸳鸯	主要栖息于山地森林河流、湖泊、水塘、芦苇沼泽和稻田 杂食性,主要以青草、草叶、树叶、草根、草子、苔藓、昆虫和昆虫幼虫等为食	旅鸟	湖河湿地区	东平湖及周边河湖	本次调查未发现
	游隼	主要栖息于山地、丘陵、半荒漠、沼泽与湖泊沿岸地带 主要以野鸭、鸥、鸠鸽类、乌鸦和鸡类等中小型鸟类为食	留鸟	湖河湿地区	东平湖及周边河湖	+
	红脚隼	主要栖息于低山疏林、林缘、山脚平原、丘陵地区的沼泽、草地、河流、山谷和农田耕地等开阔地区 主要以蝗虫、蚱蜢、蝼蛄、螽斯、金龟子、蟋蟀、叩头虫等昆虫为食	夏候鸟	湖河湿地区	东平湖及周边河湖	本次调查未发现
				山地丘陵区	腊山及周边防护林	
	灰鹤	栖息于开阔平原、草地、沼泽、河滩、旷野、湖泊以及农田地带 主要以植物叶、茎、嫩芽、块茎、草子、玉米、谷粒、马铃薯、白菜、软体动物、昆虫、蛙、蜥蜴、鱼类等为食	冬候鸟	湖河湿地区	东平湖及周边河湖	本次调查未发现
	短耳鸮	栖息于低山、丘陵、苔原、荒漠、平原、沼泽、湖岸和草地 以小鼠、鸟类、昆虫和蛙类为食	旅鸟	湖河湿地区	东平湖及周边河湖	本次调查未发现
				山地丘陵区	腊山及周边防护林	
	白枕鹤	栖息于开阔的平原芦苇沼泽和水草沼泽地带、开阔的河流及湖泊岸边 主要以植物种子、草根、嫩叶、嫩芽、谷粒、鱼、蛙、蜥蜴、蝌蚪、虾、软体动物和昆虫等为食	旅鸟	湖河湿地区	东平湖及周边河湖	本次调查未发现

注:种群相对数量: + 表示稀有种(遇见只数 <1 只/h)。

2. 腊山市级自然保护区

1)地理位置概况

腊山市级自然保护区建于 2002 年,该保护区是在原有腊山林场基础上建立的。腊山市级自然保护区位于鲁南地区,东临东平湖,西距黄河 6 km,北至六工山,南至金山,地理坐标为东经 116°07′~116°11′、北纬 36°05′~35°38′,属森林生态型自然保护区。

2）保护区性质、保护对象及生态功能

腊山市级自然保护区是以暖温带侧柏针叶林和阔叶针叶林生态系统为特点,具有其他珍稀生物资源的自然保护区。

腊山市级自然保护区有国家二级保护鸟类 10 种。国家二级保护植物 1 种,为野大豆。

腊山市级自然保护区主要具有保护濒危植物、鸟类及两栖爬行类动物、侧柏针叶林和阔叶针叶林生态系统完整性及物种丰富性等生态功能。

3）功能区划分

腊山市级自然保护区各功能区位置、面积、保护对象见表1-15。腊山市级自然保护区功能区划图见图1-11。

表 1-15　腊山市级自然保护区功能区划分

功能区	基本概况
核心区	面积:5.16 km^2,占保护区总面积的 18.4% 范围:原腊山林场的核心部分,主要位于六工山、腊山、昆山和中金山顶部 保护对象:主要为濒危植物、鸟类及两栖爬行类动物,其核心区为保护侧柏针叶林、阔叶针叶林生态系统完整性、物种丰富性、珍稀濒危动植物集中分布的区域,包括腊山林区、六工山林区和昆山林区
缓冲区	面积:4.05 km^2,占保护区总面积的 14.4%
实验区	面积:18.83 km^2,占保护区总面积的 67.2%

4）植物资源

腊山市级自然保护区内有木本植物 23 科 265 种,草本植物 125 余种。

A. 植被特点

本区属于暖温带季风性大陆气候,气候适宜,雨量充沛,野生植物资源十分丰富,落叶阔叶林是本地区典型的地带性植被类型。

B. 植被类型和分布

腊山市级自然保护区植被类型主要有落叶阔叶林、人工混交林、天然针叶林、苗圃林（见表1-16）。落叶阔叶林主要分布在腊山、六工山、昆山山腰、山阴处,面积为1 249 hm^2,主要树种有刺槐、白杨、银杏、合欢、皂角及臭椿等。人工混交林分布在腊山、六工山、昆山的主体中上部,属地块混交林。天然针叶林主要集中在各林区的上部,以侧柏为主,有大面积的分布,一旦破坏很难再生,具有一定的保护价值。苗圃林属人工栽培,主要分布在六工山林区,面积 10 hm^2,主要苗木为速生杨、毛白杨、杏、冬枣、绿化苗木等。

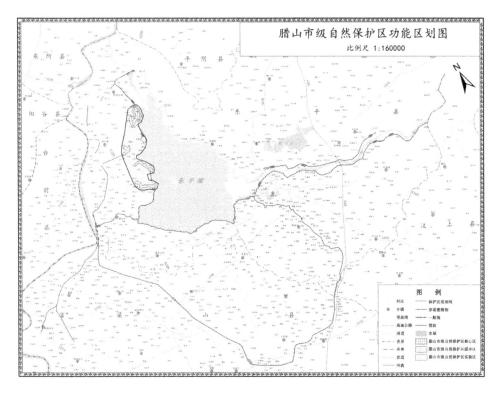

图 1-11　腊山市级自然保护区功能区划图

表 1-16　腊山市级自然保护区主要植被类型

植被类型	特点	分布
落叶阔叶林	面积为 1 249 hm²，主要树种有刺槐、白杨、银杏、合欢、皂角及臭椿等	主要分布在腊山、六工山、昆山山腰、山阴处
人工混交林	属地块混交林	分布在腊山、六工山、昆山的主体中上部
天然针叶林	以侧柏为主，有大面积的分布，一旦破坏很难再生	主要集中在各林区的上部
苗圃林	属人工栽培，面积 10 hm²，主要苗木为速生杨、毛白杨、杏、冬枣、绿化苗木等	主要分布在六工山林区

C.保护植物

腊山市级自然保护区无国家一级保护植物分布。国家二级保护植物 1 种，为野大豆；根据现场调查和踏勘，仅在玉斑堤护坡分布有少量野大豆。

5）动物资源

腊山市级自然保护区有野生动物种类 135 种。鸟类是自然保护区重点保护对象之一，共 116 种，占山东省鸟类总数的 29%，其中国家二级保护鸟类 10 种，主要有苍鹰、雀鹰、纵纹腹小鸮等,见表 1-17。

表 1-17 腊山市级自然保护区国家重点保护鸟类及其生态习性

级别	名称	生态习性	居留型	分布
国家二级保护野生动物	苍鹰	栖息于不同海拔高度的针叶林、混交林和阔叶林等森林地带 主要以森林鼠类、野兔、雉类、榛鸡、鸠鸽类和其他小型鸟类为食	旅鸟	腊山及周边防护林
	雀鹰	栖息于针叶林、混交林、阔叶林等山地森林和林缘地带 主要以雀形目小鸟、昆虫和鼠类为食	旅鸟	腊山及周边防护林
	红角鸮	栖息于山地林间 以昆虫、鼠类、小鸟为食	夏候鸟	腊山及周边防护林
	雕鸮	栖息于人迹罕至的密林中 主要以各种鼠类为食,也吃兔类、蛙、刺猬、昆虫、雉鸡和其他鸟类	留鸟	腊山及周边防护林
	斑头鸺鹠	栖息于阔叶林、混交林、次生林和林缘灌丛 主要以昆虫和鼠类为食	留鸟	腊山及周边防护林
	长耳鸮	栖息于针叶林、针阔混交林和阔叶林等各种类型的森林中 以小鼠、鸟、鱼、蛙和昆虫为食	冬候鸟	腊山及周边防护林
	短耳鸮	栖息于低山、丘陵、苔原、荒漠、平原、沼泽、湖岸和草地 以小鼠、鸟类、昆虫和蛙类为食	旅鸟	腊山及周边防护林
	纵纹腹小鸮	栖息于低山丘陵、林缘灌丛和平原森林地带 主要以鼠类和鞘翅目昆虫为食,也吃小鸟、蜥蜴、蛙等小型动物	留鸟	腊山及周边防护林
	红隼	栖息于山地和旷野中 以大型昆虫、鸟和小哺乳动物为食	留鸟	腊山及周边防护林
	普通	主要栖息于山地森林和林缘地带 以森林鼠类为食	旅鸟	腊山及周边防护林

3. 东平湖省级风景名胜区

1)概况

1985 年东平湖被山东省人民政府批准为省级风景名胜区,是水泊梁山风景名胜区的重要组成部分,属人文自然风景区。该风景名胜区西近京杭大运河、东连大汶河、北通黄河,三面环山,景色优美。它主要包括大清河、东平湖自然水面及洪顶山等环湖山体,面积约 269 km²,具体包括:

大清河:东至戴村坝,西至王台大桥,南北以大清河两岸防护堤为界。

东平湖自然水面:指 42 m 高程(大津大沽高程)内的水面以及水面以外 100 m 范围内的区域。

东平湖临近的相关地域：①南部包括州商路沿线及以北的芦苇草荡区和渔粮间作、荷花观览、垂钓观光区。②北部指出湖河道附近。③西部从金山坝南端到斑鸠店镇的玉斑堤沿线，并包括司里山、昆山、腊山、卧牛山、六工山山体和戴庙村以东的古运河河道。④东部从高徐坝北端沿环湖路到老湖镇驻地沿线，并包括沿线的浮粮店、洪顶山、凤凰山以及水牛山山体，向南经二十里铺、贾村至东平湖旅游服务区。

2）功能区划分

东平湖风景名胜区共划分了三级保护区域，分别为一级保护区、二级保护区和三级保护区。东平湖省级风景名胜区功能区划见图1-12、表1-18。

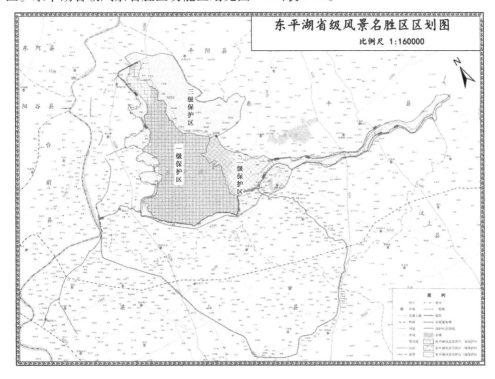

图 1-12　东平湖省级风景名胜区功能区划图

表 1-18　东平湖省级风景名胜区保护区级别划分

分级	范围	面积（km²）	
一级保护区	东平湖常年水面及湿地（不含湖中岛屿、潘孟于、桑园）	209	
二级保护区	东平湖常年水面 42 m 高程以外 100 m 范围内的区域，湖中岛屿、潘孟于、桑园、腊山、昆山、六工山、司里山、洪顶山、浮粮山、卧牛山、凤凰山等山体（含宗教场所）、出湖河道、水牛山、戴村坝、大清河沿线	21	269
三级保护区	除一、二级保护外的其他区域和一、二级保护区内的村庄及乡镇驻地	39	

各保护区域内的管理规定如下：

一级保护区：严禁建设与风景游览无关的设施，严禁安排餐饮、旅宿设施；合理选址建设景点保护、游人监控、环境监测等管理设施，及时有效地掌握景区保护情况；拆除破坏整体景观的现状建筑，严格控制新的建设活动；整理和完善现有游路系统，选择合理的游览路线，建设必要的步行游路。游人游览时必须按指定路线游览，非游览区严禁进入。

二级保护区：限制建设与风景保护和风景游览无关的旅游设施，但可安排少量的餐饮、旅游床位。严禁新建拦河坝、水电站等破坏风景的大型工程设施。对于破坏整体景观的现状建筑应予以拆除、改造或屏蔽。

三级保护区：应有序控制各项建设与设施，并应与风景区整体环境相协调，控制区内常住人口的规模，保证景区内人口密度适当。

4. 东平湖国家级沼虾水产种质资源保护区

东平湖国家级水产种质资源保护区成立于 2007 年 9 月，位于东平湖老湖区内。具体范围为东平湖东南部 A、B、C、D 四点（A 点：东经 116°11′17″，北纬 35°58′50″；B 点：东经 116°09′40″，北纬 35°55′50″；C 点：东经 116°13′36″，北纬 35°55′36″；D 点：东经 116°13′12″，北纬 35°59′40″）连线以内水生生物繁衍生息的适宜区域，总面积 3 000 hm²。

保护区划分为核心区和实验区，面积分别为 150 hm²、2 850 hm²。核心区为日本沼虾的主要产卵场、索饵场和越冬场。实验区根据核心区和东平湖总面积确定，可以适度有计划地开展保护物种的增殖放流和科学研究。

东平湖国家级水产种质资源保护区的主要保护对象为日本沼虾、黄河鲤、乌鳢等种质资源，其他保护对象为黄颡鱼、鳜鱼、甲鱼等经济物种，主要保护它们的生长繁育环境。

1.2.2 社会环境

1.2.2.1 社会经济

本次工程区域涉及济宁、泰安两市的东平、梁山两县共 14 个乡（镇），区内现有 326 个村庄，人口 32.33 万人，耕地 47.452 5 万亩。固定资产总值约 59 亿元，年工农业总产值约 22 亿元。具体情况见表 1-19。

工程区域交通区位优势明显，距周边济南、泰安、济宁、菏泽、聊城等大中城市均为 1 h 左右的路程。济广、济徐高速公路，G105、G220 国道，S250、S255、S331 省道及县乡道路纵横交织，县、乡、村公路四通八达。

1.2.2.2 文物

据统计，目前东平湖蓄滞洪区内共有国家级文物保护单位 3 处，分别是戴村坝、洪顶山摩崖刻经、白佛山石窟造像。本次工程建设范围内不涉及上述文物保护单位。

表 1-19 工程区域社会经济情况

湖区	单位		面积		区内村庄		区内人口
	县	乡（镇）	面积（km²）	耕地（亩）	村庄（个）	户数（户）	人口（万人）
老湖区	东平县	商老庄乡	32.5		2	315	0.11
		新湖乡	4.8				
		州城镇	4.8		1	17	0.01
		老湖镇	62.9	19 322	39	11 949	4.63
		戴庙乡	42.7	22 048	20	6 135	2.13
		银山镇	23.1	18 322	16	5 184	1.99
		班店镇	8.5	2 860	4	1 226	0.38
		旧县乡	28.8	10 823	16	4 393	1.43
		小计	208.10	73 375	98	29 219	10.68
	梁山县	拳铺镇	0.9	690	1	174	0.06
	合计		209.00	74 065	99	29 393	10.74
新湖区	东平县	新湖乡	97.57	86 607	54	15 050	5.32
		商老庄乡	45.15	51 920	33	9 197	3.37
		戴庙乡	16.88	21 733	22	3 906	1.33
		州城镇					
		跨湖乡（镇）	19.5	29 300			
		小计	179.10	189 560	109	28 153	10.02
	梁山县	小安山乡	110.47	93 175	46	15 467	5.31
		小路口乡	6.01	3 105	7	960	0.36
		馆驿乡	93.61	83 010	49	13 424	4.93
		韩岗乡	15.78	14 256	16	2 704	0.97
		跨湖乡（镇）	9.53	8 290			
		小计	235.4	201 836	118	32 555	11.57
	汶上县	郭楼镇	3.5	9 064			
		小计	3.5	9 064			
	合计		418	400 460	227	60 708	21.59
总计			627	474 525	326	90 101	32.33

第 2 章　研究思路及技术路线

2.1　蓄滞洪区建设及环境影响研究现状

2.1.1　蓄滞洪区建设现状

我国是一个洪涝灾害频发的国家,主要江河中下游地区一般地势低平,人口众多,经济发达,普遍存在洪水峰高量大、河道宣泄能力相对不足的矛盾,在修建水库、加固堤防、扩大河道排泄能力、构建江河防洪减灾体系的同时,设置一定数量的蓄滞洪区、适时分蓄超额洪水、削减洪峰,最大程度减轻洪水灾害总体损失。因此,蓄滞洪区是江河流域防洪减灾体系的重要组成部分。

新中国成立初期,在淮河和黄河上建设蓄滞洪区以分蓄超额洪水,此后,在制定主要江河流域防洪规划、特大洪水防御方案时,根据构建流域防洪减灾体系的需要,在主要江河上规划了一批蓄滞洪区,这些蓄滞洪区在防御大洪水中发挥了不可替代的重要作用,确保了中下游重要城市和重要防洪地区的安全,为流域防洪减灾做出了巨大贡献。我国主要蓄滞洪区大多位于中下游平原地区,历史上都是洪水的自然滞蓄场所,随着人口的不断增加和经济社会的快速发展,这些区域土地开发利用程度不断提高,天然湖泊洼地逐渐被无序开垦和侵占,致使调蓄洪水能力大大降低。蓄滞洪区既要承担蓄滞超额洪水的防洪任务,同时是区内居民赖以生存和发展的基地,但长期以来蓄滞洪区建设严重滞后,工程设施不全,区内居民的生命及财产安全得不到有效保障,社会管理较为薄弱,缺乏有效的扶持政策和引导措施,分蓄洪水与经济发展的矛盾日益尖锐,这些问题和矛盾得不到及时解决,一旦发生流域大洪水,将难以有效运用蓄滞洪区,流域防洪能力将大大降低;另外,由于蓄滞洪区人口众多,居民生活水平普遍较低,一旦分洪运用,不仅损失和影响巨大,甚至影响社会稳定。

蓄滞洪区的洪水灾害与一般地区洪水灾害相比具有不同的性质和特点,蓄滞洪区分蓄洪水是为了维护流域全局和重点地区的利益,是一种社会公益行为,洪水造成的损失是局部地区做出的一种牺牲。新中国成立以来,国家十分重视防洪工程建设,针对我国主要江河洪水峰高量大,而河道宣泄能力不足的特点,规划建设了一批蓄滞洪区,取得了较好效果。目前建设蓄滞洪区共修建围堤和隔堤 7 617 km,穿堤建筑物 3 020 座,建有进退洪控制设施的蓄滞洪区 46 处,共建有进退水闸 105 座,修建口门 36 处。蓄滞洪区共有人口 1 656 万人,其中居住在分洪蓄水影响范围内的居民有 1 492 万人,占蓄滞洪区总人数的 90%。现状共建有安全台 7 409 万 m^2,安全区 29 175 万 m^2,救生台 273 万 m^2,避水楼和避水房 153 万 m^2,已修建撤退道路 4 504 km。通过已建的安全区、安全台、避水楼以及救生台等安全设施共安置居民 344 万人,但大部分建设标准低。

2.1.2 环境研究现状

蓄滞洪区工程建设一般包括防洪工程和安全建设工程,其中防洪工程包括堤防加固、涵闸改建、河道整治等,安全建设工程包括撤退道路、安全村台、通信设施等建设。孙飚对安新河及其蓄滞洪区建设对水生态环境影响分析表明,蓄滞洪区建设后,可以解决洪涝水患灾害,确保石油化工企业生产和区内人民生产和生活安全,改善了水生态环境质量,但是存在工程占地影响。简华丹认为城市防洪工程对生态环境影响主要产生于施工期工程占地及土石方工程导致的水土流失等,应在设计和施工阶段采取一定的保护措施。李桂霞等对黄河下游防洪工程监测的重要性进行了探讨,认为黄河下游防洪工程建设对沿黄人民的财产、生命安全是可靠有效的最大保证,对促进沿黄的经济发展、人民生活质量的提高有着积极作用,但应关注建设过程中对水环境、生态环境、水文水质等的负面影响,需通过环境监测及时发现环境问题,采取必要的综合防护环境措施,最大限度地减少对环境的影响。郝克进认为孝妇河防洪工程实施有利于创造较为安全稳定的生产生活环境,有利于促进工农业发展和人民生活水平提高,有利于改善种植业结构,有利于改善人民群众的身体健康,不利影响主要是挖压占地的影响、施工对人群的影响等。李惠民等通过分析修河流域防洪建设对环境影响,认为有利影响主要是可以减轻洪水对修河流域防洪保护区的威胁;不利影响主要是施工期间,混凝土拌和系统废水、机械冲洗废水对附近水质产生污染,施工及运输产生扬尘及燃油机械使用排放的废气会增加空气污染物含量,施工噪声和空气影响主要是对附近居民区等敏感点的影响,施工结束后此类影响将会结束。王中敏等认为蓄滞洪区工程不利环境影响主要在施工期,运行期对社会环境和生态环境以正面影响为主。施工期开挖及弃土弃渣对地表环境产生扰动,工程施工对生态环境、水环境、声环境等产生影响,在自然保护区、集中居民区等施工,"三废"排放和噪声影响尤为显著。蓄滞洪区运用后,可以提高区域抵抗洪水能力,有效减轻洪灾损失。蓄滞洪区建设如毗邻自然保护区,对自然保护区生态环境影响较为敏感。此外,蓄滞洪区地貌类型均为平原区,对农业生态的影响是重点。以上环境影响成果表明,蓄滞洪区工程建设对环境影响主要集中在施工期,受影响的环境要素为生态环境、水环境、环境空气、声环境、社会环境等。

2.1.2.1 施工期环境影响研究

1. 生态环境影响

施工期工程对生态环境的影响主要集中在临时占地、料场取土、施工营地建设对地表植被的破坏,河道整治、堤防加固等工程对水体扰动,对附近水域水生生物及水生生态影响;工程施工道路修建、岸坡护砌等基础开挖造成地表裸露;弃土弃渣堆放不采取防护措施,造成水土流失的影响。其次位于或邻近自然保护区、风景名胜区等生态敏感区域的工程施工活动将直接或间接对生态敏感区域的主要保护对象、生态功能产生不利影响。

2. 水环境影响

施工过程中,施工机械冲洗、施工机械车辆维修废水排放对地表水体的影响,基础开挖、施工人员产生的生活废水对地表水体水环境的影响,河道疏浚、河道整治工程对地表水体的影响,施工导流对地表水环境的影响,截渗、放淤加固工程对地下水位的影响。

3. 环境空气和声环境影响

施工期对环境空气和声环境的影响主要集中在施工机械、运输车辆燃油排放的废气、工程物料运输过程产生的粉尘和扬尘等;道路施工过程沥青作业对大气环境的影响;施工机械作业、运输车辆等产生噪声对周围声环境及施工道路、施工区周边的居民点的影响。

4. 社会环境影响

蓄滞洪区工程对社会环境的影响主要是由工程占地和移民安置造成的,工程施工等对移民生活质量、居住环境产生影响,企事业单位迁建将影响其正常运行。

5. 固体废弃物影响

工程施工期间产生的固体废弃物一般包括生产弃土、弃渣和生活垃圾等,将对周边的水环境、土壤环境和大气环境产生一定不利影响。

2.1.2.2　运行期环境影响研究

蓄滞洪区建成后可以抵御洪涝灾害、保障国家和人民财产安全,为区域经济社会发展提供必要的保证,同时可防止洪涝灾害给人民生活造成的影响,为当地居民提供集中安置点和转移通道,创造安居乐业的环境。有利影响是长期的,不利影响是暂时的,主要是河流水文情势的影响、永久占地带来的环境影响。

2.2　研究目的

东平湖蓄滞洪区建设项目为防洪减灾项目,属生态项目,工程位于黄河下游山东段,涉及山东省泰安、济宁两市的东平、梁山、汶上三县,属鲁西南平原沿黄地区,人口众多,社会经济发展水平相对较低。本工程属续改建项目,工程点多、面广、施工场地分散,施工周期长。根据工程所在区域的环境特征以及工程自身的特点,对工程实施带来的环境影响进行深入研究、分析、评价,研究的主要目的是:

(1)通过资料收集、现状调查与监测,掌握东平湖蓄滞洪区和大清河的水环境、生态环境、环境空气、声环境和社会环境状况,了解区域生态环境功能区划及区域环境保护要求,识别工程涉及区域的环境保护敏感目标及存在的主要环境问题。

(2)根据工程施工方法、工程性质和运行特点,结合工程与东平湖市级湿地自然保护区、腊山市级自然保护区和东平湖省级风景名胜区、南水北调东线一期工程输水通道等环境敏感目标的位置关系,分析工程布置、施工方法、土料场(弃渣场)选择、施工期安排等环境可行性、合理性,提出环境保护对策与建议。

(3)识别工程建设和运行对区域环境的主要影响因素,分析、预测工程施工期和运行期对水环境、生态环境、环境空气、声环境和社会环境等方面的有利、不利影响的程度和范围。针对工程施工、运行对环境带来的不利影响,制订预防、避免或减缓不利环境影响的对策措施,保障工程顺利实施和正常运行,充分发挥工程的经济效益、社会效益和环境效益,保障东平湖蓄滞洪区内环境敏感目标的生态安全和环境安全。

(4)制订环境监督、管理和环境监理计划,明确建设方、施工方、监理方等的任务和职责,为环境保护措施的实施提供制度保证。

2.3 研究技术路线及重点

2.3.1 工程特点

（1）本次工程属于防洪减灾工程,工程实施后,将为当地社会经济发展提供根本的保证,工程社会效益显著。

（2）本次工程是在原有东平湖蓄滞洪区防洪工程基础上进行的改建和加固,包括堤防加固、堤顶防汛路、穿堤建筑物工程、险工改建和控导续改建工程等,无新建工程。

（3）工程以土石方工程为主,施工方式简单;施工时间为 3 年,单项工程工程量较小、施工时间较短,单位时间施工强度不大;施工时间主要集中在非汛期。

（4）本次工程区域涉及 1 处省级风景名胜区、2 处市级自然保护区以及南水北调东线一期工程输水通道,工程区域环境较为敏感。

（5）工程对环境不利影响主要发生在施工期,主要是工程占地、施工活动对陆生生态、水生生态以及水环境等影响;工程运行后本身不产生废水、废气、噪声、固体废弃物等环境影响。

2.3.2 环境保护目标

2.3.2.1 环境功能保护目标

1. 生态环境

维护工程影响范围内生态系统的完整性以及生物多样性,对工程建设占用的地表植被采取切实有效的恢复措施,减免工程建设对施工区地表植被的破坏,使工程不利影响降到最低,控制在生态环境可以承受的范围内。工程涉及自然保护区、风景名胜区等,应确保工程建设不对自然保护区、风景名胜区等生态环境敏感区生态结构及各项功能的正常发挥造成影响。

按水土保持方案要求,开展水土保持工作,对由于工程兴建新增的水土流失进行治理,减轻项目区水土流失影响。

2. 地表水环境

落实山东省南水北调工程沿线区域水污染防治条例,严禁向东平湖和大清河内直接排放废污水;工程施工期间,确保生产废水、生活污水得到处理并达到相应水质标准,尽可能减少工程施工对区域水环境产生的不利影响,确保工程建设不会对南水北调东线一期工程调水水质产生影响。

3. 声环境

施工期间严格控制噪声,确保不对施工区附近自然保护区内的野生动物等的正常活动产生惊扰。确保工程建设不对施工区附近居民的正常生活环境造成影响,维持区域环境噪声现状水平,不因工程的建设而使工程所在区域的声环境质量下降。

4. 环境空气

确保工程涉及的自然保护区、风景名胜区等环境空气质量满足《环境空气质量标准》

（GB 3095—2012）一级标准的要求,其他区域满足《环境空气质量标准》（GB 3095—2012）二级标准的要求。

5. 社会经济

保障东平湖蓄滞洪区防洪安全,促进当地的社会经济发展,改善当地居民生产生活条件,确保不会因工程建设造成生产生活水平下降,以及移民区环境安全。

6. 人群健康

加强施工人员健康教育,做好卫生防疫和生活垃圾清理工作,防止传染病和地方病的流行,加强施工人员自身防护。

2.3.2.2　敏感保护目标

1. 生态环境敏感点

本工程涉及的生态环境敏感点主要有东平湖市级湿地自然保护区、腊山市级自然保护区、东平湖省级风景名胜区等。项目区生态环境敏感点及其与工程的位置关系见表2-1。

表 2-1　项目区生态环境敏感点及其与工程的位置关系

序号	敏感点名称	保护对象	与工程位置关系
1	东平湖市级湿地自然保护区	包括东平湖蓄滞洪区的老湖区、大清河,主要保护对象是区内野生动物及其栖息地	大清河河道整治工程（改建）、已有堤防工程加固,出湖闸上河道疏浚工程、两闸隔堤护坡翻修、二级湖堤堤顶道路翻修等工程位于实验区
2	腊山市级自然保护区	位于东平湖蓄滞洪区西侧,以野生动植物为主要保护对象的森林生态型自然保护区	东平湖老湖区卧牛堤、玉斑堤已有堤防道路和护坡翻修加固工程位于保护区实验区
3	东平湖省级风景名胜区	包括东平湖蓄滞洪区的老湖区、大清河及其邻近的相关区域。是山东省水泊梁山风景名胜区的重要组成部分,主要景观是东平湖湿地	出湖闸上河道疏浚工程位于一级保护区,东平湖老湖区已有玉斑堤、卧牛堤防加固工程、堤顶道路及护坡翻修,大清河河道整治工程（控导、险工改建）、已有堤防加固等工程位于三级保护区
4	东平湖日本昭虾国家级水产种质资源保护区	位于东平湖老湖区内,主要保护对象为日本沼虾和黄河鲤	东平湖日本昭虾国家级水产种质资源保护区范围无工程及施工布置,与最近的已有二级湖堤堤顶道路翻修工程距离约1 000 m
5	腊山国家森林公园	位于东平湖蓄滞洪区西侧,主要保护对象为六工山、腊山、昆山、金山上的天然原始森林,六工山上的建福寺、玉皇庙、月岩寺及湖心岛景观	腊山国家森林公园范围无工程及施工分布,与最近的已有卧牛堤护坡翻修、堤顶道路硬化工程直线距离为200 m

2. 地表水环境敏感目标

1) 南水北调东线一期工程

根据南水北调东线一期工程实施方案和水量调度方案,东平湖老湖区和流长河是南水北调东线一期工程输水通道,东平湖在保障南水北调供水安全中承担重要任务。依据《山东省南水北调条例》及《山东省南水北调工程沿线区域水污染防治条例》的要求,对沿线区域实行分级保护制度,将沿线区域划分为三级保护区:核心保护区、重点保护区和一般保护区。核心保护区是指输水干线大堤或者设计洪水位淹没线以内的区域,重点保护区是指核心保护区向外延伸 15 km 的汇水区域,一般保护区是指除核心保护区和重点保护区外的其他汇水区域。

本次东平湖蓄滞洪区防洪工程建设在老湖区和流长河安排的工程是已有堤防加固、护坡翻修、堤顶防汛路及穿堤建筑物等。本工程与南水北调东线一期工程相对位置关系如表 2-2 所示。

表 2-2　本工程与南水北调东线一期工程相对位置关系情况

工程名称	工程性质	工程所在区域	与南水北调东线一期工程的关系
青龙堤、两闸隔堤、玉斑堤及卧牛堤石护坡翻修,玉斑堤及卧牛堤堤顶防汛路,二级湖堤堤顶防汛路	改建加固	东平湖蓄滞洪区	重点保护区
清河门、陈山口闸上河道疏浚工程	改建		核心保护区
堂子排灌站重建、卧牛排涝站重建、林辛淤灌闸堵复	改建、拆除堵复		重点保护区
围坝堤顶防汛路(25 + 500 ~ 55 + 500)围坝石护坡翻修(32 + 800 ~ 55 + 500)	改建加固		重点保护区

2) 取水口

本工程建设范围涉及 4 处城市及工业用水取水口,即魏河调水闸、八里湾泵站、济平干渠渠首闸和邓楼泵站,均为南水北调东线一期工程的组成部分。取水时段为每年的 10 月至翌年 5 月(见表 2-3)。

表 2-3　东平湖蓄滞洪区工程建设范围内地表水环境敏感点

取水口名称	功能定位	取水时段	涉及工程
魏河调水闸	城市及工业用水	10 月至翌年 5 月	玉斑堤堤防工程
八里湾泵站	城市及工业用水	10 月至翌年 5 月	二级湖堤堤顶道路
济平干渠渠首闸	城市及工业用水	10 月至翌年 5 月	出湖闸上河道疏浚工程和青龙堤延长工程
邓楼泵站	城市及工业用水	10 月至翌年 5 月	围坝(41 + 000 ~ 41 + 620)护坡翻修、护堤固脚等工程

3. 声环境、环境空气敏感点

工程声环境和环境空气敏感点主要为工程及施工区附近的村庄,共计 92 个。

4. 地下水环境敏感点

地下水环境敏感点主要是为大清河左堤截渗墙所在大堤段外侧村庄的集中农村居民饮用水井,共涉及 4 个村庄,详见表 2-4。此外,这些村庄还有分散居民饮用水井,基本一户一井。井深在 10 m 以内,主要用于日常洗浴和牲畜饮水。

表 2-4　地下水环境敏感点情况

类型	位置	与工程距离(km)	基本信息
分散开采井	东郑庄南 300 m	0.62	生活饮用、灌溉,井深 130 m
分散开采井	田庄村南侧	1.13	生活饮用、灌溉,井深 70 m
分散开采井	武家曼村	0.64	生活饮用、灌溉,井深大于 100 m
分散开采井	孙岗村	1.68	生活饮用、灌溉,井深约 100 m

2.3.3　工程影响特征

根据工程施工及运行对环境的作用方式,结合工程影响区域的环境敏感程度和可能受影响的程度,采用矩阵法对工程的环境影响因子进行识别。工程的环境影响将按照时段分为施工期和运行期两个阶段,按影响的性质分为有利影响与不利影响两种类型,按影响的程度分为无影响、影响较小、中等影响、影响较大四个等级,按影响的时间分为短期影响与长期影响两种。工程环境影响因子识别矩阵见表 2-5。

施工期对环境的影响主要为不利影响,主要表现在对水环境(东平湖、大清河及南水北调东线一期工程输水通道)、陆生生物、水生生物、环境空气、声环境、土地资源、水土流失等的不利影响,上述影响均为短期的和可逆的。

工程建成运行后,蓄滞洪区的防洪能力将有较大的提高,将有效促进蓄滞洪区内社会稳定、经济可持续发展及人民生活水平的提高,工程运行期将改善区域社会环境及生态环境,这些影响将是长期的。

根据工程影响区环境特征,结合本工程环境影响的性质、范围和程度,确定评价要素为水环境、声环境、生态环境、水文情势、环境空气、移民安置及社会环境等。其中,重点评价因子为水环境、生态环境、声环境及社会环境,一般评价因子为水文情势、环境空气及移民安置等。

2.3.4　研究方法

本研究在资料收集整理、现场勘查、监测工作基础上,通过实地取样、室内测验分析等手段,采用单因子评价法,从水环境、生态环境、土壤环境等方面出发,系统论证工程建设对其产生的影响,并提出减缓、减免和恢复措施。

表 2-5　工程环境影响因子识别矩阵

影响时段		自然环境					生态环境					环境敏感区				社会环境		
		水文情势	地表水环境	环境空气	地下水环境	声环境	陆生生物	水生生物	土地资源	水土流失	景观生态体系	东平湖市级湿地自然保护区	腊山市级自然保护区	东平湖省级风景名胜区	南水北调东线一期输水通道	防洪	人群健康	社会经济
施工期	堤防工程		－ SP	－ SP	－ SP	－ SP	－ SP		－ SP	－ SP	－ SP	－ SP		－ SP			－ SP	
	河道疏浚工程		－ SP	－ SP		－ SP	－ SP	－ SP	－ SP	－ SP	－ SP	－ SP	－ SP	－ SP	－ SP		－ SP	
	控导、险工工程	－ SP	－ SP	－ SP	－ SP	－ SP	－ SP	－ SP	－ SP	－ SP	－ SP	－ SP		－ SP	－ SP		－ SP	
	穿堤建筑物工程		－ SP	－ SP	－ SP	－ SP	－ SP		－ SP	－ SP	－ SP	－ SP	－ SP	－ SP			－ SP	
	移民生产安置			－ SP					－ SP	－ SP	－ SP							－ SP
运行期	工程运行					－ SP				＋ ML						＋ GL	＋ ML	＋ GL

注:1. 空白表示无影响;2. S 表示影响较小;3. M 表示中等影响;4. G 表示影响较大;5. － 表示不利影响;6. ＋ 表示有利影响;7. L 表示长期影响;8. P 表示短期影响。

2.3.4.1　数据来源及分析方法

1. 样品采集与实验方案

1) 地表水环境采样布点与测试

黄河东平湖蓄滞洪区防洪工程涉及的河流和湖泊主要有大清河和东平湖。根据东平湖和大清河常规监测断面布设情况,选取东平湖湖北、湖心和湖南,大清河戴村坝、流泽大桥、王台大桥、北排流路中部和南部 8 个断面作为本次评价调查断面(见图 2-1)。主要测试指标为 pH、COD_{Cr}、BOD_5、高锰酸盐指数、氨氮、总氮、总磷、六价铬和挥发酚。

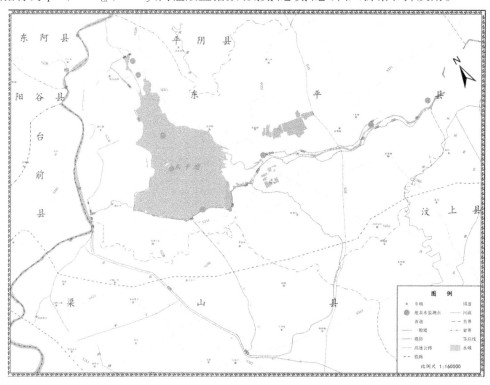

图 2-1　地表水环境监测布点示意图

2) 地下水环境采样布点与测试

依据相关要求,结合项目区地下水流向、水位等水文地质条件,采用控制性布点和功能性布点相结合的原则,在大清河、新湖区设 9 个地下水现状监测点。监测点分布见图 2-2,监测点布置情况见表 2-6。

根据项目可能产生的特征污染物和区域地下水化学条件,主要测试指标为 pH、溶解性总固体、砷、镉、铬、铅、汞、铁、锰、铜、氰化物、氟化物、氯化物、高锰酸盐指数。监测点采样时间是 2014 年 1 月 7、8、9 三日。

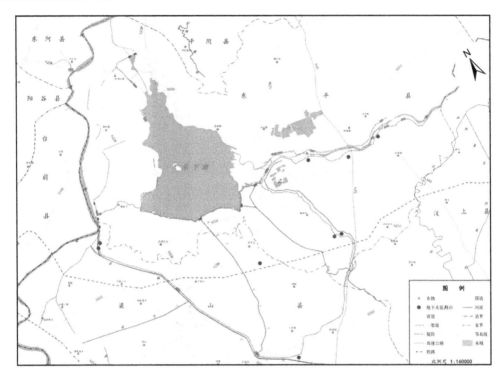

图 2-2 地下水水质监测布点示意图

表 2-6 地下水水质监测点布置情况

编号	坐标		位置描述	井深(m)
	X	Y		
P1	20 450 912.8	3 974 387.6	孙流泽村村北	80
P2	20 446 373.8	3 974 317.3	小郑庄村	90
P3	20 441 019.8	3 976 158.2	西郑庄村	40
P4	20 440 162.7	3 966 058.6	吴桃源村	120
P5	20 438 926.0	3 965 998.3	肖村	25
P6	20 429 454.7	3 968 106.2	谢庄	50
P7	20 426 503.7	3 955 978.9	司垓管理局大院内	110
P8	20 412 863.6	3 980 873.5	沙窝刘村	80
P9	20 412 988.3	3 980 884.0	马楼	18

3）生态环境布点与测试

A. 陆生生态

根据《环境影响评价技术导则 生态影响》（HJ 19—2011）的要求，以及东平湖建设项目的规模、特点和所在地区的环境特点，结合项目区的实际情况，于 2015 年 7 月对工程区进行植物样方调查，采用湖区沿岸点线结合的方法进行植被调查，同时结合陆生植被样带调查项目区主要动物资源种类。

植被调查：项目区位于鲁中山区西部向平原过渡的边缘地带，生态系统主要是暖温带农田生态系统，种植业较为发达，土地利用方式为农业用地和水域，受人类活动干扰强烈，自然植被破坏严重，植被类型组成较为简单。本次调查结合遥感解译结果，采用线路踏察、样带调查与样方调查相结合的方法，同时根据典型堤顶道路硬化、护坡翻修、控导、险工及涵闸改建等工程布置内容，在东平湖新老湖区及大清河共设置 23 个生态样方监测点，其中大清河段 6 个样点、东平湖新老湖区 17 个样点，在每个样点内设置 2 个样方，共设置调查样方 48 个，根据实际需要在每个样方内再设置若干小样方，其中乔木样方 20 m×20 m，灌木样方 5 m×5 m，草本样方 1 m×1 m。植被样方观测点布置情况见图 2-3 及表 2-7。

陆生动物调查：以种类调查为主，采用野外踏察、观测、走访，并利用与当地陆生脊椎动物调查资料相对比的方法。种类野外调查采用样带调查法，具体做法是依据陆生植物样带调查路线，主要借助望远镜进行观察，记录种类和数量，并结合走访结果进行分析。

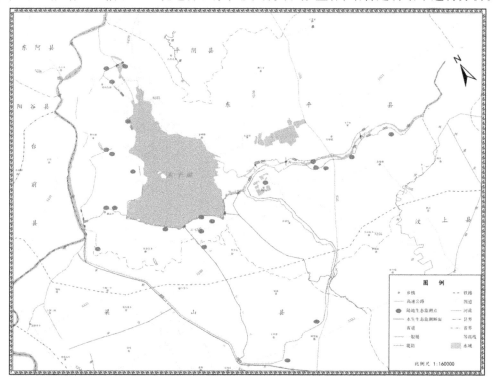

图 2-3　项目区陆生生态监测布点示意图

表 2-7　植被样地观测点布置情况

编号	地点	优势物种	经度	纬度
1	戴村坝堤坝	茵陈蒿、狗尾草、加拿大蓬	116°32′53″	35°53′22″
2	戴村坝杨树林下	狗尾草、马唐、牛筋草	116°31′21″	35°53′01″
3	后亭	狗尾草、野菊、牛筋草	116°29′58″	35°53′45″
4	大清河左堤帮宽	中华结缕草、酸模、狗牙根	116°26′32″	35°53′42″
5	大清河左堤帮宽杨树林下	杨树、青蒿、加拿大蓬	116°24′23″	35°53′58″
6	武家曼	白羊草、牛筋草、马兰花	116°22′35″	35°54′16″
7	武家曼水边	巴天酸模、醴肠	116°22′30″	35°54′07″
8	斑清堤	狗牙根、猪毛菜、黄蒿	116°11′28″	36°07′16″
9	西旺堤	诸葛菜、虎尾草、牛筋草	116°06′41″	36°02′36″
10	二级湖堤杨树林	杨树、大蓟、紫花地丁	116°12′16″	35°55′08″
11	玉斑堤	狗牙根、黄蒿、加拿大乍蓬	116°11′55″	36°05′59″
12	清河门闸	狗尾巴草、大蓟	116°11′48″	36°07′09″
13	司亥闸	虎尾草、野菊、龙葵	116°11′48″	35°43′25″
14	流长河	车前、牛筋草、蒲公英	116°08′44″	35°43′13″
15	潘孟于村	狗牙根、白藜、猪毛菜	116°13′41″	35°54′11″
16	潘孟于村水边	荻草、酸模、狗牙根	116°13′39″	35°53′01″
17	码头泄水闸	加拿大蓬、大蓟、蒲公英	116°05′55″	35°51′33″
18	后泊	狗尾草、小叶鬼针草	116°16′38″	35°54′34″
19	范岗	狗牙根、葎草	116°20′21″	35°47′59″
20	八里湾闸	狗尾草、葎草	116°10′22″	35°55′09″
21	国那里	狗尾草、狗牙根	116°02′49″	35°57′51″
22	卧牛堤护堤翻修	蒺藜、蒲公英、车前	116°10′44″	35°03′15″
23	邓楼	狗牙根、虎尾草	116°11′24″	35°43′41″

典型样方调查实景见图 2-4。

B. 水生生态

本项目于 2011 年 7 月、2012 年 5 月和 2013 年 6 月三次对东平湖区及出湖河道水生生物监测资料,2014 年 8 月结合工程布置情况对大清河进行了水生生物及鱼类资源监测调查。具体监测点位状况(见表 2-8)介绍如下。

(1)东平湖区。

东平湖区采样点的设置共分为 3 个断面,即主湖区断面(大安山)、半隔离湖区断面(昆山)、隔离湖区断面(腊山),每个断面各布置 3 个监测点。由于东平湖平均水深不足

图 2-4　典型样方调查实景

2.5 m,因此每个监测点采集上、下两层。

表 2-8　东平湖监测点状况

监测点	北纬	东经	水温(℃)	pH	DO(mg/L)	水深(m)	采集深度(m)
大安山 1	35°57′59″	116°10′53″	24.7	8.71	7.02	3.8	0.5、3
大安山 2	35°57′45″	116°12′33″	25.3	8.38	7.23	3.9	0.5、3
大安山 3	35°58′73″	116°13′79″	25.1	8.19	6.52	2.3	0.5、2
昆山 1	36°00′02″	116°12′43″	25.7	8.5	8.46	3.7	0.5、3
昆山 2	36°00′38″	116°11′37″	25.9	8.52	8.55	3.5	0.5、3
昆山 3	36°00′45″	116°10′29″	26.6	8.57	7.53	3.6	0.5、3
腊山 1	36°02′02″	116°11′19″	27.1	8.58	7.78	3.8	0.5、3
腊山 2	36°01′51″	116°11′09″	27.2	8.48	8.05	3.3	0.5、3
腊山 3	36°02′12″	116°10′44″	27.2	8.45	8.31	3	0.5、3

(2)东平湖出湖河道。

东平湖出湖河道(小清河)监测点的设置共分为 3 个断面,每个断面分水草区和敞水区 2 个监测点,各监测点分布如图 2-5 所示,各监测点基本状况见表 2-9。

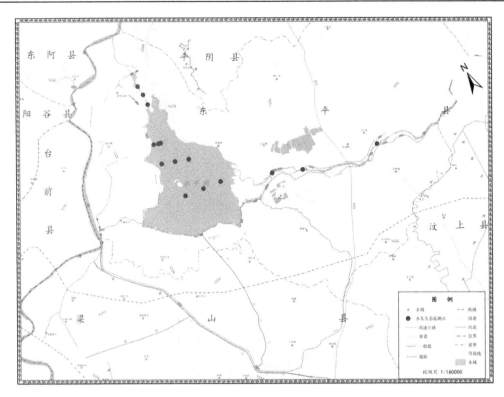

图 2-5　东平湖及大清河水生生态监测点分布示意图

表 2-9　东平湖出湖河道监测点状况

监测点	北纬	东经	水温(℃)	pH	DO(mg/L)	透明度(m)
S1	36°07′00.2″	116°12′44.4″	23.2	10.61	7.27	1.35
S2	36°06′23.6″	116°12′12.8″	13.6	10.36	7.98	1.60
S3	36°05′57.7″	116°12′17.6″	23.6	9.67	6.85	1.10

（3）大清河。

大清河共设置 3 个断面,分别是王台大桥、小河村和清河公园,具体见图 2-5。各监测点基本状况见表 2-10。

表 2-10　大清河各监测点基本状况

监测点	北纬	东经	水温(℃)	pH	DO(mg/L)	透明度(m)
清河公园	35°54′13.4″	116°27′39.6″	23.9	8.35	12.15	0.55
小河村	35°55′19.2″	116°20′59.6″	21.1	8.13	9.2	0.4
王台大桥	35°06′09.3″	116°18′19.7″	22.9	9.97	9.79	0.6

4）声环境监测布点与测试

选择各施工堤段最有典型性代表的地点进行监测,共布置 8 个监测点。具体监测点状况见图 2-6 和表 2-11。监测时间为 2014 年 8 月 11、12 日,连续监测 2 天,每天昼夜各两次,每次不少于 10 min,监测点位应在排除人为噪声干扰的情况下进行监测,所得数值均为背景值。测试指标为 dB(A)。

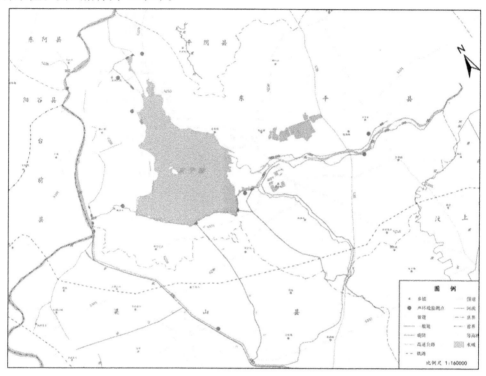

图 2-6　声环境现状监测布点示意图

表 2-11　声环境现状监测点状况

序号	监测点	涉及工程	备注
1	陈山口村	青龙堤延长工程	
2	魏河村	玉斑堤堤防加固	
3	山嘴村	卧牛堤堤防加固等	东平湖蓄滞洪区
4	西王庄	二级湖堤堤顶防汛路	
5	闫楼	围坝护坡翻修	
6	戴庙村	二级湖堤堤顶防汛路	
7	大牛村	大牛控导	大清河
8	东古台寺村	古台寺险工	

5)环境空气布点与测试

本次环境空气质量现状利用黄河下游近期防洪工程(山东段)环境保护施工期的监测数据进行评价,监测点为二级湖堤附近的潘孟于、巩楼和桑园。监测时间为 2013 年 1 月至 2015 年 12 月,监测 3 期,每期连续监测 5 日,监测项目为 PM10、TSP。

6)土壤环境布点与测试

本工程取土场较多,取土量较大,为系统了解项目区土壤环境现状污染程度,为本工程土壤环境影响评价提供土壤背景资料,客观评价出湖闸上河道疏浚工程底泥可能对项目区土壤的影响,分别对取土场和出湖闸上河道疏浚底泥开展了现状监测。土壤取样分析参数主要有 pH、铬、铜、锌、砷、镉、铅、汞和镍共 9 项。土壤和底泥环境监测布点见图 2-7。

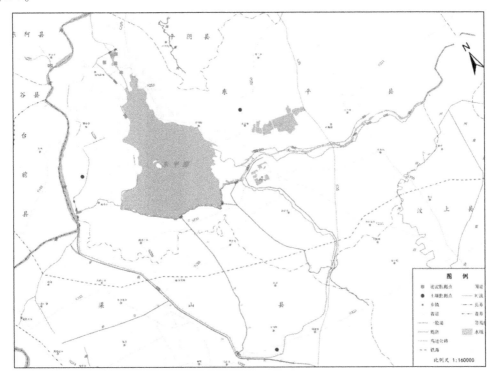

图 2-7　项目区土壤和底泥环境监测布点示意图

2.分析方法

根据东平湖和大清河区域水系特点和水环境特征,选取了 pH、溶解氧(DO)、化学需氧量(COD_{Cr})、氨氮($NH_3—N$)、总氮(TN)、总磷(TP)、五日生化需氧量(BOD_5)、高锰酸盐指数、挥发酚(V—phen)、石油类、六价铬、氟化物等 12 项水质污染因子作为评价指标,2012 ~ 2014 年资料来源于东平县环境保护局和北京普尼监测公司。主要水质分析方法如表 2-12 所示。

表 2-12　主要水质指标分析方法

水质监测指标	分析方法
pH	《水质 pH 的测定 玻璃电极法》(GB/T 6920—1986)
溶解氧(DO)	《水质 溶解氧的测定电化学探头法》(HJ 506—2009)
化学需氧量(COD$_{Cr}$)	《水质化学需氧量的测定 重铬酸盐法》(GB 11914—89)
氨氮(NH$_3$—N)	《水质 氨氮的测定 纳氏试剂分光光度法》(HJ 535—2009)
总氮(TN)	《水质 总氮的测定 碱性过硫酸钾消解紫外分光光度法》(HJ 636—2012)
总磷(TP)	《水质 总磷的测定 钼酸铵分光光度法》(GB 11893—1989)
五日生化需氧量(BOD$_5$)	《水质 五日生化需氧量(BOD$_5$)的测定 稀释与接种法》(HJ 505—2009)
高锰酸盐指数	《水质 高锰酸盐指数的测定》(GB 11892—89)
挥发酚(V—phen)	《水质 挥发酚的测定 4-氨基安替比林分光光度法》(HJ 503—2009)
石油类	《水质 石油类和动植物油类的测定 红外分光光度法》(HJ 637—2012)
六价铬	《水质 六价铬的测定 二苯碳酰二肼分光光度法》(GB 7467—1987)
氟化物	《水质 氟化物的测定氟试剂分光光度法》(HJ 488—2009)

2.3.4.2　评价标准

1. 水环境评价标准

项目区地表水评价执行《地表水环境质量标准》(GB 3838—2002)中的Ⅲ类水质标准,评价标准见表 2-13。

表 2-13　地表水环境质量标准—基本项目标准

序号		Ⅰ类	Ⅱ类	Ⅲ类	Ⅳ类	Ⅴ类
1	pH	6~9				
2	化学需氧量(COD$_{Cr}$)(mg/L)	15	15	20	30	40
3	五日生化需氧量(BOD$_5$)(mg/L)	3	3	4	6	10
4	高锰酸盐指数(mg/L)	2	4	6	10	15
5	氨氮(NH$_3$—N)	0.15	0.5	1.0	1.5	2.0
6	总氮(mg/L)	0.2	0.5	1.0	1.5	2.0
7	总磷(mg/L)	0.02(湖、库0.01)	0.1(湖、库0.025)	0.2(湖、库0.05)	0.3(湖、库0.1)	0.4(湖、库0.2)
8	六价铬(mg/L)	0.01	0.05	0.05	0.05	0.1
9	挥发酚(mg/L)	0.002	0.002	0.05	0.01	0.1

2. 地下水环境评价标准

采用《地下水质量标准》(GB/T 14848—1993)中的Ⅲ类水质标准进行评价,地下水Ⅲ类水质标准中没有的项目参照《生活饮用水卫生标准》(GB 5749—2006)进行评价,评价标准见表 2-14。

表 2-14　地下水环境质量标准—基本项目标准

序号	指标	Ⅰ类	Ⅱ类	Ⅲ类	Ⅳ类	Ⅴ类
1	pH	6.5 ~ 8.5			5.5 ~ 6.5 8.5 ~ 9	< 5.5, > 9
2	溶解性总固体(mg/L)	≤150	≤300	≤450	≤550	> 550
3	砷(mg/L)	≤0.005	≤0.01	≤0.05	≤0.05	> 0.05
4	镉(mg/L)	≤0.0001	≤0.001	≤0.01	≤0.01	> 0.01
5	六价铬(mg/L)	≤0.005	≤0.01	≤0.05	≤0.1	> 0.1
6	铅(mg/L)	≤0.005	≤0.01	≤0.05	≤0.1	> 0.1
7	汞(mg/L)	≤0.00005	≤0.00005	≤0.001	≤0.001	> 0.001
8	铁(mg/L)	≤0.1	≤0.2	≤0.3	≤1.5	> 1.5
9	锰(mg/L)	≤0.05	≤0.05	≤0.1	≤1.0	> 1.0
10	铜(mg/L)	≤0.01	≤0.05	≤1.0	≤1.5	> 1.5
11	氰化物(mg/L)	≤0.001	≤0.01	≤0.05	≤0.1	> 0.1
12	氟化物(mg/L)	≤1.0	≤1.0	≤1.0	≤2.0	> 2.0
13	氯化物(mg/L)	≤50	≤150	≤250	≤350	> 350
14	高锰酸盐指数(mg/L)	≤1.0	≤2.0	≤3.0	≤10	> 10

3. 土壤环境评价标准

采用《土壤环境质量标准(修订)》(GB 15618—2008)中旱地的二级标准作为本次土壤质量的评价标准(见表 2-15)。

表 2-15　土壤质量标准二级标准　　　　　　　　　　　(单位:mg/kg)

污染物	pH			
	< 5.5	> 5.5 ~ 6.5	> 6.5 ~ 7.5	> 7.5
镉	0.25	0.30	0.45	0.80
汞	0.25	0.35	0.7	1.5
砷	45	40	30	25
铜	50	50	100	100
铅	80	80	80	80
锌	150	200	250	300
铬	120	150	200	250
镍	60	80	90	100

2.3.4.3　评价方法

评价方法采用单因子指数评价法,即将断面各评价因子在 3 年(2012 年 1 月至 2014 年 12 月)内各不同时段中的算术平均值与评价标准相比较,确定各因子的水质类别,其中最高类别即为该断面在不同时段的综合水质类别。对监测结果进行统计整理,计算出各评价因子均值超标倍数及标准指数,采用单项标准指数法对各评价因子进行单项水质参数评价,计算方法如下:

(1)一般水质因子。

$$S_{i,j} = C_{i,j}/C_{si}$$

式中:$S_{i,j}$ 为污染物 i 在第 j 点的标准指数;$C_{i,j}$ 为污染物 i 在第 j 点的浓度,mg/L;C_{si} 为污染物 i 的地表水水质标准,mg/L。

(2)DO。

当 $DO_j \geqslant DO_s$ 时

$$S_{DO,j} = \frac{|DO_f - DO_j|}{DO_f - DO_s}$$

当 $DO_j < DO_s$ 时

$$S_{DO,j} = 10 - 9\frac{DO_j}{DO_s}$$

式中:$S_{DO,j}$ 为 DO 的标准指数;DO_f 为某水温、气压条件下的饱和溶解氧浓度,mg/L;DO_s 为溶解氧评价标准限制,mg/L;DO_j 为在 j 点的溶解氧实测统计代表值,mg/L。

(3)pH。

当 $pH_j \leqslant 7.0$ 时

$$S_{pH,j} = \frac{7.0 - pH_j}{7.0 - pH_{sd}}$$

当 $pH_j > 7.0$ 时

$$S_{pH,j} = \frac{pH_j - 7.0}{pH_{su} - 7.0}$$

式中:$S_{pH,j}$ 为 pH 的标准指数;pH_j 为 pH 实测统计代表值;pH_{sd} 为评价标准中 pH 的下限值;pH_{su} 为评价标准中 pH 的上限值。

水质参数的标准指数 ≤1,表明该水质因子浓度符合水域功能及水环境质量标准的要求。

2.3.5　研究技术路线

(1)开展资料收集、水环境、生态环境及声环境等现状调查与监测,了解项目所在区域的自然和社会环境状况,识别项目涉及的环境保护敏感目标及存在的主要环境问题。

(2)分析项目施工工艺、施工布置、工程布置,结合项目区域环境概况,识别项目主要环境影响因素;采用类比、现场测定等方法,确定项目废水污染源、废气及噪声源强。

(3)在项目环境影响识别基础上,开展水环境、生态环境及自然保护区等敏感对象环境影响研究。其中,地表水环境影响研究包括施工期生产、生活废水影响研究,地下水影响研究。通过构建项目范围地下水数学模型,结合区域水文地质资料,模拟分析项目建设对区域地下水位的影响。

（4）生态环境影响研究重点从土地利用、植物资源、动物资源及生态完整性等方面，采用生态机制分析法、专家经验法等开展研究，自然保护区等敏感区域生态影响重点对保护对象的影响程度和范围等开展研究。

（5）在以上分析研究基础上，针对影响范围、影响方式和影响程度，提出具体保护措施。具体论证技术路线见图2-8。

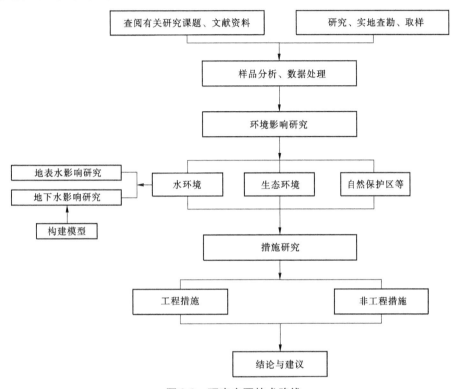

图 2-8 研究主要技术路线

2.3.6 研究重点

2.3.6.1 水环境影响研究

东平湖老湖区为南水北调东线一期工程输水通道，出湖闸上河道疏浚工程施工期与南水北调东线调水期部分重合，应分析出湖闸上2.4 km的河道疏浚工程对南水北调东线一期工程调水水质影响，此外分析大清河左堤截渗墙加固工程对附近村民分散式地下水井的影响。

2.3.6.2 生态环境影响研究

生态环境影响研究主要包括项目区域自然保护区、风景名胜区等敏感保护目标分布状况，明确工程与东平湖市级湿地自然保护区、腊山市级自然保护区和东平湖风景名胜区的位置关系，分析工程建设对自然保护区主要保护对象、风景名胜区的景观等的影响。

2.3.6.3 环境保护措施研究

根据工程建设对环境预测与影响分析成果，对南水北调东线输水通道水环境、自然保护区和风景名胜区提出切实可行的减缓、保护和恢复措施。

第3章 环境现状分析研究

3.1 地表水环境质量现状

根据《全国重要江河湖泊水功能区划》,本项目区内的大清河、东平湖分别属于黄河流域一级功能区内的大汶河东平缓冲区、大汶河东平保留区和东平湖东平自然保护区,水质目标均为Ⅲ类。工程所在区域的水质目标见表3-1。

表3-1 工程所在区域的水质目标

河流/湖泊	一级功能区名称	起始断面	终止断面	代表断面	长度（km/km²）	水质目标
大汶河	大汶河东平缓冲区	戴村坝站	东平湖入口	戴村坝	14.0	Ⅲ
东平湖	东平湖东平自然保护区	东平湖湖区			155.0	Ⅲ
东平湖	大汶河东平保留区	东平湖出口	入黄口		10	Ⅲ

根据《全国重要江河湖泊水功能区划》,项目区内各河流和东平湖执行《地表水环境质量标准》(GB 3838—2002)中的Ⅲ类水质标准。

3.1.1 地表水环境质量现状调查

本次地表水环境质量现状评价采用收集资料和现场调查相结合的方法,其中2012~2014年资料来源于东平县环境保护局。同时,为进一步了解东平湖区水质情况,委托相关单位对东平湖区的水质进行了监测。监测时间为2013年4月8~11日,连续监测3 d,每天取样一次。

3.1.2 地表水环境质量现状评价

3.1.2.1 历史资料评价结果分析

1. 大清河

2012~2014年,大清河戴村坝和流泽大桥断面水质均可满足Ⅲ类水质标准;王台大桥断面除2014年汛期COD_{Cr}超标,超标倍数为0.02,其余年份和指标均满足Ⅲ类水质标准(见表3-2~表3-4)。

2. 东平湖

2012年东平湖水质类别为劣Ⅴ类,超标因子为TN,最大超标倍数为1.27;2013年东平湖水质类别为Ⅴ类,超标因子为TN和TP,最大超标倍数分别为0.72和0.18;2014年东平湖水质类别为Ⅳ类,超标因子为TP,超标倍数为0.28(见表3-5~表3-7)。总体来说,东平湖水体质量趋于好转。

表 3-2 2012～2014 年大清河戴村坝断面水质常规监测因子统计结果

时间		pH		COD$_{Cr}$		高锰酸盐指数		TP		六价铬		挥发酚		评价结果
		水质类别	水质目标	水质类别	水质目标	水质类别	水质目标	水质类别	水质目标	水质类别	水质目标	水质类别	水质目标	
2012年	汛期	I	III	III	III	II	III	II	III	I	III	I	III	III
	非汛期	I	III	III	III	II	III	II	III	I	III	III	III	III
2013年	汛期	I	III	III	III	III	III	III	III	I	III	I	III	III
	非汛期	I	III	III	III	III	III	III	III	I	III	III	III	III
2014年	汛期	I	III	III	III	III	III	III	III	I	III	I	III	III
	非汛期	I	III	III	III	III	III	III	III	I	III	I	III	III

表 3-3 2012～2014 年大清河流泽大桥断面水质常规监测因子统计结果

时间		pH		COD$_{Cr}$		高锰酸盐指数		TP		六价铬		挥发酚		评价结果
		水质类别	水质目标	水质类别	水质目标	水质类别	水质目标	水质类别	水质目标	水质类别	水质目标	水质类别	水质目标	
2012年	汛期	I	III	III	III	III	III	III	III	I	III	I	III	III
	非汛期	I	III	III	III	III	III	III	III	I	III	I	III	III
2013年	汛期	I	III	III	III	III	III	III	III	I	III	I	III	III
	非汛期	I	III	III	III	III	III	III	III	I	III	III	III	III
2014年	汛期	I	III	III	III	III	III	III	III	I	III	I	III	III
	非汛期	I	III	III	III	III	III	III	III	I	III	I	III	III

表 3-4 2012~2014年大清河王台合大桥断面水质常规监测因子统计结果

时间		pH		COD$_{Cr}$		高锰酸盐指数		TP		六价铬		挥发酚		评价结果
		水质类别	水质目标	水质类别	水质目标	水质类别	水质目标	水质类别	水质目标	水质类别	水质目标	水质类别	水质目标	
2012年	汛期	Ⅰ	Ⅲ	Ⅱ	Ⅲ	Ⅱ	Ⅲ	Ⅱ	Ⅲ	Ⅰ	Ⅲ	Ⅰ	Ⅲ	Ⅲ
	非汛期	Ⅰ	Ⅲ	Ⅲ	Ⅲ	Ⅱ	Ⅲ	Ⅱ	Ⅲ	Ⅰ	Ⅲ	Ⅲ	Ⅲ	Ⅲ
2013年	汛期	Ⅰ	Ⅲ	Ⅲ	Ⅲ	Ⅱ	Ⅲ	Ⅱ	Ⅲ	Ⅰ	Ⅲ	Ⅰ	Ⅲ	Ⅲ
	非汛期	Ⅰ	Ⅲ	Ⅲ	Ⅲ	Ⅱ	Ⅲ	Ⅱ	Ⅲ	Ⅰ	Ⅲ	Ⅲ	Ⅲ	Ⅲ
2014年	汛期	Ⅰ	Ⅲ	Ⅳ	Ⅲ	Ⅱ	Ⅲ	Ⅱ	Ⅲ	Ⅰ	Ⅲ	Ⅰ	Ⅲ	Ⅳ
	非汛期	Ⅰ	Ⅲ	Ⅲ	Ⅲ	Ⅱ	Ⅲ	Ⅱ	Ⅲ	Ⅰ	Ⅲ	Ⅲ	Ⅲ	Ⅲ

表 3-5 2012年东平湖水质常规监测因子统计结果

断面名称	采样时间	pH		COD$_{Cr}$		高锰酸盐指数		氨氮		TN		TP		六价铬		挥发酚		评价结果
		水质类别	水质目标	水质类别	水质目标	水质类别	水质目标	水质类别	水质目标	水质类别	水质目标	水质类别	水质目标	水质类别	水质目标	水质类别	水质目标	
湖南	汛期	Ⅰ	Ⅲ	Ⅲ	Ⅲ	Ⅱ	Ⅲ	Ⅱ	Ⅲ	Ⅴ	Ⅲ	Ⅲ	Ⅲ	Ⅰ	Ⅲ	Ⅲ	Ⅲ	Ⅴ
	非汛期	Ⅰ	Ⅲ	Ⅲ	Ⅲ	Ⅱ	Ⅲ	Ⅱ	Ⅲ	Ⅴ	Ⅲ	Ⅲ	Ⅲ	Ⅰ	Ⅲ	Ⅲ	Ⅲ	Ⅴ
湖心	汛期	Ⅰ	Ⅲ	Ⅲ	Ⅲ	Ⅱ	Ⅲ	Ⅱ	Ⅲ	Ⅳ	Ⅲ	Ⅲ	Ⅲ	Ⅰ	Ⅲ	Ⅰ	Ⅲ	Ⅳ
	非汛期	Ⅰ	Ⅲ	Ⅲ	Ⅲ	Ⅱ	Ⅲ	Ⅱ	Ⅲ	Ⅳ	Ⅲ	Ⅲ	Ⅲ	Ⅰ	Ⅲ	Ⅰ	Ⅲ	Ⅳ
湖北	汛期	Ⅰ	Ⅲ	Ⅲ	Ⅲ	Ⅱ	Ⅲ	Ⅱ	Ⅲ	Ⅴ	Ⅲ	Ⅲ	Ⅲ	Ⅰ	Ⅲ	Ⅰ	Ⅲ	Ⅴ
	非汛期	Ⅰ	Ⅲ	Ⅲ	Ⅲ	Ⅱ	Ⅲ	Ⅱ	Ⅲ	劣Ⅴ	Ⅲ	Ⅲ	Ⅲ	Ⅰ	Ⅲ	Ⅰ	Ⅲ	劣Ⅴ

表 3-6 2013 年东平湖水质常规监测因子统计结果

断面名称	采样时间	pH 水质类别	pH 水质目标	COD$_{Cr}$ 水质类别	COD$_{Cr}$ 水质目标	高锰酸盐指数 水质类别	高锰酸盐指数 水质目标	氨氮 水质类别	氨氮 水质目标	TN 水质类别	TN 水质目标	TP 水质类别	TP 水质目标	六价铬 水质类别	六价铬 水质目标	挥发酚 水质类别	挥发酚 水质目标	评价结果
湖南	汛期	I	III	III	III	II	III	II	III	IV	III	III	III	I	III	I	III	IV
湖南	非汛期	I	III	III	III	II	III	II	III	IV	III	IV	III	I	III	III	III	IV
湖心	汛期	I	III	III	III	II	III	II	III	V	III	III	III	I	III	III	III	V
湖心	非汛期	I	III	III	III	II	III	II	III	IV	III	IV	III	I	III	I	III	IV
湖北	汛期	I	III	III	III	II	III	II	III	V	III	III	III	I	III	III	III	V
湖北	非汛期	I	III	III	III	II	III	II	III	IV	III	IV	III	I	III	III	III	IV

表 3-7 2014 年东平湖水质常规监测因子统计结果

断面名称	采样时间	pH 水质类别	pH 水质目标	COD$_{Cr}$ 水质类别	COD$_{Cr}$ 水质目标	高锰酸盐指数 水质类别	高锰酸盐指数 水质目标	氨氮 水质类别	氨氮 水质目标	TN 水质类别	TN 水质目标	TP 水质类别	TP 水质目标	六价铬 水质类别	六价铬 水质目标	挥发酚 水质类别	挥发酚 水质目标	评价结果
湖南	汛期	I	III	III	III	III	III	II	III	III	III	III	III	I	III	I	III	III
湖南	非汛期	I	III	III	III	III	III	II	III	III	III	IV	III	I	III	III	III	IV
湖心	汛期	I	III	III	III	III	III	II	III	III	III	III	III	I	III	III	III	III
湖心	非汛期	I	III	III	III	III	III	II	III	III	III	IV	III	I	III	I	III	IV
湖北	汛期	I	III	III	III	III	III	II	III	III	III	IV	III	I	III	III	III	IV
湖北	非汛期	I	III	III	III	III	III	II	III	III	III	III	III	I	III	III	III	III

3.1.3　地表水环境质量演变趋势分析

2012～2014 年,大清河水体水质稳定较好,2014 年汛期王台大桥断面除 COD_{Cr} 超标外,其余指标均满足Ⅲ类水质目标要求,戴村坝和流泽大桥断面水质达到Ⅲ类标准。东平湖 2012 年和 2013 年水质均劣于Ⅲ类目标,2014 年东平湖各项指标除 TP 外均达到Ⅲ类水质目标要求,表明东平湖水体质量趋于好转。

东平湖及大清河的水环境质量主要受湖区大规模网箱养殖及上游(大汶河)来水水质的影响。大汶河流域主要污染源为莱芜、泰安 6 市(县、区)城市生活和工业排放的废污水和面源污染。资料显示,城市生活和工业污染是影响大汶河水质的主要因素。近年来,随着南水北调东线一期工程通水时间的临近,上游各地市逐步建立污水处理厂并投入运行,大力实施工业结构调整,强化清洁生产,东平湖湖区内也建立了人工湿地,净化入湖水质,水体质量明显好转。

3.2　地下水环境现状

3.2.1　水文地质条件

3.2.1.1　水文地质单元及含水岩组

本区域为鲁中山区西部向平原过渡的边缘地带,黄河在区域境西部自西南向东北与河南省分界。大汶河贯穿东西流入东平湖把东平县分为黄、淮两个流域,因此可将该区水文地质单元划分为黄河冲积平原区与汶河冲积平原区两部分(见图 3-1、图 3-2)。

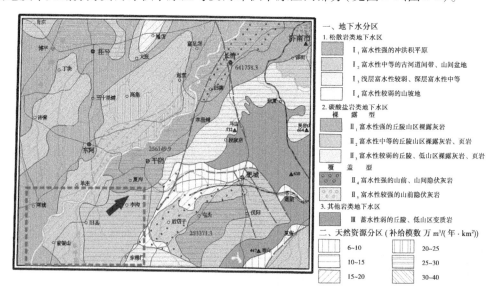

图 3-1　区域水文地质图(黄河冲积平原区)

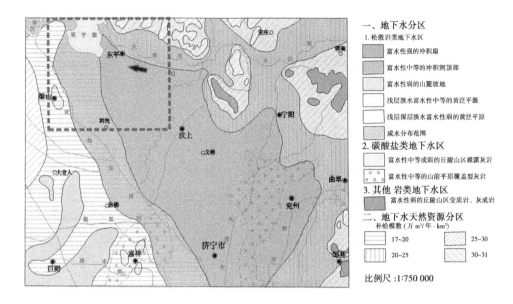

图 3-2　区域水文地质图(大汶河冲积平原区)

该区域含水岩组可分为两大类:一是第四系松散堆积物孔隙含水岩组,二是山丘碳酸盐类裂隙岩溶含水岩组。

1.第四系松散堆积物孔隙含水岩组

本组分为两种类型:

一是由大清河、大汶河、黄河冲积形成的,大清河两岸及黄河东岸的平原和洼地构成的砂层含水层。

砂层含水层主要分布在大清河两岸,为河流冲积扇。本区域地下水丰富,易于开采,为东平县主要井灌区和粮棉产区。大清河冲积扇由东北向西南逐渐展开,砂粒直径由大变小,分选性也越来越好。但砂层厚度变化都是波浪式的,不管是纵向(SN)还是横向(沿河向),都是如此,呈鸡窝状,这说明当时沉积基底是不平的,最厚段位于州城镇的孙岗,总厚度 14.5 m,最薄段位于东平县西南边界的轩场,总厚度为 3 m,砂粒直径一般大于 0.1 cm,砂粒直径最大为彭集镇东北角的龙崮一带,砾石直径大于 5 cm,其给水度也大。

新湖乡西南部商老庄、戴庙、银山、斑店一带为粉砂,其给水度也较低,同时砂层的埋藏深度也由东北向西南逐渐由浅变深,因此在彭集镇、州城镇、沙河站镇地下水孔隙水很丰富,易开采,一般井深为 25~30 m,新湖乡孔隙水较贫乏,开采也较困难,井深一般在 45 m 左右。

在大清河以南地下水由东北向西南流动,水力坡度也从东北向西南减小,上游水力坡度为 1/1 000、下游水力坡度为 1/2 350,其渗透系数 K 值也从东北向西南逐渐变小,最大值为彭集镇的 151 m/d,最小值为新湖镇的 116 m/d。在大清河东平镇,砂层的厚度、粒度、K 值、给水度等各项参数从东南向西北逐渐变小,富水性相应变化。

本组地下水全靠降水和河水补给,因此地下水位受降水影响很大,地下水年变幅较大,在大清河南年度变幅从北向南逐渐变大,上游为 2 m、下游为 3 m。大清河北东平镇的第四系地下水年变幅一般为 2 m。

二是山前平原由冲洪积形成的土卵石含水层。在大清河北的广大山前平原地区都具有土卵石含水层,新中国成立前人畜用水及灌溉点种用水几乎全靠开发这一层水,除少数地形较高者外,在大的山前平原都有人工开挖的小井,但现在大多枯竭,已失去了其利用价值。

2. 碳酸盐岩类裂隙岩溶含水岩组

该区域碳酸盐岩类裂隙岩溶含水岩组主要分布于大清河上游山区。

由于山区岩层为可溶性岩层,岩溶比较发育,有利于地下水的汇集、蓄存,同时在构造带、断层带,尤其沿山前大断裂带岩溶裂隙非常发育,造成较强的富水带。其中,尤其是奥陶系灰岩和寒武系厚灰岩都有较强的富水性,含水层厚度不一,埋深不等,历史上曾以泉水的形式大量出露。例如,中套泉、芦泉、毛园泉等,根据地下水的埋藏条件和岩性的不同,本组主要为层间裂隙岩溶含水岩组(长山组、崮山组、徐庄组、毛庄组、馒头组、中奥陶统)、裂隙－岩溶含水岩组(下奥陶统、风上组、张夏组)。

3.2.1.2　地下水的补给、径流和排泄

该区域内主要地下水补给来源为大气降水、相邻含水层补给以及河流湖泊水的间歇性补给。大清河南平原区地下水径流条件好、水量丰富,地下水的补给主要是降水垂直补给,侧向补给主要是山丘区对山前倾斜平原的排泄量(断面天然径流量)。在开采条件下,西部、南部均已出现地下水降落漏斗。大清河北山丘区及大部分基岩隐伏区,地下水也主要依靠大气降水的垂直补给及山体的侧向补给,而在基岩裸露区,则完全依靠降水入渗补给。

第四系地下水与地表水有明显的联系,大清河两岸的第四系地下水受大清河水的控制,具有统一的水位,在本地区未降雨时,只要河水上涨,大清河两岸的第四系地下水均随之升高。

由于地表水、降水和第四系地下水有直接联系,而基岩裂隙岩溶水又与第四系地下水有联系,因此地下水径流方向与地表水径流方向在大多数地区都相一致,也就是大清河南地下水自东向西流。而在大清河北(大羊乡、东平镇、梯门东部)地下水自北向南流(20 世纪 60 ~ 70 年代)。近几年来,由于肥城盆地中心,石横、肥城新城用水量的加大,地下水漏斗逐年南移,地下水流向变成了自南向北流(见图 3-3)。

区域内浅层地下水主要接受大气降水和季节性河水补给,向深层岩溶含水层排泄以及通过人工开采或蒸发排泄。深层地下水通过人工机井开采排泄以及含水层侧向排泄。

3.2.1.3　地下水位动态特征

地下水受降水的补给,无论是第四系地下水,还是基岩中的裂隙岩溶水都受到降水的补给,同时受到人工开采排泄的影响,观测孔水位变化幅度受到大气降水和人工开采的双重影响,在雨季的人工开采强度大于降水补给作用,因为有些年份出现雨季地下水位偏低的迹象。

东平县附近部分钻孔揭露的地下水位与降雨多年动态对比如图 3-4 所示。

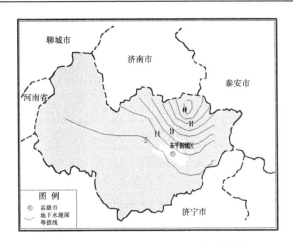

图 3-3　2010 年末地下水埋深等值线图

　　1999 ~ 2012 年,东平县附近的较多水位观测孔资料均很好地显示了该区域潜水和承压水的地下水位动态。选择 3 个完井深度 10 m 左右的水位观测孔的数据分析,用以反映该区域潜水年均地下水位变化动态,分别是位于彭集镇陈流泽村的 Su-93/93 号钻孔,位于沙河站镇大刘庄的 80A 号钻孔以及位于东平镇须城村的 92 号钻孔,3 个动态观测孔分布见图 3-5。东平县附近潜水地下水位动态见图 3-6。

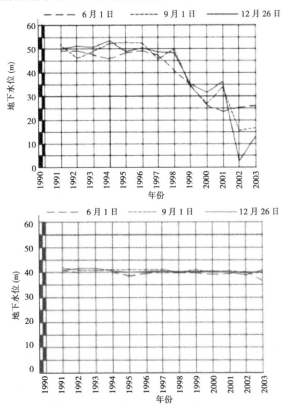

图 3-4　东平县地下水位与降雨多年动态对比

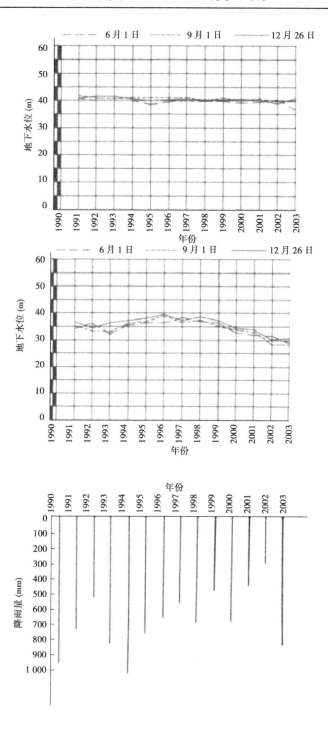

续图 3-4

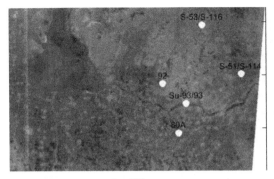

○　钻孔

图 3-5　水位动态观测孔分布

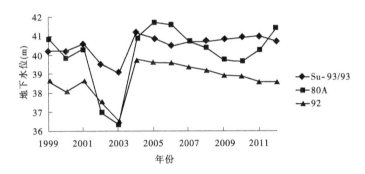

图 3-6　东平县附近潜水地下水位动态

选择 2 个完井深度 140 m 左右的水位观测孔的数据进行分析,用以反映该区承压水年均地下水位变化动态,分别为位于接山乡席桥村的 S-51/S-114 观测孔及位于大羊乡冯大羊村的 S-53/S-116 钻孔,2 个观测孔 1999 ~ 2012 年水位变化动态如图 3-7 所示。

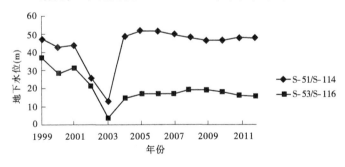

图 3-7　东平县附近承压水地下水水位动态

图 3-6、图 3-7 显示,区域内不同观测孔潜水地下水位较一致,变化幅度不大,主要是由于潜水和地表水以及大气降水联系密切,该区域地表水或是大气降水变化不大;不同的承压水观测孔反映的承压水位变化差异较大,S-53/S-116 的低水位可能是因为离东平湖较近,浅层地下水常年补给深层承压水而致。观测孔水位均在 2002 年与 2003 年存在异常,推测与监测井抽水有关。

选取 2008 年潜水观测孔 Su-93/93 与承压水观测孔 S-51/S-114 月平均水位数据绘制月平均水位动态变化,如图 3-8 所示,该区潜水和承压水多数在 9 月、12 月或者 1 月呈现高水位,6~8 月呈现低水位,经调研分析,主要和春夏季农业灌溉密切相关,深机井抽水导致深层含水层水位变动较大。

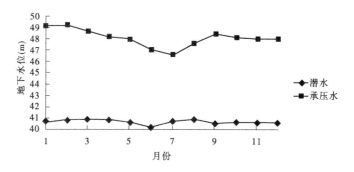

图 3-8　2008 年潜水与承压水月均地下水动态

综上所述,年内地下水位随降水、开采等因素影响的变化上升或下降。1~3 月,气温较低,降水、开采少,此时地下水位是一年内相对稳定时期。4~6 月随气温升高,降水量较少,灌溉用水量增加,地下水位呈下降趋势,直到雨季开始前,水位达到最低值。7~9 月因受到汛期降水影响,地下水位一般以上升为主。10 月以后,地下水位又呈现缓慢下降的趋势。地下水动态类型为降水入渗——开采型。

由本区域地下水动态资料分析,地下水位受补给、排泄因素影响,水位呈波动变化,但从整体趋势情况看,地下水位没有呈整体下降的趋势,这说明本区域地下水补给与开采相对平衡,没有形成过度开采现象。

3.2.2　区域地下水调查

为解决东平县城区供水困难,防止工业企业单位自备水源井造成地下水资源滥开乱采的现象,2012 年东平县政府关闭城区内现有的自备水源井,在白佛山前新建集中供水工程,供水规模为 2 万 m^3/d(730 万 m^3/年)。

东平县农村饮水安全受到高氟水和苦咸水的影响。高氟水区主要位于稻屯洼周围的老湖镇、东平镇、彭集镇,共涉及 17 个村 1.08 万人。苦咸水区主要分布在东平湖周围地区,涉及州城、老湖、旧县、银山、戴庙、商老庄、斑店 7 个乡镇 47 个村 4.49 万人。针对浅层地下水水质较差的现象,多数村镇建立了农村安全供水工程,采用深层地下水解决农村饮水困难,深层饮水井井深都在 100 m 以上。项目区域临河大堤村庄还存在分散式饮水井,基本一户一井,采用手压抽水方式取用浅层地下水,井深大都在 10 m 以内,主要用于日常生活洗浴。

3.2.3　地下水环境质量现状评价

根据监测数据分析,9 个监测点中,有 4 个监测点的监测项目存在 1 个以上的超标情况。超标项目主要为溶解性总固体、锰和氟化物,超标倍数较大的有 P2 点锰 3.19、P9 点氟化物 1.94,其他项目超标倍数较小,均小于 1.0。

溶解性总固体:共有两个监测点位超标,P8(沙窝刘村)和 P9(马楼),超标倍数分别为 0.42 和 0.9。项目区所处的东平湖周围地区地势较低,浅层含水层分布有苦咸水,涉及州城、老湖、旧县、银山、代庙、商老庄、斑店 7 个乡镇。

这些地区浅层地下水存在咸化现象,水质较差,溶解性总固体超标现象是其中一个体现。由于浅层地下水不适合饮用,大部分村镇建立了集中供水井,取用埋深 100 m 的水质较好的深层地下水。

氟化物:共有两个监测点位超标,P7(司垓管理局)和 P9(马楼),超标倍数分别为 0.28 和 1.94。

东平县存在高氟水区,主要分布于稻屯洼周围的老湖镇、东平镇、彭集镇。从本次调查来看,在新湖和梁山部分地区也有零星高氟水出现。东平县历史上就出现过长年饮水用高氟水,致使该区的青年不能参军入伍的事件。

因此,在出现高氟水的地区应加强农村安全饮水工程建设,解决群众饮水安全问题。

锰:共有两个监测点位超标,P2(小郑庄村)和 P7(司垓管理局),超标倍数分别为 3.19 和 0.32。项目区内无人为锰污染源,锰超标原因主要为原生地质环境问题。

项目区所处地区处于黄河冲积、东平湖沉积及大清河冲积交汇带,普遍存在亚砂、亚黏土及淤泥沉积。该区域地势平缓,地下水流动缓慢,地下水处于还原环境的地区对于锰元素的富集作用较强,造成该地区部分地下水锰含量较高。

综合监测结果来看,项目区浅层地下水部分存在咸化、高氟的现象,深层地下水水质较好,总体上达到Ⅲ类水标准。

3.3　生态环境现状

3.3.1　土地利用调查与评价

根据 2014 年 6 月东平湖蓄滞洪区 Landsat 卫星遥感影像解译结果,项目区总面积为 92 932.27 hm²,其土地利用方式可分为耕地、林地、园地、草地、交通运输用地、水域及水利设施用地、住宅用地、工矿与仓储用地、公共管理与公共设施用地和其他用地等 10 种。其中耕地面积最大,为 50 502.27 hm²,占总面积的 54.34%;其次为水域及水利设施用地,面积为 22 882.29 hm²,占总面积的 24.62%;再次是住宅用地,面积为 10 883.63 hm²,占总面积的 11.71%;三者之和约占总土地面积的 90.67%(见表 3-8)。

根据东平湖各县土地利用现状及区域遥感解译成果,本区土地利用现状结构具有以下特点:①土地利用方式以农业利用为主,耕地占土地总面积的 54.34%,其次是水域及水利设施用地,占 24.62%;②未利用土地比例高,大量荒山、荒坡、涝洼盐碱地未被开发利用;③本地区水面宽阔,水源充足,有利于渔业和养殖业的发展;④林地、草地所占比例不高,共占 6.59%,林地主要分布在湖区东北部的腊山地区。

表 3-8　工程区域土地利用现状

序号	土地利用分类	面积(hm²)	百分比(%)
1	耕地	50 502. 27	54. 34
2	园地	222. 91	0. 24
3	林地	5 701. 68	6. 14
4	草地	414. 8	0. 45
5	交通运输用地	1 185. 53	1. 27
6	水域及水利设施用地	22 882. 29	24. 62
7	住宅用地	10 883. 63	11. 71
8	工矿与仓储用地	572. 36	0. 62
9	公共管理与公共设施用地	37. 21	0. 04
10	其他用地	529. 59	0. 57
	合计	92 932. 27	100

3.3.2　陆生生态现状调查与评价

项目区地处我国传统农作地区,种植业发达,长期以来人为活动干扰强烈,以农业生态系统为主,多为人工种植植被,野生动植物较为贫乏。已有野生动植物资源集中分布在东平湖市级湿地自然保护区和腊山市级自然保护区内。

3.3.2.1　调查与分析内容

根据生态环境影响评价相关技术方法,采用样方调查法进行陆生生态调查,分析项目区动植物资源分布情况。对于每个样方,记录如下内容:样地编号、样地面积、调查者、调查日期、样方号、样方面积、地理位置(包括经度和纬度)、地形、海拔、坡向、坡度、土壤类型、动物活动情况、人为干扰情况、群落类型和群落名称等。

乔木样方中调查每个乔木个体的高度、多度、郁闭度、枝下高、胸径和冠幅,对优势种植物还要称取一定质量的树枝和树叶,测量各段直径,以作生物量计算之用;灌木样方中详细调查样方内灌木的种类,每种植物的株(丛)数,高度、盖度、物候期等内容。对优势种植物还要测量其直径、称取质量,以作灌木生物量测算之用;草本样方中详细记录每种植物的名称、株(丛)数、盖度、多度和高度等内容。小样方中称取所有草本植物鲜重,测算其生物量。

3.3.2.2　植物资源及生物量调查与评价

1. 植物资源

根据历史资料与现场调查,本区内共有维管植物 114 科 379 属 679 种(含 27 变种 4 变型 1 亚种),其中蕨类植物共有 11 科 13 属 15 种,裸子植物共有 4 科 8 属 16 种,被子植物共有 99 科 358 属 648 种,被子植物中禾本科和菊科是分布最大的两个科,是本区内常见的各种草地植被建群种或优势种。评价区内植物名录见附录 I。

　　东平湖蓄滞洪区位于黄河下游,该区域人口密集,蓄滞洪区主要被利用为农田,多为人工栽培植被,即人工林、经济林、水浇农田和旱作农田,并伴有零星的经济林栽植。东平湖蓄滞洪区内常见草本植被主要由齿果酸模、石龙芮、毛茛、朝天委陵菜、苦苣菜、水蓼、小花鬼针草、芦苇、假苇拂子茅、狗牙根、马唐、加拿大蓬、酸模叶蓼、旋覆花、小蓟、雀麦、鹅观草等,植物盖度25%左右,高度为0.4~0.6 m。乔本植物主要分布在堤坝两侧及村庄周边,主要有加拿大杨树林和柳树等,植物覆盖率50%左右。林下灌木稀少,灌木层盖度10%~20%,优势种有柠条锦鸡儿、黄刺玫、枸杞等。偶尔可见柠条锦鸡儿、杭子梢、二色胡枝子、胡颓子、柔毛绣线菊等。林下草本层盖度10%~30%,常见的有狗牙根、狗尾草、大蓟、大披针叶苔、加拿大蓬、三脉紫菀、大油芒、山萝花、地榆、马先蒿、大丁草、铁杆蒿、紫花地丁、雀麦、委陵菜。较少的有黄芩、牡蒿、黄菅草、铁杆蒿、鸡腿堇菜等。

　　2. 植被类型

　　本区植被在植物分区上属泛北极植物区的中国—日本森林植物亚区—华北地区中的辽东、山东丘陵亚区。本区域属于暖温带气候,落叶阔叶林是本地区典型的地带性植被类型,但是由于长期的人为活动干扰,东平湖受人为活动破坏严重,植被类型较为单一,自然植被破坏严重,取而代之的是人工植被和农田、园地。经调查分析,东平湖保护区的植被类型包括水生植被和陆生植被两大类型,共分为4个植被型19个群系。

　　水生植被主要包括5个群系,分别是芦苇+黑藻群系、莲+浮萍+槐叶萍群系、菱+芡实群系、菹草群系和藨草群系。项目区主要群系情况具体如表3-9、表3-10所示。

表 3-9　项目区水生植被主要群系类型

群系类型	群系特征
芦苇+黑藻群系	该群系为东平湖典型的水生植被类型,主要分布在堤坝附近及滩地内。该群系常生长在常年积水、水深1.0 m以下的地段。建群种芦苇是一种生活力极强的多年生根茎禾草,植株高度3~5 m,盖度90%以上。常见伴生种有水烛、水蓼等。芦苇群系中生活着丰富的浮游植物、浮游动物和水生无脊椎动物,是鸟类主要的觅食和栖息场所
莲+浮萍+槐叶萍群系	该群系由人工种植而成,常生于水深0.5~0.7 m淤泥水体中,主要分布在湿地和坑塘内。建群种莲为多年生水生植物,具有粗壮的根状茎,叶硕大,淡绿。植株高度0.5~1.5 m,盖度80%以上。群系中常见浮萍、槐叶萍等
菱+芡实群系	该群系一般生长在水深1.5~3.0 m处,盖度95%以上,主要分布在老湖区内。建群种为菱和芡实,优势种有三角菱、芡实等,伴生种有莲子草、紫萍、浮萍等
菹草群系	本区水生植物群系中分布最广的一种群系类型,主要分布在水深0.5~1.0 m、比较平坦的河段或河流两边分布有较多的菹草,常形成宽1~6 m,长达数十米甚至近百米的分布带。该群系种类单一,主要由菹草组成,偶见龙须眼子菜等沉水植物,以及两栖蓼和北水苦荬等
藨草群系	藨草为莎草科的水生植物,根系十分发达,常分布于河漫滩淤泥沉积较厚的水边。盖度5%~10%,高度10~25 cm。群系结构简单,常为单优群系。伴生植物有小香蒲、石龙芮、回回蒜、酸模等水生或湿生植物

陆生植被主要包括 14 个群系,分别是杨树群系、柳树群系、侧柏群系、杂灌丛群系、狗牙根群系、狗尾草群系、白羊草群系、荻草群系、加拿大蓬群系、白藜群系、茵陈蒿群系、诸葛菜群系、车前群系、杂草群系。

表 3-10　项目区陆生植被主要群系类型

群系类型	群系特征
杨树群系	该群系在戴村坝、南城子加固、左堤帮宽、武家曼、西旺堤、玉斑堤、卧牛堤等堤坝堤都有分布。树龄在 30 年左右,林相整齐。林冠郁蔽度 0.6 ~ 0.7,树高度 12 ~ 16 m,最高达 20 m,胸径 20 ~ 40 cm,少量为 15 ~ 20 cm,冠幅 4 m,层郁闭度平均为 0.6。有的林分中有少量刺槐、榆树等阔叶落叶树种夹杂其间或林缘
柳树群系	柳树群系主要分布于河滩及湖堤坝处,主要见于玉斑堤等地,人工栽种,成行分布,属人工林。主要树种为旱柳和垂柳,树龄为 20 ~ 30 年,树高 15 ~ 18 m,最大胸径 35 ~ 40 cm,一般胸径 20 cm 左右,乔木层盖度为 30% ~ 60%,生长发育良好。有时可见少量杨树、榆树夹杂其中
侧柏群系	主要分布于围坝及湖堤两侧,树龄为 20 ~ 30 年,树高 6 ~ 10 m,最大胸径 5 ~ 8 cm,一般胸径 6 cm 左右,乔木层盖度为 40% ~ 60%,生长发育良好。有时可见少量紫薇、冬青、刺槐、大叶女贞夹杂其中
杂灌丛群系	是一类有数种优势种并存而建群种不明显的由多种灌木组成的群系,分布于湖堤沿岸的干旱荒坡上。杂灌丛群系的优势种有杭子梢、荆条、三裂绣线菊、酸枣、沙棘等
狗牙根群系	狗牙根群系分布于河岸边、地边或路旁,分布较多的潘孟于村,群系高度为 15 ~ 25 cm,盖度为 60% ~ 100%,植物根系发达,地上部分匍匐生长,网结地面,是一种非常有效的固土固沙植物。该群系中常见的伴生植物较少,偶见猪毛菜、苦荬菜、一年蓬、黄蒿、小花鬼针草等
加拿大蓬群系	一年生草本群系,该群系主要分布于堤坝上和防护林杨树林下。群系高度 10 ~ 15 cm,盖度 40% ~ 60%,有一定的固沙功能。主要的伴生种有虎尾草、狗尾草、黄蒿、狗牙根、铁苋菜、茵陈蒿、中华小苦荬、葎草、牛筋草等
茵陈蒿群系	茵陈群系常分布于沙滩和干旱的荒坡上,适应性强,分布广泛。茵陈蒿茎呈圆柱形,多分枝,长 30 ~ 100 cm,直径 2 ~ 8 mm;茵陈蒿有一定的药用价值,固沙和保持水土的能力也很好。该群系中常见的其他植物还有野胡蒿萝卜、白蒿、狗牙根、一年蓬、葎草、藜等

3. 保护植物

根据历史资料与现场调查,东平湖蓄滞洪区分布有 3 种国家二级保护野生植物,分别为鹅掌楸、中华结缕草和野大豆。工程区域仅在玉斑堤护坡上分布有少量的野大豆。野大豆为一年生草本植物,多生于山野以及河流沿岸、湿草地、湖边、沼泽附近或灌丛中,常缠绕于杨树、柳树的幼株上,或蒿属植物的茎上,有时与葎草相互缠绕而生。

根据本次工程建设内容,玉斑堤涉及工程建设内容主要是玉斑堤山体结合处截渗加固及石护坡翻修,可能对野大豆的生长造成一定影响,本次玉斑堤翻修段长度 2.06 km,而玉斑堤全长为 3.91 km,建议施工期间对发现的野大豆进行就近迁地保护,可移植到玉斑堤护坡无施工段,并采取设置保护标示牌等措施加强保护。

4. 生物量统计结果

通过对项目区典型样方进行群系学调查和生物量测定,项目区植被主要以草本群系为主,平均生物量 8.9 t/(hm² · 年);乔木主要为人工林栽种的杨树防护林,平均生物量为 54.74 t/(hm² · 年);园地主要为枣园和苹果园,平均生物量为 57.11 t/(hm² · 年),灌木群系则主要以林下灌木群系为主,平均生物量为 13.64 t/(hm² · 年)。具体样方调查情况见表 3-11 ~ 表 3-15。

表 3-11 杨树样方生物量统计

样方号	平均树高(m)	平均胸径(cm)	样方总生物量(t/(hm² · 年))
1	7.1	14.61	72.29
2	6.5	12.82	46.76
3	12	13.69	74.05
4	10	9.39	30.46
5	11.5	12.10	41.02
6	10.5	11.86	50.56
7	12	13.22	68.01

表 3-12 枣树样方生物量统计

样方号	平均树高(m)	平均胸径(m)	样方总生物量(t/(hm² · 年))
1	11.0	21.51	95.95
2	12.0	26.15	103.50
3	10.5	18.43	90.20

表 3-13 苹果树样方生物量统计

样方号	平均树高(m)	平均胸径(m)	样方总生物量(t/(hm² · 年))
1	4.6	14.6	18.18
2	3.7	9.8	19.50
3	4.3	7.5	15.36

表 3-14　灌木层样地生物量统计

样方号	优势物种	灌丛高（m）	灌丛地径（m）	样方总生物量（t/（hm²·年））
1	狼牙刺	1.6	1.5	9.67
2	狼牙刺	1.9	1.7	11.14
3	锦鸡儿	1.26	1.6	16.96
4	锦鸡儿	1.4	1.68	26.56
5	酸枣	1.2	1.4	8.24
6	酸枣	1.5	1.5	9.27

3.3.2.3　动物资源现状调查与评价

本次项目影响区人口密集,耕作历史悠久,主要为农田生态系统,人类活动干扰强烈,野生动物资源较贫乏。项目区已有野生动物资源集中分布在东平湖市级湿地自然保护区和腊山市级自然保护区内。

东平湖市级湿地自然保护区有动物种类 786 种,其中鸟类 186 种、兽类 18 种、鱼类 57 种、爬行类 9 种、两栖类 6 种、昆虫 398 种、其他动物 112 种。国家一级保护野生动物有 3 种,分别是丹顶鹤、白鹳和大鸨。国家二级保护野生动物有 8 种,主要有大天鹅、小天鹅、短耳鸮等。

腊山市级自然保护区有野生动物种类 135 种,其中国家二级保护鸟类 10 种,主要有苍鹰、雀鹰、纵纹腹小鸮等。

评价区域中鸟类名录见附录Ⅱ。根据本次现场调查,共记录到 28 种鸟类。其中水鸟 11 种,多为本区常见种,数量较多的为苍鹭、绿头鸭和斑嘴鸭,其余为林鸟,大堤内外均有分布,大堤内在种类和数量上均占优势。具体见表 3-16。

3.3.3　景观格局调查与评价

通过对项目区生态景观格局现状遥感专题解译,在 GIS 技术和景观生态学分析技术、数据库分析技术等支持下,分析项目区域生态景观格局现状特征,提取生态景观优势度、景观拼块密度、景观拼块频度及拼块比例等景观格局参数,评价研究区生态完整性及景观多样性特征。采用景观生态制图方法,建立项目区景观类型属性数据库,计算项目区景观现状数量化指标。根据项目区的实际情况,将项目区景观类型划分为农业景观、林地景观、草地景观、城镇景观、其他建设用地景观、河流景观、库塘景观、滩地景观、裸地景观 9 种景观类型。选用景观多样性指数、优势度指数、密度、频度、景观比例等指数等来分析项目区景观特征。

项目区模地主要采用传统的生态学方法来确定,即计算组成景观的各类拼块的优势度值（D_o）,优势度值大的就是模地,优势度值通过计算项目区内各拼块的重要值的方法判定某拼块在景观中的优势。

表 3-15　草本群系生物量调查情况

项目类型	地点	优势物种	样方号	地上生物量（t/（hm²·年））	地下生物量（t/（hm²·年））	总生物量（t/（hm²·年））
护坡防护	戴村坝坝顶	茵陈蒿,狗尾草,加拿大蓬	DCB-1	8.244	3.46	11.704
	戴村坝杨树树林下	狗尾草,马唐,牛筋草	DCB-2	6.056	1.012	7.068
控导	后亭	狗尾草,野菊,牛筋草	HT	7.804	1.174	8.978
堤防工程	左堤帮宽	中华结缕草,酸模,狗牙根	ZDB-1	6.87	3.126	9.996
	左堤帮宽杨树树林下	青蒿,加拿大蓬	ZDB-2	6.944	1.052	7.996
险工改建	武家漫	白羊草,牛筋草,马兰花	WJM-1	7.752	2.668	10.42
	武家漫水边	巴天酸模,醴肠	WJM-2	4.448	0.94	5.388
隔堤	斑清堤	狗牙根,猪毛菜,黄蒿	BQD	19.42	1.45	20.87
	西旺堤	诸葛菜,虎尾草,牛筋草	XWD-1	5.288	1.078	6.366
	西旺堤二级湖堤杨树树林下	大蓟,紫花地丁,抱茎苦荬菜	XWD-2	3.212	0.26	3.472
	王斑堤	狗牙根,黄蒿,加拿大作蓬	YBD-1	6.392	1.936	8.328
	潘河门闸	狗尾巴草,醴肠,大蓟	FZB	2.83	0.20	3.03
	司亥闸	虎尾草,野菊,龙葵	SHHB	2.096	0.804	2.9
	流长河	车前,牛筋草,蒲公英	LCH	1.28	0.48	1.76
	潘孟干村	狗牙根,白藜,猪毛菜	PMY-1	15.808	2.648	18.456
其他	潘孟干村水边	荻草,酸模,狗牙根	PMY-2	17.2	2.742	19.942
	固那草站	狗尾草,狗牙根	Gnl	4.86	0.99	5.85
	王台排涝站	狗尾草,加拿大蓬	Wt	6.96	0.88	7.84
	卧牛堤护堤翻修	葵藜,蒲公英,车前	WND	7.38	0.926	8.306
	邓楼	狗牙根,虎尾草	DI	6.55	2.07	8.62

表3-16 东平湖蓄滞洪区及大清河区域鸟类现状调查统计情况

种名	生活环境			居留情况	区系类型	种群数量	保护级别	出现天数(d)	地点
	农田人工林	水域	荒滩草地						
小		√		R	WD	++		2	戴村坝
凤头		√		P	WD	+	PR,SJ	2	斑清堤
苍鹭	√	√	√	R	PA	+++	PR	2	斑清堤
大白鹭		√	√	W	WD	+	PR,SJ,SA	1	武家漫
豆雁	√	√		W	PA	+	SJ	2	戴村坝
赤麻鸭	√	√		W	PA	++	SJ	1	戴村坝
绿翅鸭		√		W	WD	++	SJ	1	斑清堤
绿头鸭		√		W	WD	+++	SJ	2	戴村坝
斑嘴鸭	√			R	PA	+++		2	戴村坝
普通		√		W	WD	+	II	1	八里湾闸
游隼	√			W	WD	+	II	1	康村
红隼			√	R	WD	+	II	1	西旺堤
银鸥		√		W	PA	+	SJ	2	玉斑堤
纵纹腹小鸮			√	R	PA	+	II	1	司里村
普通翠鸟		√		R	WD	+		1	玄桥村
戴胜			√	R	WD	++		2	武家漫
白鹡鸰		√		S	WD	+	SJ,SA	2	潘孟于村
棕背伯劳	√			R	O	+		1	戴苗
喜鹊			√	R	PA	+++		5	八里湾闸,潘孟于村
秃鼻乌鸦	√		√	R	PA	++		3	八里湾闸
大嘴乌鸦	√			R	WD	++		1	卧牛堤
大山雀	√			R	WD	++		2	八里湾闸
树麻雀	√		√	R	WD	+++		5	冯洼,卧牛堤
金翅雀			√	R	WD	+		2	潘孟于村
三道眉草鹀	√			R	PA	++		1	邓楼泵站

注：+++数量一般，++数量较少，+数量极少。

　　根据景观生态学理论,在 ArcGIS 9.2 地理信息系统软件支持下,对解译的土地利用现状数据分析处理,并进行属性提取,得到景观斑块面积、斑块数,另外通过网格采样的方法,得到各景观类型的采样频率。通过处理得到景观类型斑块面积、斑块数、景观斑块频率指标,计算拼块密度、频率、景观比例,并确定拼块优势度值,优势度值(D_o)由斑块密度(R_d)、频率(R_f)和景观比例(L_p)等参数确定。数学表达式如下:

$$密度 R_d = 斑块 i 的数目/嵌块总数 \times 100\%$$
$$频率 R_f = 斑块 i 出现的样方数/总样方数 \times 100\%$$
$$景观比例 L_p = 嵌块 i 的面积/样地总面积 \times 100\%$$

并通过以上三个参数计算出优势度值(D_o):

$$优势度值 D_o = 0.5 \times [0.5 \times (R_d + R_f) + L_p] \times 100\%$$

　　在 ArcGIS 平台上用矢量网格数据拓扑生成的网格对土地利用矢量块数据进行重新划分,经过统计分析得到了各个地类所占的样方数,计算影响区的景观优势度及相关指标,如表 3-17 所示。

表 3-17　项目区域内景观类型统计

景观分类	面积（hm²）	景观比例（%）	斑块数	斑块密度（%）	样方数	频率（%）	优势度（%）
耕地	50 502.27	54.34	1 345	11.85	488	53.04	43.40
园地	222.91	0.24	184	1.62	2	0.22	0.58
林地	5 701.68	6.14	2 013	17.74	59	6.41	9.11
草地	414.8	0.45	126	1.11	2	0.22	0.55
交通运输用地	1 185.53	1.27	97	0.86	10	1.09	1.12
水域及水利设施用地	22 882.29	24.62	5 116	45.08	231	25.11	29.86
其他用地	529.59	0.57	653	5.76	4	0.44	1.83
住宅用地	10 883.63	11.71	1 622	14.29	119	12.93	12.66
工矿与仓储用地	572.36	0.62	167	1.47	5	0.54	0.81
公共管理与公共设施用地	37.21	0.04	25	0.22	0	0	0.08
合计	92 932.27	100	11 348		920		

从表 3-17 可以看出,项目区各景观类型中,耕地景观和水域及水利设施用地景观为优势景观类型,面积分别为 50 502.27 hm² 和 22 882.29 hm²,景观比例分别为 54.34% 和 24.62%;其次为住宅用地景观和林地景观,面积分别为 10 883.63 hm² 和 5 701.68 hm²,景观比例分别为 11.71% 和 6.14%;交通运输用地景观面积为 1 185.53 hm²,景观比例为 1.27%;其余其他景观类型面积都比较小,景观比例都不足 1%,工矿与仓储用地景观面积为 572.36 hm²,景观比例为 0.62%;草地景观面积为 414.8 hm²,景观比例为 0.45%;园地景观面积为 222.91 hm²,景观比例为 0.24%;其他用地景观面积为 529.59 hm²,景观比例为 0.57%。

景观斑块和斑块密度中,景观总斑块数目为 11 348 块。斑块数目最多的为水域及水利设施用地景观类型,为 5 116 块,斑块密度为 45.08%;其次为林地景观类型,斑块数目为 2 013 块,斑块密度为 17.74%;耕地景观和住宅用地景观斑块数目分别为 1 345 块和 1 622 块,斑块密度分别为 11.85% 和 14.29%;其他园地景观、草地景观、交通运输用地景观、工矿与仓储用地景观和公共管理与公共设施用地斑块数目都比较少,斑块数目分别为 184 块、126 块、97 块、167 块和 25 块,斑块密度分别为 1.62%、1.11%、0.86%、1.47% 和 0.22%。

景观类型频率中,频率较高的分别为耕地景观、水域及水利设施用地景观、住宅用地景观和林地景观类型,频率分别为 53.04%、25.11%、12.93% 和 6.41%;其次为交通运输用地景观、工矿与仓储用地景观、园地景观和草地景观类型,频率分别为 1.09%、0.54%、0.22%、0.22%。

景观优势度中,耕地景观类型的优势度最高,为 43.40%;其次为水域及水利设施用地景观、住宅用地景观和林地景观,优势度分别为 29.86%、12.66%、9.11%;交通运输用地景观和其他用地景观的优势度分别为 1.12% 和 1.83%;其他所有景观类型的优势度都比较低,不到 1%,园地景观类型的优势度为 0.58%,草地景观类型的优势度为 0.55%。

总体来看,项目区以耕地景观占优势,景观比例、频率和优势度都比较大,而斑块密度并不高,说明项目区耕地景观分布集中连片,多以大的拼块出现,是优势景观类型。水域及水利设施用地景观比例较高,但斑块密度最大,频率也较高,因此水域及水利设施用地也为区域内优势景观。林地景观比例小,但密度较高,因此优势度也相对较高,区域内林地主要成片分布于腊山市级自然保护区内。住宅用地景观比例较高,斑块密度也较高,频度也较高,因此该类景观分布相对均匀,整体优势度也较高。其他景观类型的优势度都比较低。

3.3.4　生态完整性评价

自然系统的稳定状况的度量要从恢复稳定性和阻抗稳定性两个角度来衡量。

3.3.4.1　恢复稳定性

自然系统的恢复稳定性取决于系统内生物量的高低,低等植物恢复能力虽然很强,但对系统的稳定性贡献不大,对自然系统恢复稳定性起决定作用的是具有高生物量的植物。由于项目区位于鲁中山区西部向平原过渡的边缘地带,属于暖温带大陆性半湿润气候,一年四季分明,生态系统主要是暖温带农田生态系统,种植业较为发达。结合项目区土地利用特点,由于项目区人口密度较大,土地利用方式为耕地和水域及水利设施用地,受人类活动干扰强烈,自然植被破坏严重,区域生产能力和稳定状况发生了较大改变。同时根据植被生产力的计算结果可知,项目区域自然系统的生产力属于较低的等级,因此可以认为项目区植被恢复稳定性不高。

3.3.4.2　阻抗稳定性

自然系统的阻抗稳定性是由系统中生物组分的异质化程度来决定的。项目区域内主要为农田生态系统、湖泊生态系统、村镇建筑生态系统、林地生态系统和草地生态系统,景观优势度和完整性相对较高,表明项目区域生态系统具有相对较好的阻抗稳定性。总体而言,项目区景观生态体系受到外来干扰时,具有较好的调节、恢复能力,景观生态体系稳定性相对较高。

3.3.5　水生生态现状分析

3.3.5.1　调查与分析内容

根据项目分布情况,结合区域环境特征,在东平湖、大清河及出湖河道处设置必要的断面开展水生生物及鱼类调查,分析浮游生物种类组成、优势种、数量及生物量等情况。底栖动物种类组成、密度、生物量及群落结构组成等情况。鱼类种类组成、数量及群体结构组成、栖息地等情况。

3.3.5.2　水生生物分析结果

1. 浮游植物

本次调查过程中,在东平湖共发现浮游植物 8 门 71 属种。其中,绿藻门最多,共 30 属种,占总种数的 42.25%;其次为蓝藻门和硅藻门,分别为 13、11 属种;另外还记录裸藻门 9 属种,隐藻门 3 属种,甲藻、金藻门各 2 属种,黄藻门 1 属种(见表 3-18)。优势种为席藻、微囊藻、固氮鱼腥藻和伪鱼腥藻、中华小尖头藻、针杆藻、尖针杆藻、曲壳藻。东平湖浮游植物平均生物量为 3.461 mg/L,不同门类浮游植物生物量不同:隐藻门贡献率最大,为 1.379 mg/L,占总生物量的 39.84%;其次为硅藻门,平均生物量为 0.792 mg/L,占总生物量的 22.88%;裸藻门、绿藻门和蓝藻门对总生物量的贡献率差不多,其平均生物量分别为 0.487 mg/L、0.394 mg/L 和 0.389 mg/L,占总生物量的 14.07%、11.38% 和 11.24%;其余门类的浮游植物对生物量的总贡献率相对较低。

本次调查过程中,在大清河共采集到浮游植物 5 门 34 属,其中绿藻门最多,共 16 属种,占总种数的 47.06%;其次为蓝藻门 9 属种,裸藻门和硅藻门均 4 属种。优势种为顶锥十字藻、伪鱼腥藻、四角十字藻、席藻、束丝藻和空星藻。调查发现大清河 3 个断面浮游植物种类组成和种类数差异不大,但越接近入湖口(从上游到下游),藻类种类数越多。大清河浮游植物平均生物量为 3.514 mg/L,不同门类浮游植物生物量不同:绿藻门贡献率最大,为 1.959 mg/L,占总生物量的 55.75%;其次为裸藻门,平均生物量为 0.780 mg/L,占总生物量的 22.20%;再次为蓝藻门,平均生物量为 0.378 mg/L,占总生物量的 10.76%;其余门类的浮游植物对生物量的总贡献率相对较低。

通过对比分析,本次调查东平湖和大清河浮游植物优势种均主要为绿藻门和蓝藻门,东平湖浮游植物种类高于大清河,但均低于东平湖区域历史调查资料。

表 3-18　调查区浮游植物名录

门类	名称	门类	名称
蓝藻门	微囊藻	绿藻门	蛋白核小球藻
	色球藻		椭圆小球藻
	席藻		实球藻
	伪鱼腥藻		角星鼓藻
	固氮鱼腥藻		鼓藻
	颤藻		卵囊藻
	平裂藻		小形卵囊藻
	细小平裂藻		肾形藻
	中华小尖头藻		短棘盘星藻
	鞘丝藻		栅藻
	针状蓝纤维藻		二形栅藻
	束丝藻		四尾栅藻
	拟柱胞藻		龙骨栅藻
硅藻门	小环藻		三角四角藻
	脆杆藻		三角四角藻乳突变种
	针杆藻		微小四角藻
	尖针杆藻		具尾四角藻
	桥弯藻		卷曲纤维藻
	等片藻		针形纤维藻
	舟形藻		湖生小桩藻
	曲壳藻		集星藻
	直链藻		顶锥十字藻
	颗粒直链藻		四角十字藻
	隐藻		肥壮蹄形藻
裸藻门	扭曲藻		拟菱形弓形藻
	陀螺藻		镰形纤微藻奇异变种
	梨形扁裸藻		韦斯藻
	柄裸藻		似月形衣藻
	梭形裸藻		空星藻
	裸藻		转板藻
	囊裸藻		
	角甲藻		
	黄管藻		
甲藻门	多甲藻	隐藻门	卵形隐藻
	裸甲藻		尖尾蓝隐藻
			蓝隐藻
金藻门	锥囊藻	黄藻门	黄丝藻
	鱼鳞藻		

2. 浮游动物

1981 年黄河水系渔业资源调查资料显示,东平湖 5 次采样共采到浮游动物 69 种,其中原生动物 31 种、轮虫 16 种、枝角类 11 种、桡足类 11 种。2002 年 6 月、8 月和 12 月的调查中发现浮游动物共计 109 种,其中原生动物 21 种、轮虫 52 种、枝角类 21 种、桡足类 15 种。

本次调查过程中,在东平湖共发现浮游动物 66 种,不同类群浮游动物的种类组成及分布见表 3-19。种类组成上以原生动物种类最多,共计 30 种,占总种类数的 45.46%;其次为轮虫,共有 24 种,占总种类数的 36.36%;枝角类和桡足类种类较少,均为 6 种,分别占总种类数的 9.09%。优势种为王氏似铃壳虫、广布多肢轮虫、暗小异尾轮虫、长额象鼻溞、长肢秀体溞和小剑水蚤属。东平湖浮游动物平均生物量为 9.585 mg/L,不同类群浮游动物对生物量的贡献不同:轮虫的贡献率最大,平均生物量为 8.730 mg/L,占总生物量的 91.08%;其次为枝角类,平均生物量为 0.355 mg/L,占总生物量的 3.70%;原生动物和无节幼体对生物量的贡献率较小,平均生物量分别为 0.200 mg/L 和 0.221 mg/L,占总生物量的 2.09% 和 2.31%;桡足类成体在总浮游动物生物量中的比例最小,对总生物量的贡献率不足 1.00%。

本次调查过程中,在大清河共采集到浮游动物 21 种,种类组成上以轮虫最多,共计 14 种,占总种数的 66.67%,原生动物和桡足类共为 4 种,枝角类 3 种。不同类群浮游动物的优势种有所不同:原生动物的优势种为王氏似铃壳虫和球砂壳虫,它们在数量和出现频率上占较大优势;轮虫的优势种为广布多肢轮虫、泡轮虫属和等刺异尾轮虫。枝角类的优势种为长额象鼻溞,桡足类的优势种为小剑水蚤,无节幼体出现频率和密度也较大,在浮游动物群系构成中占有重要位置。大清河浮游动物平均生物量为 7.759 mg/L,不同类群浮游动物生物量显著不同:轮虫的贡献率最大,平均生物量为 3.640 mg/L,占总生物量的 46.92%;其次为枝角类,平均生物量为 2.158 mg/L,占总生物量的 27.81%;再次为无节幼体,平均生物量为 1.000 mg/L,占总生物量的 12.89%;原生动物和桡足类在总浮游动物生物量中的比例较小,两者的贡献率分别为 6.21% 和 6.17%。

通过对比分析,本次调查东平湖和大清河浮游动物优势种主要为原生动物和轮虫,东平湖浮游动物种类数目高于大清河,但均低于东平湖区域历史调查资料,减少的种类主要为轮虫、枝角类、桡足类。

3. 底栖动物

1981 年黄河水系渔业资源调查资料显示,东平湖 5 次采样共采得底栖动物 36 种,隶属于软体动物门的 28 种、节肢动物门甲壳纲的 4 种、昆虫纲的 2 个科、环节动物门的 4 种。

表 3-19　调查区浮游动物种类名录

门类	名称	门类	名称
原生动物	僧帽斜管虫 珍珠映毛虫 毛板壳虫 杂葫芦虫 银灰膜袋虫 黏液蓝环虫 小单环栉毛虫 双环栉毛虫 球砂壳虫 累枝虫属 鳞壳虫属 前口虫属 大弹跳虫 放射矛刺虫 天鹅长吻虫 光明舟形虫 麻铃虫属 漫游虫属 蓝口虫属 尖尾虫属 前管虫属 喇叭虫属 旋回侠盗虫 侠盗虫属 绿急游虫 淡水筒壳虫 王氏似铃壳虫 智利管叶虫 钟虫属 团睥睨虫	轮虫类	裂痕龟纹轮虫 舞跃无柄轮虫 前节晶囊轮虫 角突臂尾轮虫 萼花臂尾轮虫 剪形臂尾轮虫 壶状臂尾轮虫 聚花轮虫属 对棘同尾轮虫 长三肢轮虫 小三肢轮虫 螺形龟甲轮虫 曲腿龟甲轮虫 胶轮虫属 盘状鞍甲轮虫 奇异巨腕轮虫 广布多肢轮虫 泡轮虫属 裂足轮虫 梳状疣毛轮虫 圆筒异尾轮虫 暗小异尾轮虫 等刺异尾轮虫 异尾轮虫属
桡足类	中华哲水蚤 中华窄腹水蚤 大剑水蚤属 小剑水蚤属 特异荡镖水蚤 球状许水蚤	枝角类	矩形尖额溞 长额象鼻溞 颈沟基合溞 方形网纹溞 长肢秀体溞 透明薄皮溞

　　本次调查东平湖共发现底栖动物 22 种,其中水生昆虫 9 种(占总种类数的40.91%),寡毛类 7 种(占总种类数的 31.82%),软体动物 4 种(占总种类数的 18.18%),另外还采集到石蛭科和秀丽白虾(见表 3-20)。优势种是长足摇蚊属、摇蚊属、裸须摇蚊属和水丝蚓属。东平湖底栖动物在三个断面上的平均生物量为 53.42 g/m²,不同类群底栖动物对密度的贡献不同:软体动物对总生物量贡献率占绝对比例,平均生物量为 53.08 g/m²,占总生动量的 99.36%;其次为寡毛类,平均生物量为 0.26 g/m²,占总生动量的 0.49%;再次为水生昆虫,平均生物量为 0.07 g/m²,占总生动量的 0.13%;秀丽白虾对总生动量贡献率最小,仅为 0.02%。

表 3-20　调查区底栖动物名录

门类	名称	门类	名称
寡毛类	水丝蚓属 霍甫水丝蚓 多毛管水蚓 正颤蚓 苏氏尾鳃蚓 多突癞皮虫 仙女虫属	水生昆虫	毛突摇蚊属 裸须摇蚊属 摇蚊属 小摇蚊属 隐摇蚊属 雕翅摇蚊属 长足摇蚊属 多足摇蚊属 双翅目蛹
软体动物	长角涵螺 环棱螺 方格短沟蜷 光滑狭口螺	其他	石蛭科 秀丽白虾

　　大清河共发现底栖动物 15 种,其中水生昆虫 6 种、寡毛类 1 种、软体动物 7 种,另外还采集到秀丽白虾 1 种。优势种是霍甫水丝蚓、小摇蚊属、多足摇蚊属、环棱螺和秀丽白虾。不同断面底栖动物种类组成和种类数有所不同,总体来看,越接近入湖口(从上游到下游),底栖动物种类数越多。大清河底栖动物平均生物量为 200.66 g/m²,不同类群底栖动物对密度的贡献率不同:软体动物对总生物量贡献率占绝对比例,平均生物量为 190.59 g/m²,占总生物量的 94.98%;其次为秀丽白虾,平均生物量为 4.77 g/m²,占总生物量的 2.38%;再次为水生昆虫,平均生物量为 0.48 g/m²,占总生物量的 0.24%;寡毛类对总生物量贡献率为 2.40%。

　　通过对比分析,大清河底栖动物种类略少于东平湖,但较历史资料调查区底栖动物种类有一定程度减少,减少的种类主要为软体动物。

4. 鱼类

1) 种类组成

20 世纪 80 年代,东平湖区域共有鱼类 55 种,隶属 7 目 15 科 44 属。以鲤科鱼类最多,为 35 种,占 63.64%;其次是鳅科、 科、 科各 2 种,分别占 3.64%。据 1979 年和 1980 年渔获物随机取样分析,鲤、鲫、乌鳢、鳜、长春鳊、红鳍鲌、翘嘴红鲌等 7 种鱼类共占 62.55%,其他鱼类仅占 37.45%。2006～2009 年连续对东平湖渔业资源的野外调查查明,东平湖有鱼类 4 目 15 科 46 种,还是鲤科鱼类居多,计 28 种,占 60.9%;其次为鲈形目鱼类,计 8 种。从渔获物分析来看,东平湖 2006～2009 年的主要经济鱼类与 1981 年的差别不大,仍以鲤、鲫为主,但种类明显减少,鲫鱼无论在数量上还是在产量上都高于鲤鱼,占绝对优势。

本次调查东平湖区域鱼类的种类组成及数量分布如表 3-21 所示。共发现鱼类 26 种,隶属 5 目 9 个科。种类组成以鲤科鱼类为主,共计 16 种,占总数的 61%。东平湖区域鱼类的优势种为鳕、鲫和麦穗鱼,其中鳕的数量最多,另外鲢、黄颡鱼、瓦氏黄颡鱼、大银鱼、鲤、草鱼和乌鳢也是该水域常见的种类。大清河共记录到鱼类 20 种,隶属 4 目 10 个科,种类组成以鲤科鱼类为主,大清河鱼类的优势种为鲤、鲫、鳕和麦穗鱼,其中鳕的数量最多,另外鲢、子陵吻 虎鱼、贝氏鳕、黄颡鱼、草鱼和乌鳢也是该水域常见的种类。

按生态类群划分,东平湖及大清河的鱼类可归纳为:①河湖洄游性鱼类,如青鱼、草鱼、鲢、鳙等,靠人工放流来维持种群数量,故在本湖中渔业价值占有较大的成分;②河道性鱼类,如蛇鮈等,喜居流水环境,种类数量较少;③湖泊定居性鱼类,如鲤、鲫、鳊、乌鳢、泥鳅、鲌类、黄颡鱼等,这些鱼类群体数量最大,是构成本区渔业的主体,在渔业生产中占有重要的经济地位。

表 3-21　调查区鱼类种类组成及生态习性

名称	数量	生态分类	产卵类型	食性
胡瓜鱼目				
银鱼科				
大银鱼	+ + +	M	D	C
鲤形目				
鲤科				
鲤	+ + +	E	V	O
鲫	+ + + +	E	V	O
草鱼	+ + +	E	S－P	H
青鱼	+ +	E	S－P	O
鳕	+ + + + +	E	D	O
贝氏鳕	+ + +	E	V	O
翘嘴鲌	+ + +	E	V	P

续表 3-21

名称	数量	生态分类	产卵类型	食性
鳊	＋＋	E	S－P	H
团头鲂	＋＋	E	V	H
红鳍原鲌	＋	E	V	P
似鳊	＋	E	S－P	O
鲢	＋＋＋	E	S－P	H
鳙	＋＋	E	S－P	C
麦穗鱼	＋＋＋＋	E	D	O
蛇鮈	＋	E	S－P	O
高体鳑	＋＋	E	D	O
鳅科				
泥鳅	＋	E	D	O
中华花鳅	＋	E	S－P	H
鲇形目				
鲇科				
鲇	＋＋	E	D	P
鲿科				
黄颡鱼	＋＋＋	E	D	O
瓦氏黄颡鱼	＋＋＋	E	D	O
合鳃鱼目				
合鳃鱼科				
黄鳝	＋	E	D	C
鲈形目				
科				
鳜	＋	E	S－P	P
虎鱼科				
子陵吻　虎鱼	＋＋＋	E	D	p
鳢科				
乌鳢	＋＋＋	E	P	P

注：＋＋＋＋＋ 数量非常多、＋＋＋＋ 数量较多、＋＋＋ 数量一般、＋＋ 数量较少、＋ 数量极少。生态分类：E（Eurytopic）表示广适性的，广布的；M（Migration）表示具洄游习性。产卵类型：D（Deposit egg）表示沉性卵；V（Viscid egg）表示黏性卵；P（Pelagic egg）表示浮性卵；S－P（Semi-Pelagic egg）表示漂流性卵。食性：C（Carnivore）表示肉食性；O（Omnivore）表示杂食性；P（Piscivore）表示鱼食性；H（Herbivore）表示植食性。

2) 主要保护对象生态习性

黄河鲤,属鲤形目,鲤科,鲤亚科,鲤属,鲤亚属,鲤种。生活于湖泊、江河,杂食性。幼小鲤鱼食浮游动物,当生长达 20 m 时改食底栖无脊椎动物;成鱼主食底栖无脊椎动物、水生维管束植物和丝藻等,2 冬龄性成熟。

乌鳢,属于鳢形目,鳢亚目,乌鳢科,鳢属。乌鳢是营底栖性鱼类,通常栖息于水草丛生、底泥细软的静水或微流水中,遍布于湖泊、江河、水库、池塘等水域内。时常潜于水底层,以摆动其胸鳍来维持身体平衡。乌鳢的繁殖期以 5 月、6 月最盛,繁殖水温为 18～30 ℃,最适水温为 20～25 ℃。

黄颡鱼为鮠科,黄颡鱼属鱼类,杂食,主食底栖小动物、小虾、水生小昆虫和一些无脊椎动物等。4 月、5 月产卵,亲鱼有掘坑筑巢和保护后代的习性。在生殖时期,雄鱼有筑巢习性。在静水或缓流的浅滩生活,昼伏夜出。黄颡鱼是以肉食性为主的杂食性鱼类,觅食活动一般在夜间进行,食物包括小鱼、虾、各种陆生和水生昆虫(特别是摇蚊幼虫)、小型软体动物和其他水生无脊椎动物。

3) 鱼类"三场"分布

鱼类对产卵条件的要求根据其不同类群生物学及生态学特性等方面的差异而有所不同。性成熟早、生长快、适应能力强的鲤、鲫产卵环境主要分布在凹岸湾沱的库湾浅水草丛和石块间。根据本次调查访问结果,东平湖鱼类的产卵场、索饵场和越冬场主要位于东平湖水产种质资源保护区的核心区(见图3-9),本次工程不涉及水产种质资源保护区,距离水产种质资源保护区边界最近的二级湖堤堤顶防汛路工程约 1 km。另外,东平湖曾是黄河刀鲚的产卵场,由于东平湖闸门的建设和运用,正常年份东平湖基本失去了与黄河的水力联系,鳗鲡、刀鲚无法洄游,致使这些鱼类几乎在湖内绝迹。

根据现场河段查勘、走访及鱼类资源调查,结合历史资料分析,大清河戴村坝以下河段未发现鲤鱼、鲫鱼、鳅科和鲶鱼等主要鱼类的集中产卵场。

3.3.5.3 区域水生生境状况

东平湖蓄滞洪区内主要水域包括东平湖老湖区、大清河、流长河(南水北调东线一期工程输水通道)、运河及稻屯洼等,其中大清河是东平湖的入湖河道;南水北调东线一期工程输水通道经流长河入东平湖;稻屯洼位于东平县西 8 km 处,为北部山丘中小河及坡水积水洼,与东平湖老湖区、大清河水系无直接联系。根据现状调查,项目区水生生物及鱼类主要分布在东平湖老湖区及大清河区域,并分布有日本沼虾国家级水产种质资源保护区,其核心区也是主要鱼类的"三场"分布区。东平湖属平原浅水富营养型湖泊,自然资源较为丰富,水生浮游动物、底栖动物资源量相对较大,鱼类、鸟类数量较多,盛产鱼、虾、蟹及苇、菰、莲、菱、芡等多种水生经济动植物,是山东省重要的淡水渔业基地,也是我国北方重要的湖泊湿地和水禽栖息地。大清河段目前水质较差,水生生物及鱼类数量有一定程度的下降,右堤两侧分布有较多的坑塘,坑塘面积约 78 893 m²,目前主要为雨水汇集,水质较差,水生生物更为贫乏。

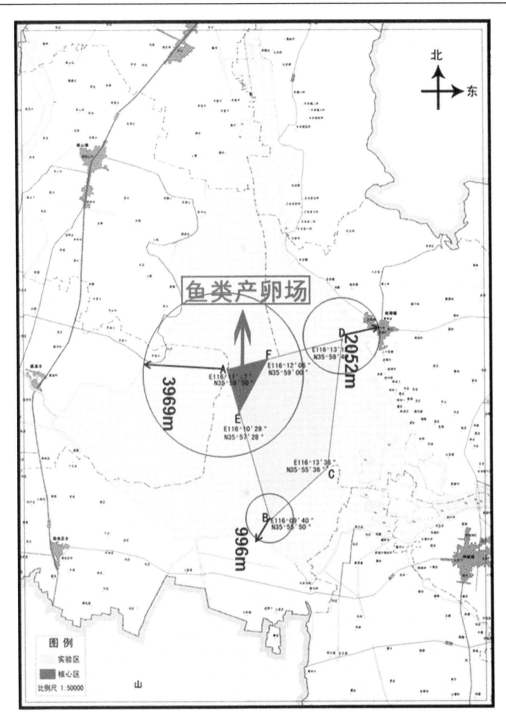

图 3-9　东平湖鱼类产卵场分布

3.4　声环境质量现状

3.4.1　声环境功能区划

根据《山东省环境保护厅关于东平湖蓄滞洪区建设项目环境影响评价执行标准的复函》,本工程位于1类声环境功能区,执行的环境噪声限值为昼间55 dB(A)、夜间45 dB(A)。

3.4.2　声环境现状评价

为掌握区域声环境质量状况,评价单位委托谱尼测试中心于2014年8月11日、12日对黄河东平湖蓄滞洪区防洪工程建设工程区域的声环境进行现状监测。

噪声现状监测统计分析结果见表3-22。

表3-22　噪声现状监测统计分析结果　　　　　　　(单位:dB(A))

序号	监测点	项目	测值范围	监测均值	是否超标
1	陈山口村	昼间	46.3~47.7	47	否
		夜间	37.2~38.0	37.6	否
2	魏河村	昼间	45.3~45.6	45.5	否
		夜间	38.3~39.0	38.7	否
3	山嘴村	昼间	54.2~54.5	54.4	否
		夜间	36.4~37.1	36.8	否
4	西王庄	昼间	52.9~53.3	53.1	否
		夜间	34.4~36.5	35.5	否
5	闫楼	昼间	52.8~53.7	53.3	否
		夜间	38.6~39.1	38.9	否
6	戴庙村	昼间	47.7~48.5	48.1	否
		夜间	37.7~38.8	38.3	否
7	大牛村	昼间	54.4~56.5	55.5	是
		夜间	35.8~38.0	38.8	否
8	东古台寺	昼间	51.6~52.2	51.9	否
		夜间	35.8~38.0	36.9	否
最大值		昼间		56.5	
最小值				45.3	
平均值				51.1	
最大值		夜间		39.1	
最小值				34.4	
平均值				37.7	

根据声环境现状监测评价结果,8个声环境监测点昼间测值范围为45.3~56.5 dB(A),

夜间测值范围为 34.4 ~ 39.1 dB(A),昼夜噪声均满足《声环境质量标准》(GB 3096—2008)中 1 类声环境功能区标准。总体来说,项目区域声环境质量现状良好。

3.5　环境空气质量现状

黄河水利委员会组织实施的黄河下游近期防洪工程(山东段)正在施工,且与本次工程所在区域环境状况基本相同,本次环境空气质量现状利用该工程环境保护施工期的监测数据进行评价。

黄河下游近期防洪工程(山东段)施工期环境保护监测由黄河勘测规划设计有限公司承担,监测时间为 2013 年 1 月至 2015 年 12 月,其中环境空气监测频率为施工期内监测 3 期,每期连续监测 5 日,监测项目为 PM_{10}、TSP。

根据评价单位收集的《黄河下游防洪工程山东段环境保护监测报告(2013 年)》,评价选取距离东平湖二级湖堤较近的 3 个点位,环境空气监测结果详见表 3-23。

表 3-23　环境空气 5 日平均浓度监测成果

监测位置	监测项目	测值范围(mg/m³)	污染指数	超标率(%)
潘孟于	TSP	0.074 ~ 0.116	0.62 ~ 0.97	0
	PM_{10}	0.082 ~ 0.115	0.68 ~ 0.96	0
巩楼	TSP	0.083 ~ 0.113	0.69 ~ 0.94	0
	PM_{10}	0.074 ~ 0.116	0.62 ~ 0.97	0
桑园	TSP	0.082 ~ 0.115	0.68 ~ 0.96	0
	PM_{10}	0.083 ~ 0.113	0.69 ~ 0.94	0

从监测结果可知,3 个监测点位的 TSP 和 PM_{10} 满足《环境空气质量标准》(GB 3095—1996)中二级标准,经复核也满足《环境空气质量标准》(GB 3095—2012)中二级标准,表明施工期项目区域环境空气质量尚好。

3.6　土壤环境质量现状

本次工程取土场较多,取土量较大,为系统了解项目区土壤环境现状污染程度,为本工程土壤环境影响评价提供土壤背景资料,客观评价出湖闸上河道疏浚工程底泥可能对项目区土壤的影响,分别对取土场和出湖闸上河道疏浚底泥开展了现状监测与评价。评价标准见表 3-24,土壤和底泥环境监测布点见图 3-10。

表 3-24　土壤环境质量二级标准　　　　　　　　　　(单位:mg/kg)

pH(无量纲)	铬	铜	锌	砷	镉	铅	汞	镍
<6.5	150	50	200	40	0.30	250	0.30	40
6.5 ~ 7.5	200	100	250	30	0.30	300	0.50	50
>7.5	250	100	300	25	0.60	350	1.0	60

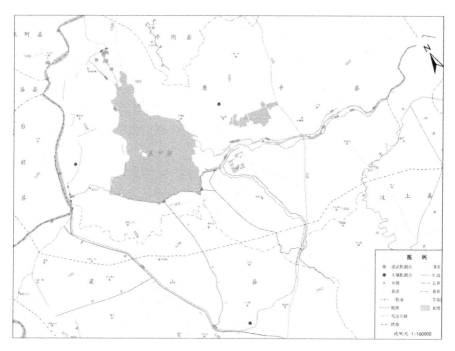

图 3-10　项目区土壤和底泥环境监测布点示意图

3.6.1　项目区土壤背景值现状调查与评价

本次评价选取了出湖河道底泥堆放场及 3 个取土场进行土壤取样分析,评价参数主要有 pH、铬、铜、锌、总砷、总镉、铅、汞和镍共 9 项,监测结果见表 3-25。

表 3-25　项目区土壤背景值监测结果　　　　　　　　　（单位:mg/kg）

序号	监测点	pH（无量纲）	铬	铜	锌	总砷	总镉	铅	汞	镍
1	出湖河道底泥堆放场	8.3	53.6	15.2	43.5	8.76	0.071	17.8	0.017	21.9
2	1#取土场	9.0	54.1	15.9	45.2	8.55	0.067	17.9	0.026	20.3
3	5#取土场	8.7	56.2	17.3	49.9	7.87	0.098	15.4	0.039	21.0
4	8#取土场	8.3	61.2	20.4	48.5	10.1	0.11	21.7	0.062	21.7

由表 3-25 可知,按照《土壤环境质量标准》（GB 15618—1995）中的二级标准对监测结果进行分析,4 个土壤监测点背景值均未超标,各指标均符合土壤环境质量二级标准。

3.6.2　出湖闸上疏浚河道底泥重金属现状调查与评价

出湖闸上疏浚河道底泥现状监测时间为 1 日,监测因子包括 pH、铜、铅、总镉、铬、总砷、汞、锌、镍、硼 10 项。

根据山东省环保厅《关于东平湖蓄滞洪区工程建设项目环境影响评价执行标准的意见》,底泥污染评价标准采用《土壤环境质量标准》（GB 15618—1995）中的二级标准(pH > 7.5)。出湖闸上疏浚河道底泥监测结果见表 3-26。

表 3-26　出湖闸上疏浚河道工程底泥现状监测结果统计情况

（单位：mg/kg）

监测点位	项目	监测因子									取样深度（m）
		Cd	Hg	As	Cu	Pb	Cr	Zn	Ni	
1	监测值	0.16	0.088	17.5	29.2	28.4	34.4	72.5	36.1	0.3
	标准指数	0.267	0.088	0.88	0.29	0.081	0.14	0.24	0.60	—
	评价结果	未超标	未超标	未超标	未超标	未超标	未超标	未超标	未超标	—
2	监测值	0.21	0.24	15.0	32.2	30.6	39.1	82.7	40.0	0.3
	标准指数	0.35	0.24	0.75	0.32	0.087	0.16	0.27	0.67	—
	评价结果	未超标	未超标	未超标	未超标	未超标	未超标	未超标	未超标	—
3	监测值	0.14	0.068	14.3	29.2	25.2	40.5	79.0	40.6	0.3
	标准指数	0.23	0.068	0.725	0.29	0.07	0.16	0.26	0.67	—
	评价结果	未超标	未超标	未超标	未超标	未超标	未超标	未超标	未超标	—
4	监测值	0.13	0.027	15.6	28.1	21.7	43.9	75.9	38.1	0.3
	标准指数	0.22	0.027	0.78	0.28	0.06	0.18	0.25	0.64	—
	评价结果	未超标	未超标	未超标	未超标	未超标	未超标	未超标	未超标	—
标准限值		≤0.6	≤1.0	≤20	≤100	≤350	≤250	≤300	≤60	

从表 3-26 可知,对照《土壤环境质量标准》(GB 15618—1995)中的二级标准,出湖闸上河道疏浚工程底泥各项监测因子均未超出二级标准限值,工程施工中的底泥堆放不会对周围环境造成明显影响。

3.7　水土流失

东平湖蓄滞洪区属黄河冲积平原区,地形平坦,土壤肥沃,是当地主要的农业区。根据《土壤侵蚀分类分级标准》(SL 190—2007),项目区多年平均土壤侵蚀模数为 260～500 t/(km² · 年),水土流失轻微,以水力侵蚀为主。本工程项目区位于北方土石山区,土壤容许流失量为 200 t/(km² · 年)。

东平湖蓄滞洪区地形平坦,土地利用率高,主要种植农作物,植树多为"四旁"种树。目前,湖区堤防均建有防护林以及堤外用材林等。根据《山东省人民政府关于发布水土流失重点防治区的通告》(1999 年 3 月 3 日),南四湖至东平湖段是山东省重点治理区。目前,项目区内治理水土流失面积已达 324.16 km²,治理度 69%,植被盖度 53.7%,生态环境得到明显改善,水土流失得到高度遏制,水土保持建设良好。

3.8　小　结

(1)东平湖蓄滞洪区位于山东省西部,属我国华北平原农业传统种植区。按照植被类型划分,本区属于暖温带落叶阔叶林带,顶级群系以杨、柳、榆、槐、泡桐等为主,区域内有东平湖这一广阔水面存在,水生动植物广泛而丰富。由于长期的农业开发利用,区域内形成了相对较为稳定的生态系统。

(2)东平湖地区由于因受人为活动破坏严重,植被类型较为单一,主要以农田植被为主。经调查分析,东平湖市级湿地自然保护区的植被类型包括水生植被和陆生植被两大类型,共 19 个群系。统计结果表明,本区维管植物的科属种比例较高,其中被子植物种数占全区种子植物种数的 99.6%,说明被子植物构成本区系的主体,在区系中起主导作用。

(3)评价结果表明东平湖除总氮外,其余监测因子可以满足Ⅲ类水质目标要求,总体来说,湖区水质逐年趋于好转。大清河除 COD_{Cr} 和 BOD_5 外,其余监测因子的浓度均可以满足Ⅲ类水质目标要求。

(4)区域内声环境、环境空气质量良好,水土流失轻微,以水力侵蚀为主。

第 4 章　水环境影响研究

4.1　水环境影响因素分析

4.1.1　机械冲洗废水

本工程仅在施工营地设置机械停放场,考虑大型机械的日常维修和小型机械设备的修配,大型机械的大修委托东平县城、梁山县城专用修理厂修理。因此,工程不产生机械冲洗废水。

4.1.2　混凝土冲洗废水

东平湖蓄滞洪区和大清河均设置混凝土拌和站,会产生冲洗废水,若未经处理,直接排放,将会对东平湖老湖区和大清河的水质产生不利影响。

4.1.3　基坑排水

东平湖蓄滞洪区和大清河穿堤建筑物工程施工需修建围堰,分别在东平湖岸边和大清河河道布置,初期排水量较小,主要是经常性排水。经常性排水主要来自河(湖)床渗水、基坑范围内降雨汇水,其特点为废水量少、悬浮物含量高。

4.1.4　河道疏浚排泥区退水

出湖闸上河道疏浚工程主要采用绞吸式挖泥船配合 294 kW 拖轮、250ND 接力泵等机械进行开挖,将疏浚底泥通过排泥管输送至康村村台与斑清堤、玉斑堤之间的三角地带,待泥沙沉淀固结后,将沉淀澄清水排至截渗沟,就近排入现有排水渠系。排泥区退水水量较大,退水中主要为悬浮物,如果任意排放,可能对水环境产生不利影响。

4.1.5　水体扰动

出湖闸上河道疏浚工程和大清河后亭控导工程施工会对工程周边水域产生扰动,可能会使水体中悬浮物的浓度上升,对东平湖和大清河的局部区域水质产生一定不利影响。同时出湖闸河道疏浚工程施工期与南水北调东线一期工程调水期重合时,也将对南水北调东线一期工程调水水质产生不利影响。

4.1.6　生活污水

各个区域均设置有施工生活营地,施工期生活污水主要为施工人员食堂废水、粪便污

·86·   东平湖蓄滞洪区防洪工程环境影响研究

水、洗浴废水等,为间歇式排放。如不经处理随意排放,将对施工营地周围环境产生影响,污染附近水体。

4.2 地表水环境影响分析

本次工程对地表水环境影响时段主要为施工期。东平湖蓄滞洪区运用后,洪水消退过程中也将对南水北调东线一期工程输水水质产生一定污染风险,具体见风险评价相关内容。施工期工程废水污染源包括混凝土冲洗拌和废水、基坑排水和生活污水。污染物以悬浮物和有机物质为主,废水主要为间歇式产生,间或有连续产生。

4.2.1 施工期环境影响分析

4.2.1.1 混凝土冲洗废水影响

根据工程可研,本次工程拟设置 14 个混凝土拌和站,主要分布在东平湖蓄滞洪区玉斑堤、卧牛堤、围坝及大清河左堤,在混凝土施工中,拌和系统冲洗过程中产生一些废水,该废水性质具有 SS 浓度、pH 高的特点,浓度约为 5 000 mg/L,pH 约为 11,间歇集中排放。

本工程混凝土拌和机数量为 123 台,每台为 0.4 m³,每台机器每天冲洗 1 次,每次水量 0.5 m³,施工期最大混凝土拌和系统冲洗废水排放量为 10 m³,各施工区的冲洗废水排放量见表 4-1。混凝土拌和冲洗废水悬浮物含量较高、呈碱性(pH 达 10 ~ 12),排入水体后会增加水体的浊度,使 pH 升高,影响水体的感官性状以及水生生物的呼吸和代谢。悬浮物经过一段时间后,会逐渐沉淀、恢复原状。建议每个拌和站设置沉淀池,将混凝土拌和冲洗废水全部收集后,投入中和剂静置沉淀后,回用于混凝土拌和。

表 4-1 东平湖蓄滞洪区防洪工程建设施工期混凝土冲洗废水排放量

施工时段	所属区域	工程名称	混凝土搅拌机数量	废水排放量(m³/d)
第一年	东平湖蓄滞洪区	两闸隔堤	1	0.5
		玉斑堤石护坡翻修、堤顶防汛路	6	3.0
		堂子排灌站	3	1.5
		卧牛堤石护坡翻修、堤顶防汛路	4	2.0
		卧牛排涝站	4	2.0
		围坝护堤固脚、石护坡翻修	20	10.0
		出湖闸改建工程	4	2.0
		小计	42	21.0

续表 4-1

施工时段	所属区域	工程名称	混凝土搅拌机数量	废水排放量（m³/d）
第二年	东平湖蓄滞洪区	马口涵洞	8	4.0
		二级湖堤堤顶防汛路	2	1.0
		围坝堤顶防汛路	6	3.0
	大清河	后亭控导	9	4.5
		尚流泽控导	1	0.5
	小计		26	13.0
第三年	东平湖蓄滞洪区	二级湖堤堤顶防汛路	1	0.5
		围坝堤顶防汛路	7	3.5
	大清河	王台排涝站	9	4.5
		路口排涝站	9	4.5
		左堤堤顶防汛路	16	8.0
		右堤堤顶防汛路	13	6.5
	小计		55	27.5
合计			123	61.5

类比同类工程此类废水处理经验，评价建议混凝土拌和废水经絮凝沉淀法处理后，回用于生产工艺，不外排，不会对东平湖和大清河水质产生影响。东平湖作为南水北调东线一期工程输水通道，在采取上述措施情况下，混凝土冲洗废水不排入东平湖和大清河内，不会对南水北调东线一期工程调水水质产生不利影响。

4.2.1.2 混凝土养护废水的影响

根据工程可研，混凝土养护废水主要是主体工程现浇混凝土养护废水，按每养护 1 m³ 混凝土约产生废水 0.35 m³ 计算，施工期最大废水排放量为 31.15 m³/d。各施工区混凝土养护废水排放量详见表 4-2。本次工程施工期为 3 年，平均每年每个混凝土搅拌站混凝土废水产生量较少，加之工程分散，因此拌和系统废水具有水量较小和间歇集中排放的特点。

混凝土施工主要分布于东平湖蓄滞洪区玉斑堤、卧牛堤、围坝及大清河左堤段，这些施工区均布置在东平湖及大清河大堤外侧，由于堤防的阻隔，施工废水不会对东平湖及大清河水体产生直接影响。

由于养护废水具有 SS 浓度、pH 高的特点，若该废水不进行处理直接排放，将可能对施工区附近土壤环境产生不利影响。建议每个施工区设置沉淀池，将混凝土养护废水经絮凝沉淀处理后，全部回用于混凝土拌和系统。

表4-2　东平湖蓄滞洪区防洪工程建设施工期混凝土养护废水排放量

施工时段	所属区域	工程名称	混凝土用量（m³/d）	废水排放量（m³/d）
第一年	东平湖蓄滞洪区	堂子排灌站	9.2	3.22
		卧牛排涝站	36.3	12.71
		围坝护堤固脚	76.2	26.67
		出湖闸改建工程	89.0	31.15
	小计		210.7	73.75
第二年	东平湖蓄滞洪区	马口涵洞	10.4	3.64
	小计		10.4	3.64
第三年	大清河	王台排涝站	17.0	5.95
		路口排涝站	38.4	13.44
	小计		55.4	19.39
合计			276.5	96.78

4.2.1.3　基坑排水的影响

基坑排水包括初期排水和经常性排水,初期排水时间较短,与周围水域水质相同,不会对水环境产生影响。经常性排水是降低地下水位可能出现的排水,水质相对较好,不会对下游的水环境产生影响。本次老湖区卧牛排涝站、新湖马口排灌站以及大清河王台排涝站和路口排涝站工程在开挖初期,会产生基坑涌水,废水主要污染因子为悬浮物(见表4-3)。本次工程区域地下水位较浅,穿堤建筑物工程建设所产生的基坑涌水为998.12 m³/d,分别排入东平湖、大清河和附近沟渠。由于基坑排水主要为地下渗水和降雨,水质相对较好,因此在开挖的基础旁边设置排水沟和沉淀池后进行排放,不会对地表水环境造成污染影响。

表4-3　东平湖蓄滞洪区防洪工程建设基坑废水排放量

施工时段	所属区域	所属堤防	工程名称	基坑排水(m³/d)	排放去向
第一年	老湖区	卧牛堤	卧牛排涝站	269.73	排涝站西侧渠道
第二年	新湖区	围坝	马口排灌站	304.88	大清河
第三年	大清河	右堤	王台排涝站	215.78	大清河
			路口排涝站	207.73	大清河

经现场踏勘,卧牛排涝站、马口排灌站以及王台排涝站和路口排涝站分别在相应的堤坝后设置有排涝渠道,建议基坑排水经沉淀处理后排入相应的排涝渠道,不进入东平湖和大清河,不会对南水北调东线一期工程输水通道的水质产生不利影响。

4.2.1.4　生活污水的影响

施工生活污水主要来自施工人员食堂污水、粪便污水以及洗浴用水等,主要污染物为 COD_{Cr}、BOD_5 等,浓度一般为 300 mg/L 和 150 mg/L。本次工程施工高峰期总人数为 10 225人/d,施工高峰期生活污水排放量为 286.3 m³/d。具体废水排放量见表4-4。

表 4-4　东平湖蓄滞洪区防洪工程建设防洪工程施工期生活污水排放量

施工时间	工程名称	所属区域	高峰期人数(人/d)	生活污水排放量(m³/d)
第一年	青龙堤、两闸隔堤及出湖闸改建	东平湖蓄滞洪区	341	9.55
	玉斑堤、卧牛堤加固及堤顶防汛路		1 473	41.24
	出湖闸上河道疏浚		192	5.38
	二级湖堤堤顶防汛路及林辛淤灌闸拆除堵复		173	4.84
	围坝堤防加固		1 598	44.74
	小计		3 777	105.75
第二年	二级湖堤堤顶防汛路	东平湖蓄滞洪区	138	3.86
	围坝堤防加固及穿堤建筑物等工程		1 275	35.70
	大清河左堤加固	大清河	676	18.93
	大清河左堤险工及大牛村等控导工程		505	14.14
	大清河后亭等控导工程		345	9.66
	小计		2 939	82.29
第三年	围坝堤顶防汛路等	东平湖蓄滞洪区	811	22.71
	大清河左堤堤顶防汛路	大清河	839	23.49
	大清河右堤加固及排涝站		916	25.65
	大清河右堤堤顶防汛路		348	9.74
	大清河右堤险工改建等		595	16.66
	小计		3 509	98.25
	合计		10 225	286.3

本项目设置了 14 个施工营区,分布于东平湖蓄滞洪区和大清河,施工期为 3 年,单项工程进度不一致,生活污水排放分散。考虑到东平湖作为南水北调工程的输水通道,山东省相关部门制定了南水北调工程沿线污染物排放标准,禁止废水排入东平湖。建议每个施工生活营区修建环保厕所,安排专人定期清运后,采用一体化污水处理系统进行处理,采用该设备处理后,污水 $COD_{Cr} \leqslant 40$ mg/L、$BOD \leqslant 10$ mg/L、氨氮 $\leqslant 1$ mg/L,将处理后的废

水用于施工区、邻近村庄运输道路的洒水降尘。不直接排入地表水体,不会对水环境产生不利影响。

因此,采取上述措施情况下,施工区的生活废水可以得到妥善处置,对东平湖和大清河水环境基本无影响。东平湖作为南水北调东线一期工程输水通道,在采取上述措施情况下,生活废水不排入东平湖和大清河内,不会对南水北调东线一期工程调水水质产生不利影响。

4.2.1.5　河道疏浚工程施工的影响

本工程采用湿法疏浚,在出湖河道 2.4 km 范围内采用挖泥船水下施工疏浚。河道底泥监测选取 pH、铜、铅、铬、总镉、总砷、汞、锌、镍、硼 10 项。对照《土壤环境质量标准》(GB 15618—1995)中的二级标准,出湖闸上河道疏浚工程底泥各项监测因子均未超出二级标准限值。因此,施工过程中扰动河道底泥,可能会造成水体色度、浊度等因子超标,对出湖河道水质产生一定不利影响。但这种不利影响只是短暂的,将随工程的竣工而减轻,最后消失,不会对水体水质造成较大影响。

此外,根据施工设计,出湖闸上河道疏浚工程的底泥堆放于清淤堆放区,其尾水通过开挖截渗沟,就近排入现有排水渠系,尾水排放量为 208.2 万 m^3。经现场踏勘,该部分尾水排入陈山口闸下河道。出湖河道水质监测结果表明,该段河道中部断面除 COD_{Cr} 和 BOD_5 外,其余监测因子的浓度均可以满足Ⅲ类水质目标要求,南部断面所有监测因子均可以满足水质目标要求。为确保该部分废水不对闸下河道水环境产生不利影响,建议疏浚底泥尾水应进行处理后排放。

4.2.1.6　对南水北调东线一期工程的影响

1. 本次工程与南水北调东线一期工程关系

依据《山东省南水北调工程沿线区域水污染防治条例》的要求,南水北调东线沿线区域实行分级保护制度,沿线区域划分为三级保护区:核心保护区、重点保护区和一般保护区。根据现场调查,老湖区玉斑堤、卧牛堤、二级湖堤及青龙堤等工程位于南水北调工程重点保护区,出湖闸上河道疏浚工程位于南水北调工程核心保护区,具体见表4-5。

2. 南水北调东线一期工程运行方式

水利部《关于印发南水北调东线一期工程水量调度方案(试行)的通知》(水资源〔2013〕466号文)提出,南水北调东线调水入东平湖的时间为10月至翌年5月,南四湖—东平湖段输水方案为由梁济运河接柳长河单线输水,按照山东半岛、鲁北段调水及航运用水要求输水,东平湖控制运用水位为汛限水位 7～9 月为 40.8 m,10 月可以抬高至 41.3 m,抽水补湖控制水位为 39.3 m。东平湖水量调度方案为 10 月至翌年 5 月,东平湖老湖区水位低于 39.3 m 且有调水要求时,八里湾闸泵站抽水补充东平湖老湖区,补湖水位按 39.3 m 控制。东平湖老湖区水位为 39.3～41.3 m 时,10 月视黄河、大汶河雨水情况,按山东半岛、鲁北段调水要求抽水入东平湖。东平湖老湖区水位高于 41.3 m 或黄河花园口站流量大于 10 000 m^3/s 时,八里湾泵站停止抽入东平湖。

表 4-5 本次工程与南水北调东线一期工程关系

工程名称	工程性质	与南水北调东线一期工程位置关系	施工性质	施工时期	工程规模	施工高峰期人数（人）
青龙堤延长	改建	重点保护区	旱地施工，不涉水	3～6 月	0.06 km	24
两闸隔堤翻修石护坡等	改建		旱地施工，不涉水	3～6 月	石护坡翻修：0.246 km	317
玉斑堤翻修石护坡、堤顶防汛路、堂子排灌站	改建		旱地施工，不涉水	3～6 月	石护坡翻修：2.057 km；堤顶防汛路：3.907 km	711
卧牛堤翻修石护坡、堤顶防汛路、卧牛排涝站	改建		旱地施工，不涉水	3～6 月	石护坡翻修：1.83 km；堤顶防汛路：1.83 km	718
二级湖堤堤顶防汛路	改建		旱地施工，不涉水	3～6 月、11～12 月	26.731 km	277
出湖闸上河道疏浚工程	改建	核心保护区	涉水施工	3～6 月、11～12 月	2.4 km	192
林辛淤灌闸堵复	拆除堵复	重点保护区	旱地施工，不涉水	3～6 月		34
围坝堤顶防汛路（25＋500～55＋500）	改建	重点保护区	旱地施工，不涉水	3～6 月、11～12 月	65.729 km	1 217
围坝石护坡翻修（32＋800～55＋500）	改建	重点保护区	旱地施工，不涉水	3～6 月、11～12 月	55.529 km	2 265

《山东省南水北调条例》中关于水量调度的规定指出：发生重大洪涝等自然灾害等时，应启动南水北调工程水量调度应急预案，临时限制取水、用水和排水，统一调度有关河道的水工程等。

3.对南水北调东线一期工程的环境影响

1）施工期

《山东省南水北调工程沿线区域水污染防治条例》规定：输水干线大堤或者设计洪水位淹没线以内的区域为核心保护区，核心保护区向外延伸 15 km 的汇水区域为重点保护区；核心保护区不得设置排污口，重点保护区应当严格限制设置排污口；核心保护区除建设必要的水利、供水、航运和保护水源的项目外，不得新建、改建、扩建其他直接向水体排放污染物的项目；在核心保护区或者主要河流两岸露天堆放、储存固体废物以及煤炭、石灰等易污染水体的物质的,应当采取必要的防止污染水体的措施……。

根据本次工程与南水北调东线一期工程位置关系可知,除出湖闸上河道疏浚工程外,其余工程均位于南水北调东线工程重点保护区,工程施工均为旱地施工,不涉水,工程施工过程不会对南水北调东线一期工程输水水质产生影响。为防止玉斑堤、卧牛堤、二级湖堤及围坝工程等施工生产生活废水排放对南水北调东线一期工程调水水质产生不利影响,一方面评价提出除主体工程外,东平湖蓄滞洪区施工生产、生活营地不得设在南水北调东线核心保护区,对原位于南水北调东线一期工程核心保护区内的围坝 41 + 000 段石护坡翻修及堤顶防汛路工程施工营地进行调整,调出了核心保护区,避免生产、生活废水以及生活垃圾进入核心保护区内;另一方面,施工混凝土废水经沉淀后回用于混凝土搅拌,生活污水经一体化处理设施处理达标后用于施工场地降尘,不外排。在采取上述措施情况下,玉斑堤、卧牛堤、二级湖堤及围坝工程不会对南水北调东线一期工程调水水质产生不利影响。

《南水北调供用水管理条例》规定:东线工程调水沿线区域的水污染物排放单位应当配套建设与其排放量相适应的治理设施。东线工程航运设施配备船舶污染物接收、处理设备,船舶实现污染物船内封闭、收集上岸,不得向水体排放。东线工程调水沿线区域禁止新建、改建、扩建不符合国家产业政策、不能实现水污染物稳定达标排放的建设项目。出湖闸上河道疏浚工程施工期为 3 ~ 6 月和 11 ~ 12 月,采用 350 型绞吸式挖泥船,配合294 kW 拖轮、118 kW 锚艇等机械进行开挖,将对出湖河道的水体产生扰动,造成局部水域 SS 浓度增加,因此施工活动对取水的影响主要集中在非汛期,施工结束后该影响便消失。根据现场踏勘,济平干渠渠首闸距离陈山口出湖闸上河道疏浚工程仅 20 m,为了最大程度降低扰动影响,评价建议施工单位应根据南水北调东线一期工程年度调水计划,出湖闸(陈山口出湖闸)上河道疏浚工程施工前,应与南水北调东线工程管理单位协商制定具体的施工时间及进度安排,尽量避开引水时段。此外,挖泥船施工位于南水北调东线工程核心保护区,严禁船舶向东平湖排放废水。另外,挖泥船应当配备油污、垃圾和污水等污染物集中收集、存储设施,并制订船舶污染事故应急预案。在采取上述措施的情况下,河道疏浚工程施工不会对南水北调东线一期工程的调水水质产生较大影响。

2)运行期

本工程仅在原有防洪工程基础上进行改续建,工程建设不改变东平湖蓄滞洪区的调度运行方式,不改变东平湖蓄滞洪区的水系连通方式,工程建成后不增加区域污染物。区内污染源与建设前基本保持一致,蓄滞洪区内外水体水质可保持现状情况。工程建成后,蓄滞洪区未启用时,不会对南水北调东线一期工程调水水质产生影响。

南水北调东线一期工程水量调度原则为水量调度服从防洪调度,发生区域性或流域性洪涝时,泵站、闸坝和输水河道的管理运行服从防汛指挥机构的统一调度。南水北调东线调入东平湖的时段为每年的 10 月至翌年 5 月。但在水量调度过程中,可以根据已调度时段的来水和取水情况,对余留期的调度计划进行滚动修正,因此每年的调度时段不一定相同。而蓄滞洪区启用时段为汛期的 7 ~ 9 月,根据以往分洪和蓄洪运用情况,退洪过程于 10 月结束。考虑最不利情况,蓄滞洪区启用后可能对南水北调 10 月调水期的水质产生不利影响。

4.2.1.7 工程对取水口的影响

1. 取水口基本情况

本工程区域涉及 4 处取水口。济平干渠渠首闸为南水北调东线东平湖至济南段输水工程渠首闸,设计规模为 90 m³/s;魏河调水闸为南水北调东线向鲁北地区的供水闸,设计规模 90 m³/s;邓楼泵站是南水北调东线一期工程第十二级抽水泵站,一期设计输水规模为 100 m³/s;八里湾泵站是南水北调东线一期工程向胶东地区供水的最后一级泵站,一期设计规模 100 m³/s。上述 4 个取水口供水对象为城市及工业用水,取水时段为每年 10 月至翌年 5 月,水质目标为Ⅲ类。

2. 工程与取水口位置关系

济平干渠渠首闸位于陈山口出湖闸东侧,出湖河道开挖工程紧邻该渠首闸。青龙堤延长工程位于渠首闸南约 0.5 km。邓楼泵站位于新湖围坝司垓闸以东,梁济运河与围坝41+000～41+620 段相交处,该段围坝护坡翻修等工程紧邻邓楼泵站。八里湾泵站位于二级湖堤八里湾村附近,二级湖堤堤顶道路工程紧邻八里湾泵站。魏河出湖闸位于玉斑堤魏河村北,玉斑堤堤防工程紧邻魏河出湖闸。具体见附图 1。

3. 对取水口水质影响

根据现场调查,本次工程涉及的取水口均为南水北调东线一期工程的引水闸,因此工程对取水口影响与对南水北调东线工程影响一致。首先是玉斑堤、二级湖堤、青龙堤工程和围坝护坡翻修等工程施工方式为旱地施工,工程量少,施工时间短,且施工现场与取水口有一定距离。在加强施工管理、落实各项环境保护措施后,施工弃渣、生活垃圾等固体废弃物及生活、生产废水不会进入东平湖区,不会对魏河出湖闸、八里湾泵站和邓楼泵站产生不利影响。

其次是出湖闸(陈山口出湖闸)上河道疏浚工程距离济平干渠渠首闸较近,施工期会对济平干渠渠首闸取水水质有一定不利影响。国家环境保护总局环审〔2006〕561 号文关于南水北调东线第一期工程环境影响报告书的批复提出:东线工程输水干线具有承担供水、排洪涝、航运等功能,工程每年调水期应加强水质监测,合理安排取水时间,避免调水与非调水期转换前期水质较差的问题,划定水源保护区,完善水质监测与管理信息系统,建立预警、联防和应急协调机制,确保供水安全。为最大程度降低扰动影响,评价建议设计单位优化施工设计,缩短施工周期;结合南水北调东线一期工程年度调水计划,出湖闸(陈山口出湖闸)上河道疏浚工程施工前,应与济平干渠渠首闸管理单位协商制订具体的施工时间及进度安排,避开引水时段。施工期间加强出湖闸(陈山口出湖闸)上疏浚河道的水质监测,挖泥船舶应当配备相应的防止污染的设备和油污、垃圾、污水等污染物集中收集、存储设施,禁止船舶废水直接排入东平湖,制订船舶应急预案,确保供水安全。

4.2.2 运行期环境影响分析

本次防洪工程建设均在原有工程基础上进行改建、续建和加固,工程建成后东平湖蓄滞洪区的河流水系连通形式保持不变,且本工程属于非污染生态项目,工程建成后不产生废水。因此,蓄滞洪区不启用时,不会对区域水环境产生影响。

蓄滞洪区启用时,洪水将在蓄滞洪区内停留一段时间,蓄滞洪区内的农业面源污染等将随洪水进入东平湖内,可能存在对东平湖水质产生污染的风险。具体内容见环境风险影响分析章节。

4.3　地下水环境影响分析

4.3.1　工程对地下水环境影响因素分析

根据工程特点分析,可能会对地下水环境产生一定影响的工程主要有截渗墙工程、河道疏浚工程和穿堤建筑物改建加固工程。其中,截渗墙工程减小了原始堤坝渗透性,减弱了地表水与地下水之间的水力联系,对地下水位产生影响;河道疏浚施工过程造成地表水与地下水发生更加紧密的水力联系;穿堤建筑物改建加固工程施工期需修筑施工围堰,进行地下水的排水作业,这个过程导致局部地下水位下降。待施工期结束,排水作业停止后,水位即可恢复,对区域地下水造成影响,但时间较短。各类工程影响分析具体见表4-6。

表4-6　工程对地下水影响

工程名称	工程项目内容	工程方案	工程量	地下水影响途径与因子
堤防工程建设	堤防加固工程	截渗墙	3.9 km	截渗墙运行过程阻断一定深度地下水,对地下水流场产生影响
	山口隔堤加固工程	截渗墙加固	0.25 km	山口隔堤截渗墙加固长度较短,对区域地下水位产生较小影响
	穿堤建筑物改建加固工程	围堰施工	4 处	对地下水影响小
河道疏浚工程	挖泥船施工,疏浚底泥堆放区开挖截渗沟,就近排入沟渠		2.4 km,排泥量104.03 万 m^3,排水量206.2 万 m^3	河道疏浚施工会影响地下水流场,排泥施工期会影响地下水流场

4.3.2　大清河截渗墙工程对地下水环境影响分析

大清河左堤截渗墙根据实际地层结构的变化具有不同的深度,变化区间为9.87 ~ 15.06 m,尽管存在深度差异,但截渗墙均深入黏土层中(3-1 层)。总体上来看,不同的截渗墙深度对地下水的影响基本类似,即减弱了大清河河水与南部地下水之间的联系。较深的截渗墙对于隔断地表水与地下水之间的水力联系的作用更为明显,因此选择截渗墙埋深为15.06 m 的工程段进行工程建设后对地下水位的影响分析。

　　根据现场调查,东郑庄村是距离截渗墙加固工程最近的敏感点,且其附近截渗墙埋深为 15 m 左右,工程建设对此处影响较其他工程段更为明显,因此选择该处作为典型剖面进行分析预测。同时,考虑到大清河水位丰水期、枯水期地下水径流模式出现明显变化,径流方向丰水期为临河向背河,枯水期为背河向临河。

　　枯水期地下水流动为背河向临河,截渗墙的修建可使背河一侧堤外的地下水位较修建前有轻微的升高,不会对沿线村庄取水产生影响。因此,预测评价主要是对丰水期进行分析。

4.3.2.1　预测评价方法

　　根据工程特点,运行期对地下水环境的影响主要表现在截渗墙对局部流场的影响,为了直观评估流场变化情况,建立含大清河、河堤、敏感点等剖面二维地下水流动模型进行预测分析。

1. 水文地质概念模型

　　项目区内地下水主要赋存于第四系松散岩类孔隙中,自上而下根据岩性的变化划分为 5 层,分别是:壤土(1-1、2-1)、中粗砂(2-3)、壤土(2-1)、黏土(3-1)、壤土(3-2)。其渗透性存在一定差异,最大为中粗砂层,最小为黏土层(见图 4-1)。

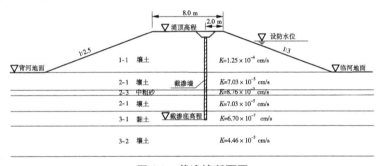

图 4-1　截渗墙断面图

　　剖面位置:选择距离截渗墙工程最近的敏感点(0.62 km)的东郑庄村。

　　模型范围:左侧为敏感点所处位置适当外延 500 m,右侧为大清河河床位置,上部为地表、下部向下适当延伸至居民饮用水或农灌机井深度(设定为地表以下 70 m),全长 1 500 m,如图 4-2 所示。

　　边界条件:大清河河床处为定水头边界,背河处设置为一般水头边界(通量边界)。

　　参数设置:模型主要参数为渗透系数,其根据堤坝勘察结果设定。

2. 数学模型

　　根据项目区水文地质条件,将本项目区的地下水流概化成非均质各向同性、剖面二维、稳定地下水流系统,用下列的数学模型表述:

$$
\begin{cases}
\dfrac{\partial}{\partial x}\left(K_{xx}\dfrac{\partial H}{\partial x} \right) + \dfrac{\partial}{\partial z}\left(K_{zz}\dfrac{\partial H}{\partial z} \right) + w = 0 & (w,z) \in \Omega \\[2mm]
H(x,z)\big|_{S_1} = H_0(x,z) & (x,z) \in S_1 \\[2mm]
Kn\dfrac{\partial H}{\partial n}\bigg|_{S_2} = q(x,z) & (x,z) \in S_2
\end{cases}
$$

图 4-2　地下水流动模型位置示意图

式中：Ω 为地下水渗流区域；S_1 为模型的第一类边界；S_2 为模型的第二类边界；K_{xx}，K_{zz} 分别为 x、z 主方向的渗透系数，m/s；w 为源汇项，包括降水入渗补给、蒸发、井的抽水量和泉的排泄量，m^3/s；$H_0(x,z)$ 为第一类边界地下水水头函数，m；$q(x,z)$ 为第二类边界单位面积流量函数，m^3/s。

本次模拟采用加拿大 Waterloo Hydrogeologic 公司（WHI）开发的 Visual MODFLOW 4.2 软件。Visual MODFLOW 是三维地下水运动和溶质运移模拟实际应用中功能完整且易用的专业地下水模拟软件。Visual MODFLOW 在 1994 年 8 月首次推出并迅速成为世界范围内 1 500 多个咨询公司、教育机构和政府机关用户的标准模拟环境，得到了世界范围内 90 多个国家的地下水专家的认可、接受和使用，包括美国地调局和美国环境保护局都成为它的用户。

4.3.2.2　预测评价结果

与评价断面距离较近、同为大清河南岸的地下水监测井为沙河站镇大刘庄测井，其 2012 年地下水位特征见表 4-7。

表 4-7　2012 年大刘庄地下水位统计结果　　　　　　　　（单位：m）

测井编号	位置	井深	类型	水位			
				平均	最高	最低	变幅
80A	沙河站镇大刘庄西南 300	10	潜水	41.36	42.02（1月1日）	39.98（7月31日）	2.04

从表 4-7 可知，大清河南岸潜水地下水年变幅在 2 m 左右，因此选取截渗墙设置前后地下水变化量为年变幅一半（即 1 m）的范围，分析截渗墙设置对地下水流场和保护目标的影响。设定丰水期大清河水位为 44.72 m，截渗墙高 15.06 m，敏感点为东郑庄村，运行模型得到如图 4-3 截渗墙设置后地下水位降深图。

在丰水期，大清河水位上升至 44.72 m 时，截渗墙的修建影响范围自堤坝向南约 300 m，地下水降深在 1 m 左右。

根据以上对大清河至东郑庄村一线进行地下水流动剖面二维模拟发现，截渗墙的修

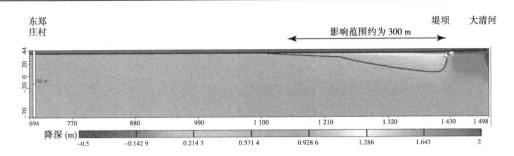

图 4-3　截渗墙设置后地下水位降深图

建对于周边地下水的影响在丰水期较为明显,见表 4-8 和图 4-4。

表 4-8　不同降深影响范围(以距离堤坝的距离计算)　(单位:m)

地下水降深值	2.0	1.5	1.0	0.5
影响范围	0	60	305	642

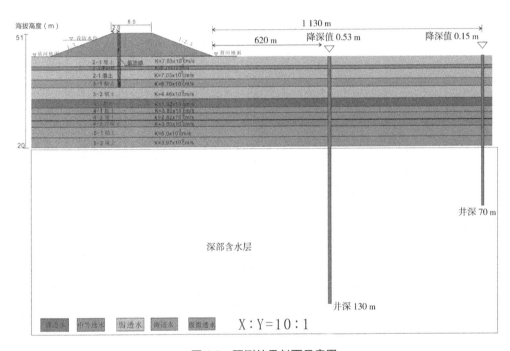

图 4-4　预测结果剖面示意图

丰水期截渗墙工程对地下水的影响较为明显,该情景下由于河水位较高,出现了明显的河水补给地下水的情况,较大深度截渗墙的修建会阻断部分河水补给地下水,造成部分地段地下水位出现明显变化。但地下水位变化值均在该地区地下水年变幅范围内,通过地下水的天然流动即可调节到正常状况。

4.3.3　玉斑堤山口隔堤截渗墙加固工程对地下水影响分析

玉斑堤山口隔堤修建于 1959～1960 年,修建标准为顶高程 48.0 m,边坡 1:3,临湖侧修建有石护坡。山体岩层外露面风化严重,由于建坝时为"大跃进"时期,突击施工,山口隔堤堤身与山体结合部坡积层及风化带未清理,成为强透水层。水库水位较高时,山体结合部渗水严重,形成明流。因此,工程中对玉斑堤堤防与山体结合部采用堤顶搅拌桩截渗墙进行加固,截渗设计高程应高于设计洪水位0.5 m,墙深15 m左右,加固长度250 m,截渗墙距临河堤肩2.0 m(见图4-5)。

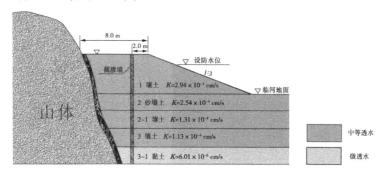

图4-5　玉斑堤截渗墙剖面图

截渗墙加固山口处地势较高,勘察期间场地内地下水位在43.3 m左右,除汛期水位较高时段外,地下水径流方向一般自山口隔堤所处的山体处向河流运动(见图4-6)。

图4-6　玉斑堤山口隔堤截渗墙工程分布及地下水流向

截渗墙的修建主要为减弱山体与堤防结合部的渗透性,可使背河一侧堤外的地下水位较修建前有轻微的升高,由于本截渗墙工程长度较短,只有250 m,在截渗墙底部和两端绕渗作用下,该工程对地下水影响程度和范围十分有限,且由于山体处无地下水取用,因此山口隔堤截渗墙建设不会对地下水产生重大影响。

4.3.4　河道疏浚工程对地下水的影响分析

4.3.4.1　出湖闸上河道疏浚施工对地下水影响分析

出湖闸上河道疏浚过程中,对于地下水环境的影响主要表现为造成地表、地下水之间联系紧密,地下水循环速率加快,但这并不影响局部地下水位的变化。若施工过程进行地表水排泄作业,可能造成地下水加快向地表水排泄的速率。由于施工期较短,因此河道疏浚工程对区域地下水影响有限。

4.3.4.2　排泥区施工对地下水影响分析

　　根据工程施工设计,出湖闸上河道疏浚工程疏浚土方主要为淤泥层和壤土,排泥区布置于康村房台与班清堤、玉斑堤之间的三角地带,距离河道疏浚工程近,输沙排距较短,为1.7 ~ 2.4 km。排泥堆放区宽度约 185 m,沿隔堤长约 2 100 m,高度约 2.7 m,填筑后堆放区高度比周围地面高约 1.2 m,待排水固结后,进行整平,不会影响土地耕种。

　　根据工程特点,排泥区施工期对地下水环境的影响主要表现在大量地表水补给入渗对局部流场的影响,水分渗出过程会造成局部地下水位抬升,水位抬升不会影响周边分散水井的取水,施工期主要因尾水入渗造成水位短时上升,因施工周期较短,施工完成后地下水短期内即能恢复原有水位。

　　为了直观评估流场变化情况,建立排泥区工程周边地下水非稳定流动模型进行不同时段的预测分析。

　　1.预测评价方法

　　1)水文地质概念模型

　　模型范围:选取康村房台与班清堤、玉斑堤之间排泥区所在区域,长 2 100 m,宽度约185 m(见图 4-7)。

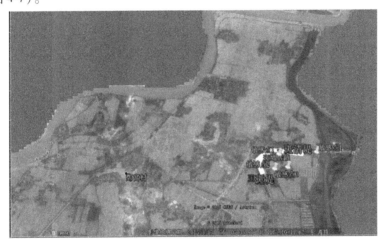

图 4-7　模型范围

　　边界条件:黄河及东平湖设置为定水头边界,河湖之间设置为一般水头边界(通量边界)。

　　参数设置:模型主要参数为渗透系数,根据堤坝勘察含水层岩性主要为壤土,渗透系数约 0.26 m/d。

　　排泥区尾水量:根据设计资料,类比黄河下游防洪工程淤区退水量估算方法,淤区退水量为放淤量的 2 倍,本次工程退水量总计为 260.2 万 m^3。工程采用分段放淤,每 100 m为一段,每段淤填土方量约 5.0 万 m^3。根据以往工程经验,每段放淤后尾水下渗约需 1个月,模型假设一半尾水在第一周下渗,其余的在 1 个月内下渗。

　　模拟时段:模型模拟期为 1 年,计算预测给出 7 d、1 个月及 200 d 等不同时段地下水位上升变化。

2）数学模型

根据工程特点和水文地质条件,采用均质各向同性、三维非稳定地下水流系统进行计算,用下列的数学模型表述:

$$
\begin{cases}
\dfrac{\partial}{\partial x}\left(k_{xx}\dfrac{\partial H}{\partial x}\right)+\dfrac{\partial}{\partial y}\left(k_{yy}\dfrac{\partial H}{\partial y}\right)+\dfrac{\partial}{\partial z}\left(k_{zz}\dfrac{\partial H}{\partial z}\right)+w=\mu_{s}\dfrac{\partial H}{\partial t} & (x,y,z)\in\Omega,t>0 \\[2mm]
H(x,y,z,t)\big|_{t=0}=H_{0}(x,y,z) & (x,y,z)\in\Omega \\[2mm]
H(x,y,z,t)\big|_{S_{1}}=H_{1}(x,y,z) & (x,y,z)\in S_{1},t>0 \\[2mm]
k_{n}\dfrac{\partial H}{\partial n}\bigg|_{S_{2}}=q(x,y,z,t) & (x,y,z)\in S_{2},t>0
\end{cases}
$$

式中:Ω 表示地下水渗流区域;S_{1} 为模型的第一类边界;S_{2} 为模型的第二类边界;K_{xx},K_{yy},K_{zz} 分别为 x,y,z 主方向的渗透系数,m/s;w 为源汇项,包括降水入渗补给、蒸发、井的抽水量和泉的排泄量,m^{3}/s;μ_{s} 为弹性释水系数,1/s;$H_{0}(x,y,z)$ 为初始地下水水头函数,m;$H_{1}(x,y,z)$ 为第一类边界地下水水头函数,m;$q(x,y,z,t)$ 为第二类边界单位面积流量函数,m^{3}/s。

本次模拟采用加拿大 Waterloo Hydrogeologic 公司(WHI)开发的 Visual MODFLOW 4.2 软件。

2. 预测评价结果

根据模拟计算,排泥区宽度 185 m,每段长 100 m,高度 2.7 m,预测各时段地下水位上升分布计算见表 4-9。

表 4-9　不同时段排泥施工引起的水位上升统计结果

时间(d)	与堤脚距离(m)				
	50	100	200	300	500
7	0.69	0.41	0.12	0.03	0
30	1.04	0.80	0.48	0.27	0.07
100	0.45	0.41	0.34	0.27	0.15
200	0.18	0.16	0.16	0.15	0.12
300	0.12	0.11	0.11	0.10	0.09
500	0.04	0.04	0.04	0.04	0.03

由预测结果可知,在一周时间内,排泥引起的水位上升显著,在距离施工地 50 m 处可达 0.69 m,但在 300 m 外影响较小;在 1 个月时,水位影响的范围增大,水位继续上升,在 50 m 处达到 1.04 m,在 500 m 外影响较小;随着施工结束尾水入渗完毕,地下水位逐渐回落,500 d 后基本恢复至原有水位。

根据以上计算结果,排泥过程中产生的渗出水会造成局部地下水位抬升,距离工程 100 m 内地下水短时上升可达 0.5 m 以上,有较大影响;排泥工程期间,距离工程 50 m 内地下水短时上升可达 1 m 左右,影响较为显著;施工结束 500 d 后地下水均可恢复至原有水位。

出湖闸上河道疏浚工程排泥区施工不会对周边分散开采井取水产生影响,但是会对距离较近的建筑产生影响。因此,在施工期间应尽量做好排水,及时导流,并在施工期内加强对周边水井的监测,及时发现可能引起的地下水位上升现象。对于距离施工工程附近特别近的(50 m 以内),可利用附近的民用水井及时抽水,通过降水来保证地下水位不会大幅上升。

4.3.5　地下水环境影响分析小结

(1)根据典型河段(东郑庄段)二维剖面数值模拟分析可知,在不考虑截渗墙底部和两端绕渗的情况下,截渗墙对大清河水向地下水的入渗起到一定的阻挡作用。计算结果表明,截渗墙对堤后地下水位影响最大处是距截渗墙 0 m,地下水降深值约 2 m,随着距堤坝距离的增加,影响逐渐减小,当距离为 642 m 时,地下水降深值为 0.5 m。

(2)工程运行后较大深度截渗墙的修建会阻断部分河水补给地下水,造成部分堤段地下水位发生变化。但地下水位变化值均在该地区地下水年变幅范围内,通过地下水的天然流动即可调节到正常状况。

(3)大清河截渗墙后村庄集中生活饮用水井深一般在 100 m 以上,取深层地下水;分散式水井深度一般在 10 m 以内,取用浅层地下水。对于井深 100 m 以上的地下水井,截渗墙没有影响到其取用的地下含水层,影响会非常小;对于井深在 10 m 以内的地下水井,部分截渗墙穿断第一层中等透水含水层。评价建议在截渗墙施工过程中,对分散式水井采取动态监测措施,当出现水位急剧下降或出现村民取水困难趋势时,应立即停止施工并采取封堵措施,并及时启动应急预案,减缓对地下水环境的不利影响。

(4)河道疏浚工程排泥区施工期尾水入渗造成地下水位短时上升,基本不会影响附近分散水井的取水,但对于距离较近的建筑物基础会产生一定的不利作用;施工完成后,通过地下水自然流动与调节,水位恢复至原有水平,基本不会对地下水环境造成影响。

第 5 章　生态环境影响研究

5.1　生态环境影响因素分析

5.1.1　施工活动

从以上工程施工期环境影响因素分析,部分工程位于自然保护区和风景名胜区,施工期临时占地对保护区土地、植被产生影响等;工程施工活动对鸟类等保护动物产生影响等。

此外,出湖闸上河道疏浚工程和大清河控导工程属涉水施工,施工过程中对工程周边水域产生扰动,影响水生生物栖息环境。

5.1.2　施工营地布置及临时道路修建

本次施工营地布置包括施工机械停放场、生产仓库、加工厂、物料存放区等,上述施工区的建设活动即临时道路修建将扰动地表,破坏植被,对区域植被和水土流失产生一定影响。

5.1.3　施工人员活动

本次卧牛排灌涵洞、二级湖堤堤顶防汛路、出湖闸上河道疏浚、围坝堤防、大清河左右堤顶防汛路施工期较长,施工人数较多而且相对集中,可能对局部区域环境卫生和人群健康带来一定影响。

5.1.4　取土和弃渣

本工程石料选择现有采石场购买,仅设置 8 处土料场,土料场占地主要是耕地。施工期间,土料场施工将会破坏农作物,造成生物量的损失,同时对农田区域的小型动物生境及鸟类觅食产生影响。

本工程弃渣为清基表土和拆除的块石及建筑垃圾,土方堆置于回填工程附近临时弃渣场,石方堆放于堤脚处,建筑垃圾送往垃圾填埋场。一方面弃渣堆放会破坏荒草和农作物;另一方面若处理不当,可能产生新的水土流失。

5.2　生态环境影响分析

5.2.1　陆生生态影响分析

5.2.1.1　对土地利用方式的影响

本次工程总占地面积为 2 722.27 亩,其中永久占地面积为 130.06 亩,临时占地面积为 2 592.21 亩。不同类型工程占地情况见表5-1。

表 5-1　不同类型工程占地情况

项目区	占地性质	项目	占地类型及面积(亩)	
			耕地	其他用地(荒地)
东平湖蓄滞洪区	永久占地	主体工程	0	5.29
	临时占地	施工营地	57.44	0
		料场	858.3	0
		周转渣场	621.01	0
		临时道路	8.4	0
	小计		1 545.15	5.29
大清河	永久占地	主体工程	124.77	0
	临时占地	施工营地	60.23	0
		料场	983.16	0
		周转渣场	3.67	0
	小计		1 171.83	0
合计			2 716.98	5.29
比例(%)			99.8%	0.2%
总占地面积(亩)			2 722.27	

根据工程占地性质和占地类型分析:

(1)本次工程永久占地面积为 130.06 亩,其中东平湖蓄滞洪区主体工程永久占地 5.29 亩,主要是穿堤建筑物工程建设占地;大清河主体工程永久占地 124.77 亩,主要是大清河戴村坝以下堤防工程左堤帮宽、险工改建占地。

(2)本工程临时占地面积为 2 592.21 亩,其中东平湖蓄滞洪区工程临时占地 1 545.15亩,占临时占地总面积的 59.6%;大清河工程临时占地 1 047.06 亩,占临时占地总面积的 40.4%。

(3)从工程类型来看,本次工程临时占地主要为施工营地、料场、周转渣场及临时道路占地,共 2 592.21 亩,其中料场占地面积 1 841.46 亩,占临时占地总面积的 71%,东平湖蓄滞洪区和大清河料场占地面积分别为 858.3 亩、983.16 亩;其次为周转渣场占地 624.68 亩,占临时占地总面积的 24.1%,主要集中在防洪工程建设周转弃渣;施工营地和临时道路占地面积较小,分别为 117.67 亩和 8.4 亩。

(4)从占地类型来看,本次工程占用耕地面积 2 716.98 亩,占总占地面积的 99.8%,其中东平湖蓄滞洪区占用耕地面积为 1 545.15 亩,占总耕地面积的 56.9%,大清河占用耕地面积为 1 171.83 亩,占总耕地面积的 43.1%。其他用地占地 5.29 亩,集中在老湖区主体工程。

结合工程占地性质及占地类型,分析工程占地对项目区土地利用方式的影响程度,见表5-2。

表5-2　工程占地类型对土地利用方式的影响

类型	永久占地(亩)		临时占地(亩)	
	耕地	其他(裸荒地)	耕地	其他(裸荒地)
合计	124.77	5.29	2 592.21	0
占地比例(%)	95.9	4.1	100	0
占项目区总耕地面积的比例(%)	0.02		0.34	

注:项目区总耕地为757 534.05亩。

从占地性质上分析,工程永久占地和临时占地均以耕地为主,分别为124.77亩和2 592.21亩,所占比例均达到95%以上,其他用地(裸荒地)面积均较小,仅为5.29亩,因此工程对区域土地利用方式的影响主要集中于农田生态系统。

从影响程度上分析,工程永久占用耕地面积占项目区总耕地面积的比例为0.02%,占地耕地比例较小,基本上不会改变区域土地利用的基本结构。临时占用耕地面积相对较大,占项目区总耕地面积的比例为0.34%,占地耕地比例也较小,施工结束后,对于临时占用耕地应及时采取复耕措施。

总体上分析,本次工程主要在已有工程的基础上进行续改建,工程永久占地面积很小,对项目区土地利用方式的影响不大,不会改变土地利用的基本结构,临时占地面积主要集中在料场占地,通过进一步合理优化施工布置并及时采取植被恢复措施,最大限度地减轻工程建设对区域土地利用方式的影响。

5.2.1.2　对植物资源的影响

1. 对植物多样性影响

项目区植物种类相对丰富,但主要集中于项目区各保护区内,被子植物是保护区植物区系的主体。根据现场样方调查,本次工程区域大部分开发为农田,自然植被为次生灌木林草,均属当地常见种类,工程区域内尚未发现珍稀濒危保护植物。结合工程占地统计情况可知,以占用耕地为主,农作物主要包括小麦、玉米、棉花等,因此工程建设对植物的影响主要集中在农业生态系统上,工程施工及占地等造成部分农业生产力损失,不会造成区域植物群系组成的变化,也不会对整个区域植物多样性造成影响。

总地来看,项目区日益频繁的农业活动,长期的开垦,工程区域绝大部分原生植被早已为农田、果园及村落所取代。工程施工过程中的土方开挖、机械碾压、人员活动及施工过程中产生的废气、扬尘等会破坏和影响植被的正常生长。由于本工程主要为续改建工程,施工区较为分散,单个工程工程量较小,施工期较长且施工时间不集中,因此工程建设对项目区植物资源影响程度有限。

2. 对生物量的影响

根据工程布置,本次工程永久占地总面积为130.06亩,临时占地面积为2 592.21亩,主体工程、施工营地、料场、周转渣场、临时道路等的开挖、填筑、弃土堆放、土地平整以及机械碾压、人员踩踏等,会在一定程度上改变原有地貌、土地结构,破坏、影响原有植被的正常生长,造成项目区生物量损失。根据区域植被样方调查,结合项目区土地利用遥感解译资料,计算本区域的总生物量为798 134.1 t/年,见表5-3。

表 5-3　项目区域生物量现状

类型	面积(hm²)	生产力(t/(hm²·年))
草地	414.8	8.9
荒地	239.35	1.10
农田	50 502.27	10.5
园地	222.91	57.11
林地	5 701.68	40.04
水域	22 882.96	1.00
区域总生物量(t/年)		798 134.1

结合本次工程占地情况,计算本次工程建设引起的生物量损失情况见表5-4。

表 5-4　工程占地引起的生物量损失

占地性质	工程类型	生物量损失(t/年)		
		耕地	其他用地	合计
永久占地	主体工程区	87.34	0.39	87.73
临时占地	施工生产生活区	82.37		82.37
	料场区	1 289.02		1 289.02
	周转渣场	437.28		437.28
	临时施工道路区	5.88		5.88
	小计	1 814.55		1 814.55
总计		1 901.89	0.39	1 902.28
占项目区总生物量的比例(%)		0.24		

由表5-4可知:

(1)本次工程建设引起的生物量损失为1 902.28 t/年,占区域总生物量的0.24%,因此工程建设引起的生物量损失不大,对区域生产力影响程度有限。

(2)工程永久占地面积较少,引起生物量损失为87.73 t/年,占总生物量损失的0.01%,生物量损失较小。临时占地生物量损失为1 814.55 t/年,占项目区总生物量的0.23%,临时占地引起的生物量损失也不大,由于本次工程主要占地类型为耕地和裸地,在施工结束后及时采取复耕和植被恢复措施,不会对区域生物量产生较大影响。

(3)本次工程占地类型主要为耕地,建议进一步优化工程占地,尽可能减小工程占地造成的生物量损失,特别是临时占用耕地在施工结束后及时采取复耕措施,恢复区域农业生产力。

（4）从各工程类型上分析,本次工程主要为续改建工程,因此永久占地面积较小,引起的生物量损失也较小,为87.37 t/年,占本次工程建设引起的生物量损失的4.6%;临时占地中的料场区占地引起的生物量损失最大,为1 289.02 t/年,占本次工程建设引起的生物量损失的67.76%;其次为周转渣场引起的生物量损失为437.28 t/年,占本次工程建设引起的生物量损失的22.99%;施工生产生活区和临时施工道路区引起的生物量损失较小,分别为82.73 t/年和5.88 t/年,分别占总生物量损失的4.35%和0.3%。

（5）从总体上分析,本次工程主要为已有工程的续改建,工程占地面积相对较小,占地引起的总生物量损失为1 902.28 t/年,占项目区总生产量的0.24%,所占比例较小,因此工程建设对区域生物量影响程度有限,基本上不会影响项目区植被的正常生长及其功能的正常发挥,但由于工程占地主要为耕地,建议在施工结束后及时采取复耕和植被恢复措施,最大程度地减轻工程建设对区域农田生态系统的影响。

3.对保护植物的影响

根据现状调查,项目区玉斑堤护坡少量分布有国家二级重点保护植物野大豆。野大豆属豆科大豆属,一年生草本,喜水耐湿,多生于河流沿岸、湿草地、湖边、沼泽附近或灌丛中,常以其茎缠绕于其他植物上生长。

根据工程布置内容,玉斑堤护坡翻修等工程施工时将对生长在护坡上少量分布的野大豆产生一定破坏,因此施工过程中应加强宣传教育工作,施工前对翻修堤段区域内发现的野大豆群系进行拍照记录,本次玉斑堤翻修段长2.06 km,而玉斑堤全长为3.91 km,建议施工期间对发现的野大豆进行就近迁地保护,可移植到玉斑堤无施工段,并采取设置保护标示牌等措施加强保护。

5.2.1.3　对动物资源的影响

工程建设对陆生动物影响主要表现为工程占地、人员进驻、施工活动等对动物栖息、觅食活动范围造成影响。从现场调查来看,工程区域除东平湖市级湿地自然保护区和腊山市级自然保护区外,沿线无大面积的森林群系,人工林群系大多呈星散或点线状分布,不能作为大型脊椎动物长期栖身之地,沿线分布的动物种类较少,总体上工程建设对动物资源影响程度有限。

1.对兽类的影响

项目区人口密集,土地耕作历史悠久,主要为农田生态系统,人类活动干扰强烈,野生动物资源较贫乏。经现场调查项目区陆生动物中,由于项目区地势低洼,哺乳动物以农田灌草丛-农田动物群为主,区系组成较为单调,优势种主要有草兔、黑线姬鼠、褐家鼠、小家鼠、黄鼬等。本次工程占地类型主要为耕地,因此工程施工产生的噪声干扰、占地和扬尘可能对项目区内野生动物产生一定的干扰,但由于本次工程均为续改建工程,永久占地面积很小,工程结束后及时对临时占地进行植被恢复,不会对农田灌草丛-农田动物群栖息生境面积造成大的影响,总地来看,工程对项目区哺乳动物影响程度有限。

2.对两栖类、爬行类的影响

根据现场调查,项目区调查发现的两栖类主要有中华大蟾蜍、华背蟾蜍等,主要分布在大清河周边的水草植被较好的区域,3~5月繁殖期主要生活于水荡之内,很少上陆活动。至 6 月蝌蚪已变态为幼蟾(体长 1.5 ~ 3.0 cm),离开水源生活于湖边果园、菜地、农田或灌木草丛中。爬行类有无蹼壁虎、白条锦蛇、棕黑锦蛇等,其中壁虎主要为住宅栖息型,多分布在居民住宅中;锦蛇类多栖居于当地山坡草地、灌丛或农田地埂旁的石堆及坟地附近。总体来看,本次工程均为续改建工程,涉水施工较少且工程量不大,工程占地类型主要为耕地且占地面积较小。因此,工程建设总体上对两栖爬行类动物影响程度有限。

本次工程施工及占地可能涉及两栖爬行类动物的栖息生境,施工过程中,短时间内大量人员、施工机械集中进入施工区域,施工临时占地以及施工建筑材料的堆放可能对两栖动物栖息环境产生一定的惊扰,大清河后亭控导续建工程等涉水工程将对水体产生一定的扰动,导致局部水体悬浮物增加,可能对两栖动物的栖息和繁殖产生一定影响,但本次涉水工程量较小,加之项目区两栖类水域生境较为开阔,受到惊扰后会远离施工区域,建议施工期间进一步优化清淤施工和控导续建施工工艺,尽可能减轻对水体的扰动。另外,爬行动物对施工噪声较为敏感,工程施工产生的机械噪声等也可能会对爬行类动物的正常栖息及觅食活动造成一定影响,工程施工将使它们远离施工区,造成施工区周围爬行动物减少。

总之,工程建设将对部分两栖及爬行类动物正常栖息、繁殖等活动造成一定的影响,特别是两栖类动物的迁徙能力较弱,容易受到施工活动或施工人员的干扰,因此施工过程中应加强管理和宣传教育工作,施工结束后及时恢复原地形地貌,尽可能减轻对两栖类动物正常栖息的影响;爬行类动物活动范围相对较大,工程建设不会对爬行类动物造成大的影响,但施工过程中应严禁施工人员捕杀爬行类动物,施工结束后严格落实各项环保措施,恢复区域正常生境,在采取上述措施后,工程建设对两栖类及爬行类动物的影响程度、范围有限。

3. 对鸟类的影响

项目区鸟类在陆生动物中所占比例较大,除自然保护区外,工程区域分布的其他鸟类都是当地常见的鸟类,分布在大清河及湖区周边的优势鸟类有金眶鸻、白鹡鸰、家燕、金腰燕、红尾水鸲,在项目区域草灌中分布的优势种是三道眉草鹀。在工程区域防护林中常见的森林鸟类有灰斑鸠、珠颈斑鸠、大杜鹃等。在新湖区及老湖区周边的农田中分布的优势种鸟类为麻雀、家燕等。

工程建设期间施工噪声、扬尘等可能会对鸟类正常活动造成一定干扰,它们会远离施工处,到稍远处觅食,由于鸟类活动范围较大,工程施工对整个区域鸟类的种类和数量不会产生明显影响,另外工程占地也会在一定程度上减少鸟类栖息、觅食和活动的面积,但本次工程均为续改建工程,工程占地类型主要为耕地,占地面积较小,不会对鸟类栖息、繁殖等正常活动产生大的影响,总地来看,工程建设对项目区鸟类影响程度有限,而且这种影响会随着施工的结束而消除。

5.2.1.4　景观格局影响分析

工程建设对区域景观格局变化的影响见表5-5。

表 5-5　工程建设对景观格局变化影响

景观分类	面积（hm²）	景观比例（%）	斑块数	斑块密度（%）	样方数	频率（%）	优势度（%）
耕地	50 321.14	54.25	1 310	11.58	475	52.37	43.11
园地	222.91	0.24	184	1.63	2	0.22	0.58
林地	5 701.68	6.14	2 013	17.79	59	6.51	9.15
草地	414.8	0.45	126	1.11	2	0.22	0.55
道路廊道	1 185.53	1.28	97	0.86	10	1.10	1.13
水域	22 890.96	24.68	5 116	45.22	231	25.47	30.01
其他用地	529.24	0.57	653	5.77	4	0.44	1.84
居民点	10 883.63	11.73	1 622	14.34	119	13.12	12.73
工矿仓储	572.36	0.62	167	1.48	5	0.55	0.82
风景名胜	37.21	0.04	25	0.22	0	0	0.08
合计	92 758.79	100	11 313		907		

从表 5-5 可以看出：

（1）由于本次工程主要占地为耕地，共 181.13 hm²，占总占地面积的 99.8%，因此工程建设对区域景观的影响主要集中在农业景观，其中景观面积由 50 502.27 hm² 减少为 50321.14 hm²；景观比例由 54.34% 减少为 54.25%，减少了 0.09%；斑块数目上，主要是农业景观斑块数目减少，由 1 345 块减少为 1 310 块，减少了 35 块；景观斑块密度和频率基本保持不变，优势度略有下降，降低了 0.29%。

（2）本次主体工程永久占地 8.67 hm²，工程运行后，水域及水利设施用地略有增加，其中景观比例由 24.62% 提高为 24.68%，增加了 0.06%，景观斑块密度、频率和优势度变化不明显。

（3）综上所述，由于本次工程大部分为原有堤防、护坡及穿堤建筑物的续改建工程，工程占地面积较小，且主要集中在农业景观，但由于区域农业景观优势度很高，工程建设对农业景观影响程度有限，工程运行后农业优势度依然最高，整体上项目区各景观指数变化较小，说明工程建设对项目区的景观格局特征影响较小。

5.2.1.5　生态完整性影响分析

1. 稳定性

项目区位于鲁中山区西部向平原过渡的边缘地带，属于暖温带大陆性半湿润气候，一年四季分明，生态系统主要是暖温带农田生态系统，种植业较为发达。从工程占地性质分析，工程集中影响于农业生态系统，结合项目区土地利用特点，由于项目区人口密度较大，土地利用方式为农业用地和水域，受人类活动干扰强烈，自然植被破坏严重，区域生产能力和稳定状况发生了较大改变。工程结束后及时清理现场，通过积极的复耕措施，对农业生态系统稳定性及其生产力影响不大。

2. 生物量影响

对自然系统生产能力影响常用生物量损失来衡量,根据现状调查资料,根据不同土地利用类型的生产力,结合遥感解译的项目区土地利用类型及面积统计结果分析,工程建设引起的生物量损失为 1 902.28 t/年,占区域总生物量损失的 0.24%,因此工程建设引起的生物量损失较小,且主要为农田生物量损失,对区域生产力影响程度有限,工程运行后,临时占用耕地得到及时复耕,可以弥补部分生物量损失,同时工程建成后,提高了东平湖蓄滞洪区的蓄滞洪能力,东平湖蓄滞洪区生产能力及稳定状况有所改善,也有助于提高区域净生产力,因此工程建设基本不会影响区域生态完整性和稳定性。

5.2.2　水生生态的影响分析

本次工程包括堤防加固工程、护坡工程、河道整治工程和穿堤建筑物工程等,工程均为在原有东平湖蓄滞洪区防洪工程基础上的续改建工程,工程布置较为分散,施工方式简单,施工时间不集中(3 年完成),单项工程工程量较小、施工时间较短,单位时间施工强度不大。另外,工程基本不在河道中施工,汛期不施工,因此不需施工导流,大清河险工加高和控导续建加固大部分为旱地施工,工程建设也不涉及水产种质资源保护区,工程距离东平湖国家级水产种质资源保护区边界最近为 1 km,总体上工程建设对项目区水生生物影响程度有限。

本次工程涉水施工较少,涉水工程量较小,主要为出湖闸上 2.4 km 的河道疏浚工程和大清河左堤后亭控导续建工程(下延 457 m),对水生生物影响源主要为清淤施工扰动、施工噪声等,施工可能造成局部水体中悬浮物含量的升高,施工区域河段沿岸带浮游生物、底栖动物等生物量的减少,鱼类饵料生物的减少,可能使一定时期内相应水域鱼类栖息受到一定程度影响。

5.2.2.1　对浮游生物的影响

大清河左堤控导续改建工程散抛石过程会产生大量的泥沙、石块进入水体或落入水底,会对水体产生扰动,增加施工区域悬浮物含量,提高局部水体浑浊度,降低透光率,对浮游植物生长不利,导致附近水域初级生产力水平下降。根据本次水生生物调查资料,东平湖浮游植物的平均生物量为 3.461 g/m²,本次引河开挖工程施工面积为 25.38 万 m²,浮游植物的生物量损失为 0.88 t。同时,悬浮物附着于浮游动物体表影响其生理机制,水体浑浊造成的低溶解氧或各种悬浮物或油脂堵塞呼吸器官可以引起死亡,浑浊水体也会打破生理节律,影响摄食、生殖活动,浮游植物生物量的减少也将导致浮游动物种群数量的减少,但由于本次后亭控导续建长度较短,仅为 457 m,工程量较小,涉水面积占大清河区域面积很小,控导建设对水生生物影响程度有限,施工结束后扰动的底泥由于自身的重力不断沉降以及河水的流动稀释,水体悬浮物浓度将逐步恢复到施工前水平。

清河门和陈山口闸前河道沿主槽扩挖,交汇后河道扩挖断面按该处生产堤之间河道宽度进行全断面开挖,同时开挖过程中要筑堰进行施工,因此在施工期由于水中浮物浓度增加,悬浮颗粒的摩擦、冲击造成浮游生物的机械性损伤和水体透明度降低,影响浮游植物正常的光合作用,这将在一定程度上影响浮游植物的生长和繁殖。因此,施工期浮游生物的生物量将会相对减少,但由于本次清淤段工程长度较短,为 2.4 km,且出湖河道已有多次清淤历史,因此总体上工程建设对该段浮游生物影响程度有限,施工结束后一段时间,该河段的浮游生物遭受的损失可以逐渐得到恢复,工程运行后,随着河流水体悬浮物的沉积和底质的逐渐稳定,也有利于浮游生物的生长。

5.2.2.2　对底栖动物的影响

本次工程主要为续改建工程,涉水施工很少,主要为出湖河道疏浚和控导改建工程,影响水域面积不大,工程施工期控导改建和河道清淤等造成局部河段河床扰动,加上浮游生物生物量的降低,使局部河段底栖动物的饵料量和生境发生变化,可能导致底栖动物的种类和数量减少,密度减小。由于工程分段施工,施工期的影响是局部的,也是短暂的。

本次出湖河道疏浚采用 350 型绞吸式挖泥船,配合 294 kW 拖轮、118 kW 锚艇、88 kW 机艇、250ND 接力泵进行开挖,将扩大引河过流断面,降低引河河底高程,同时对水底产生强烈的扰动,破坏底栖动物的生存环境(逃逸能力弱者如软体动物、水丝蚓、摇蚊幼虫可能直接随底泥被移出),一定时期内减少底栖动物的生存空间,导致其种类和数量的减少,根据本次水生生物调查结果,东平湖底栖动物的生物量平均为 53.42 g/m²,施工范围为 25.38 万 m²,底栖动物的生物量损失为 13.56 t。另外,施工活动造成河道水体悬浮物的增加和水体透明程度的降低,开挖清淤附近水域底栖生物由于悬浮物增多,较大颗粒的悬浮物沉积后可将部分底栖动物覆盖导致其死亡,但工程结束后,随着河流水体悬浮物的沉积和底质的逐渐稳定,底栖动物的物种数量和生物量会有一个缓慢回升的过程;同时工程建成,出湖河道过流断面扩大,悬浮物逐渐减少、河床底质日趋稳定,给底栖动物创造了良好的生存条件,有助于其物种数量和生物量的恢复。

5.2.2.3　对水生高等植物的影响

经调查,东平湖出湖河道水生植物主要有 9 种,其中挺水植物 1 种,为芦苇;漂浮植物和浮叶植物各 1 种,分别为水鳖和荇菜;沉水植物最多,有 6 种,分别为苦草、穗状狐尾藻、菹草、微齿眼子菜、金鱼藻和轮藻。东平湖出湖河道处优势植物均为菹草,且主要分布在河岸两边,形成茂密的菹草群系,而穗状狐尾藻、金鱼藻、轮藻和微齿眼子菜则都为伴生种类。

出湖河道水生高等植物平均生物量为 1 451.6 g/m²,疏浚水域面积为 25.38 万 m³,该区域生物量损失为 368.41 t,因此疏浚工程将对施工水域范围内的水生高等植物造成一定程度的影响,但随着疏浚活动的结束,水生高等植物也将逐步得到恢复。

5.2.2.4　对鱼类的影响

出湖闸上河道疏浚及后亭控导续改建等涉水工程施工时会对水体产生一定的扰动,引起水体悬浮物增加,会使水体透明度降低,从而使得浮游生物生物量降低,一定程度上减少了鱼类的饵料。施工期机械、车辆及作业所产生的噪声和振动等,对施工区域鱼类可能产生一定的惊扰。因此,本次工程施工期对水体扰动及机械噪声可能对局部河段鱼类觅食和栖息产生一定程度的干扰,但本次工程均为续改建工程,大部分为干滩施工,涉水施工较少,且分段施工,工程量较小,总体上对鱼类栖息、繁殖等正常活动的影响程度有限。

1. 对鱼类摄食的影响

根据现状及历史资料调查,东平湖及大清河水域主要鱼类有鲫、鲤、鲌、鲢、鳙鱼、黄颡鱼、乌鳢等。根据河道清淤及控导改建等涉水施工对浮游和底栖生物影响分析,施工期将会减少浮游和底栖生物数量,杂食性鱼类的饵料主要来源于浮游动植物和底栖动物,肉食性鱼类的饵料主要来源于浮游动物和底栖动物。涉水工程施工时对水体的扰动短时间内、会导致局部水体泥沙含量升高、透明度下降,短时间内、局部范围内导致浮游生物的生物量降低,鱼类饵料量减少。施工活动导致浮游生物和底栖动物的数量减少,致使以浮游生物和底栖生物为饵料来源的鲤、鲫、鲢、鳙鱼、草鱼等鱼类数量减少,从而也使得以鱼类为食物的乌鳢等鱼类数量减少。另外,鱼类对噪声的影响较为敏感,施工产生的扰动和噪声的干扰在一定时期内会对鱼类的索饵产生不利影响,迫使鱼类寻找新的索饵场,但由于本工程均不涉及鱼类的索饵场,且鱼类的摄食范围较广,鱼类对自身周围的环境比较敏感,具有趋利避害的本性,工程施工产生的噪声和扰动会使得鱼类转移到距离工程较远的水体生存,基本不会影响到鱼类的种群和资源。因此,工程施工对鱼类的正常摄食影响程度有限,且随着施工活动的结束不利影响也随即结束。

2. 对鱼类栖息的影响

工程施工时机械噪声及对水体扰动等使鱼类本能地远离受影响区域,一定程度上缩小了鱼类栖息空间。此外,疏浚活动将会扰动水体,造成局部水域透明度下降,将在一定程度上影响鱼类(主要是黄河鲤和乌鳢等)的正常栖息活动,但鱼类对自身周围的环境比较敏感,具有趋利避害的本性,工程施工产生的噪声和扰动会使得鱼类转移到距离工程较远的水体生存。建议对施工作业施工方案进行优化,通过选择低噪声机械降低施工噪声,同时可采用多种驱鱼技术手段,对施工区进行驱鱼作业,尽可能降低施工对鱼类正常栖息的影响。

3. 对鱼类繁殖的影响

本工程涉水施工很少、无施工导流,工程布置较为分散,施工时间不集中(3 年完成),根据现状调查及历史资料,工程区无产卵场分布,总体上对鱼类产卵基本无影响。东平湖曾是黄河刀鲚的产卵场,由于东平湖闸门的建设和运用,正常年份东平湖基本失去了与黄河的水力联系,鳗鲡、刀鲚无法洄游,致使这些鱼类几乎在湖内绝迹。根据东平湖日本沼虾国家级水产种质资源保护区划分情况,保护区核心区为日本沼虾及主要保护鱼类的产卵场、索饵场和越冬场,位于东平湖老湖的中心部位,本次工程主要布置于老湖区的堤防以及出湖河道,二级湖堤上道路翻修工程与其核心区最近距离为 5 339 m,而出湖河道处开挖疏浚工程则距离核心区更远,与水产种质资源保护区没有直接关系,因此出湖河道开挖、疏浚对东平湖主要鱼类产卵场基本不会产生影响,但由于清淤疏浚河段施工期与鱼类产卵期重合,建议施工过程中,由专业部门加强鱼类产卵情况监测和调查,一旦发现施工段有鱼类的产卵现象,应及时调整工期,最大程度地减轻对鱼类产卵的影响。

5.2.2.5　对水生生物的影响

本次工程主要是在已有堤防、护岸等防洪工程基础上的续改建工程,工程建成后,不会改变东平湖蓄滞洪区原有运行调度方式,不改变蓄滞洪区运用后的来水量、泄洪量、滞洪水位等,也不会改变目前项目区河流连通性状况,且工程建成后,防洪能力进一步提高,对洪泛面积也有一定的控制作用。因此,工程建成后,蓄滞洪区运用对项目区水生生物及鱼类资源影响程度有限,但部分护坡工程导致堤岸硬化,造成项目区水生生境多样性下降的可能,对局部两栖类也可能造成一定程度的阻隔,但本次工程在确保防洪安全前提下,在护坡材料的选择尽可能采用了生态型护坡,最大程度地降低了区域水生生物、鱼类及两栖类动物的影响。

第6章　自然保护区等敏感区环境影响研究

6.1　东平湖市级湿地自然保护区环境影响分析

6.1.1　东平湖市级湿地自然保护区内工程情况

根据山东东平湖市级湿地自然保护区总体规划及工程可研资料,经泰安市环保局《关于黄河东平湖蓄滞洪区建设意见的函》确认及现场走访调查,本次工程仅涉及自然保护区的实验区,不涉及缓冲区和核心区。其中,东平湖蓄滞洪区两闸隔堤、二级湖堤、出湖闸上河道疏浚、围坝堤防工程等位于保护区的实验区,大清河左堤和右堤部分工程也位于保护区的实验区。玉斑堤、卧牛堤工程施工营地位于保护区的实验区。

这些工程大部分建设于20世纪六七十年代,本次工程是对东平湖蓄滞洪区现有防洪工程进行改建、续建和加固,没有新建工程,工程位置及工程布局维持现状。工程基本情况详见表6-1。

表6-1　东平湖市级湿地自然保护区内工程基本情况

所属区域	工程名称	工程性质	工程规模（km）	工程与自然保护区位置	占地面积（亩）	占地类型	占地性质	施工时段
老湖区	两闸隔堤翻修石护坡	改建	0.246	实验区	0			3~6月,11~12月
	二级湖堤堤顶防汛路	改建	22.231	实验区	0			
	出湖闸上河道疏浚	续建	2.4	实验区	0			
	围坝堤顶防汛路	改建	7.2	实验区	0			
	围坝护堤固脚	改建	0.92	实验区	0			
	围坝石护坡翻修	改建	11.1	实验区	0			
	马口涵洞改建	改建		保护区边界	1.92	耕地	永久占地	

续表 6-1

所属区域	工程名称	工程性质	工程规模（km）	工程与自然保护区位置	占地面积（亩）	占地类型	占地性质	施工时段
大清河	大清河左堤堤顶防汛路	改建	7	实验区	0			3～5月，10～12月
	大清河左堤帮宽	改建	7	实验区	79.85	耕地	永久占地	
	大清河左堤加固	改建	7	实验区	0			
	武家曼险工改建	改建		实验区	7.56	耕地	永久占地	
	大清河右堤堤顶防汛路	改建	1.7	实验区	0			
	大清河右堤石护坡	改建	1.7	实验区				
	大清河右堤坑塘处理	改建		实验区				
	王台排涝站改建	改建		实验区	2.98	耕地	永久占地	3～5月，10～12月
	路口排涝站改建	改建		实验区	1.93	耕地	永久占地	
	辛庄险工	改建		实验区	14.04	耕地	永久占地	

6.1.2　东平湖市级湿地自然保护区环境影响分析

本次工程是在已有工程基础上的续建、改建和加固，工程位置及工程布局维持现状，工程永久占地规模较小，占地类型为耕地。自然保护区无新增工程布置和施工布置，总体上工程建设对自然保护区影响程度及范围有限，但为确保自然保护区生态环境安全，涉及自然保护区的续建、改建工程施工应强化管理监督，尽量减少施工范围，采取严格植被恢复措施，尽可能减少对自然保护区的影响。

6.1.2.1　工程占地影响分析

1. 涉及自然保护区的永久占地

涉及东平湖市级湿地自然保护区永久占地主要是东平湖老湖区堤防工程、护坡工程，大清河险工改建、穿堤建筑物改建及堤防加固工程。永久占地位于保护区内的实验区，不涉及核心区和缓冲区，占地面积为108.28亩，占保护区总面积的0.03%。工程永久占地导致自然保护区面积减少，降低植被盖度。但本工程是对东平湖蓄滞洪区现有防洪工程进行改建加固，没有新建工程，工程位置及工程布局维持现状，新增永久占地规模及面积很小，对自然保护区的影响程度有限。

2. 涉及自然保护区的临时占地

根据原可研设计，大清河右堤王台排涝站工程施工营地、卧牛堤施工营地涉及自然保护区的实验区，环评工作过程中，经与设计单位协调沟通，在下步设计中将其调整至保护区外。东平湖市级湿地自然保护区无施工布置和临时施工占地。

6.1.2.2　对植物资源影响分析

根据对自然保护区现场调查，本地区植被属于暖温带气候，落叶阔叶林是本地区典型的地带性植被,由于长期的人类干扰,原生植被遭到严重破坏,人工植被代替了天然植被,目前保护区内以人工栽植的果树和农田为主。

工程永久占压自然保护区内面积为 108.28 亩,由于永久占地均为耕地,不会对地表天然植被产生较大影响。

据现场调查,涉及自然保护工程占地为耕地,工程区域未发现保护植物分布,因此工程建设不会对保护区保护植物产生影响。

6.1.2.3　对鸟类影响分析

工程施工对自然保护区鸟类的影响,考虑以下因素:①鸟类的生态习性,包括居留型、生境类型、生态分布等。②本次工程的施工期安排,东平湖蓄滞洪区施工期为 3~6 月和 11~12 月,大清河施工期为每年的 3~5 月和 10~12 月。③本次工程特点:改建和续建工程,是对东平湖蓄滞洪区现有防洪工程进行改建加固,没有新建工程,工程位置及工程布局维持现状。布置较为分散,施工时间不集中(3 年内完成),涉水工程及涉水施工少,工程施工影响程度、强度、范围有限。④涉及该保护区的占地,占地类型为耕地,占地占保护区总面积的 0.03%。⑤工程与自然保护区的位置关系,本次工程涉及东平湖市级湿地自然保护区的实验区。

1. 对鸟类影响总体分析

根据自然保护区鸟类生态习性分析,结合本工程特点、施工期安排,综合考虑工程占地性质和规模,本次工程施工(包括土方开挖、机械干扰、人员干扰等施工活动)对以林地、农田和居民区为主要生境的夏候鸟和留鸟觅食有影响,对旅鸟和冬候鸟影响较小。

依据鸟类的季节居留及迁徙活动情况,鸟类可分为留鸟、夏候鸟、冬候鸟及旅鸟四种类型。东平湖市级湿地自然保护区旅鸟最多,81 种;其次为夏候鸟,47 种;再次为留鸟,35 种;冬候鸟最少,23 种。根据生境类型,东平湖市级湿地自然保护区内的鸟类可分为水域型、草灌型、林地农田居民区三种类型,其中水域型鸟类均为本地常见的鸟类,数量较多的为苍鹭、绿头鸭和斑嘴鸦,其余均为林鸟,在大堤内外均有分布,但以大堤内的鸟类数量居多。因此,针对工程特性,结合工程区域鸟类生境特征,对工程建设对鸟类的影响进行具体分析,分别见表 6-2 和表 6-3。

表 6-2　施工对自然保护区不同季节居留鸟类的影响

居留型	鸟类数量、比例	鸟类活动期	施工期影响月份	施工影响
旅鸟	81 种 占 44%	10~12 月、3~5 月	10~12 月、3~5 月	对越冬及迁徙 有一定影响
夏候鸟	47 种 占 25%	3~9 月	3~7 月	对繁殖有一定影响
留鸟	35 种 占 19%	常年		影响小
冬候鸟	23 种 占 12%	11 月至翌年 3 月	12 月、3 月	1~2 月不施工,可有效 降低对冬候鸟的影响

表 6-3　施工对自然保护区不同生境类型鸟类的影响

生境类型	典型鸟类	生境描述及分布	与项目位置关系	影响分析
水域	雁鸭类、鹭类、䴙䴘类	老湖区、大清河	可能在出湖闸上河道疏浚工程区域分布	水中施工对其产生影响
草灌丛	金翅雀、北红尾鸲、柳莺、云雀、椋鸟、鸦类	滩地	可能在围坝 77 + 300 ~ 88 + 400、大清河左堤 88 + 300 ~ 93 + 665、大清河右堤 6 + 800 ~ 17 + 800 工程区域分布	工程建设占用、噪声等对其产生影响
林地农田居民区鸟类	斑鸠、杜鹃、黑卷尾、环颈雉、灰喜鹊、大嘴乌鸦、几种莺类、金翅雀、三道眉草鹀等	人工林、农田、居民区	可能在玉斑堤、两闸隔堤、大清河左堤 88 + 300 ~ 93 + 665、大清河右堤 6 + 800 ~ 17 + 800 工程区域分布	工程建设对土地及农田占用、噪声等对其产生影响

　　常见的旅鸟有凤头麦鸡、鹌鹑、红头潜鸭等,多在湖岸草地、农田活动。旅鸟在每年的 3 ~ 5 月、10 ~ 12 月途径此地,在本区的活动时间很短,只在途中做短暂的停留,一般 1 周左右。本次工程施工比较分散,施工期为 3 年,单项工程施工期很短,因此工程施工对旅鸟影响程度有限。

　　夏候鸟的活动时间一般为 3 ~ 9 月,多在湖岸、农田觅食,在腊山森林等地方栖息。本次东平湖老湖区及大清河工程建设布置在湖岸,工程施工期分别为 3 ~ 5 月和 11 ~ 12 月、3 ~ 6 月和 10 ~ 12 月。本次工程位于保护区边界或实验区,占地类型为耕地,不是其栖息生境,因此工程建设不会对夏候鸟繁殖产生影响,但夏候鸟多在湖岸觅食,工程对其觅食活动范围有影响。

　　冬候鸟以雁鸭类为主,冬候鸟在东平湖市级湿地自然保护区的停留时间一般为 12 月至翌年 3 月,多集中分布在食物丰富的湖心岛及湖岸,工程于 12 月和 3 月施工时可能对冬候鸟产生影响。1 ~ 2 月不施工,可有效降低对冬候鸟的影响。

　　留鸟多在农田、人工林活动,一般都在林地营巢繁殖,在农田草地觅食,本次工程建设涉及的区域人为干扰比较严重,不是留鸟的繁殖场所。因此,工程建设不会影响留鸟的繁殖。考虑到工程占压土地有限,鸟类具有趋利避害的本能,留鸟会到附近的区域觅食,工程施工对留鸟的影响较小。

　　从表 6-3 可以看出,水域类型的鸟类主要是雁鸭类、鹭类和䴙䴘类,主要分布于老湖区和大清河,本次出湖闸上河道疏浚工程、大清河控导改建工程施工将可能对水域型鸟类的觅食活动产生影响,因此这些工程施工过程应严格控制施工范围,加强施工人员教育,禁止捕杀。

　　草灌丛类型的鸟类主要是金翅雀、北红尾鸲、云雀、柳莺、椋鸟、鸦类等。分布于滩地,本次东平湖老湖区堤防工程、堤顶道路工程,大清河河道整治工程、堤顶道路工程施工对这些鸟类产生一定不利影响,因此在施工过程中应加强对施工机械的管理,避免高噪声设备对鸟类的不利影响。

林地农田居民区的鸟类主要是斑鸠、杜鹃、黑卷尾、环颈雉、灰喜鹊、大嘴乌鸦、金翅雀、三道眉草鹀等,主要分布于农田、人工林和居民区,本次东平湖二级湖堤、围坝堤顶道路工程,大清河堤防加固工程建设可能对其产生不利影响,因此在施工时段,应加强施工人员教育,禁止滥杀滥捕。

2. 对保护鸟类影响分析

1)对国家一级保护鸟类的影响

根据对拟建项目沿线鸟类的专项调查和保护区近几年的研究资料,国家一级保护鸟类有丹顶鹤、大鸨和东方白鹳。

(1)丹顶鹤(旅鸟)。

丹顶鹤主要繁殖于我国的东北,每年10月下旬从我国东北成群飞往长江下游一带越冬,第二年3月下旬又集群飞回故乡。丹顶鹤主要沿东线(海岸线)迁徙,迁往江苏省盐城等地越冬,只有极少数迁徙季节可能经过项目区,在此做短暂停留。20世纪80年代以前鲁西南平原湖区曾有记录,为偶见种(纪加义等,山东省鸟类调查名录,山东林业科技,1987年第1期),1984年9月至1985年5月,山东省共记录丹顶鹤10只次,距东平湖最近的地点是汶上(纪加义等,山东省鹤类的分布与数量,山东大学学报,1988年第4期)。以后未见文献记录,经过现场调查和访问,近几年均未观察到此鸟在保护区出现。

(2)大鸨(冬候鸟)。

大鸨,属鹤形目、鸨科、鸨属,属国家一级重点保护动物,全球性易危种。大鸨是草原鸟类的代表种,常集群活动,栖息于开阔平原、草地和半荒漠地区,在迁徙过程中和越冬期也常出现在河流、湖泊沿岸及邻近的干湿草地和农耕地。大鸨越冬时喜集群,单独活动的极为少见。越冬地主要分布于我国华东平原,黄河及长江流域的中下游地区。

根据调查,黄河中下游滩地是大鸨的主要越冬地,从三门峡到黄河三角洲均有越冬记录,每年的11月至翌年3月见于黄河滩地,主要分布于高位滩地(多为冬麦田)。冬季到地里取食麦苗、油菜苗等农作物,或到花生地拣食遗落的花生等。性机警,稍有动静,便奔跑起飞。东平湖市级湿地自然保护区为大鸨的越冬地之一,20世纪80年代以前鲁西南平原湖区曾有记录,为稀有种(纪加义等,山东省鸟类调查名录,山东林业科技,1987年第1期),以后未见文献记录,经过访问,近几年未观察到此鸟在工程区出现。调查期间在工程区也未见有分布。

工程区域属大鸨越冬觅食迁飞可能途经之地,本次工程施工比较分散,单个工程施工工期较短,工程施工对其活动带来的影响十分有限。

(3)东方白鹳(旅鸟)。

东方白鹳属于大型涉禽,已经列为 IUCN 红色物种名录的濒危物种,CITES 附录 I 物种。常在沼泽、湿地、塘边涉水觅食,主要以小鱼、蛙、昆虫等为食。

东方白鹳在繁殖期主要栖息于开阔而偏僻的平原、草地和沼泽地带,特别是有稀疏树木生长的河流、湖泊、水塘,以及水渠岸边和沼泽地上,有时也栖息和活动于有岸边树木的水稻田地带。性情机警而胆怯,常常避开人群。冬季主要栖息在开阔的大型湖泊和沼泽地带。东方白鹳于9月末至10月初开始离开繁殖地,越冬于长江下游及以南地区,迁徙时常集聚在开阔的草原湖泊和芦苇沼泽地带活动。

东平湖市级湿地自然保护区为东方白鹳的迁徙途径地之一,20 世纪 80 年代以前鲁西南平原湖区曾有记录,为稀有种,当时记为白鹳(纪加义等,山东省鸟类调查名录,山东林业科技,1987 年第 1 期),以后未见文献记录,经过访问和图片指认,近几年未观察到此鸟在工程区出现,调查期间在项目区未见有分布。根据以前记录,可能经过本区的时间为 3 月中下旬、10 月上旬至 12 月上旬。本次工程占地类型为耕地,不是东方白鹳的主要栖息生境,而且东方白鹳性情机警而胆怯,常常避开人群,因此工程施工对其无影响。

工程施工对国家一级保护鸟类的影响见表 6-4。

表 6-4　工程施工对国家一级保护鸟类的影响

保护鸟类	居留型	停留时段	主要生境类型	工程占地类型	与工程位置关系	影响分析
丹顶鹤	旅鸟	每年 11 月、3 月途径此区	多栖息于四周环水的浅滩上	耕地,占地类型不是主要栖息生境	工程区域无分布	无影响
大鸨	冬候鸟	11 月至翌年 3 月越冬	栖息于平原、草地和半荒漠地区,在迁徙过程中和越冬期也常出现在河流、湖泊沿岸及邻近的农耕地	耕地,占地类型不是其主要栖息生境,但是其觅食生境之一	工程区域无分布	无影响
东方白鹳	旅鸟	每年 11 月及 3 月途径此区	主要栖息于有稀疏树木生长的河流、湖泊、水塘,以及水渠岸边和沼泽地上	耕地,占地类型不是主要栖息生境	工程区域无分布	无影响

2)对国家二级保护鸟类的影响

根据相关文献记录,东平湖市级湿地自然保护区属于国家二级重点保护的鸟类有大天鹅、小天鹅、灰鹤等 8 种。根据保护鸟类生态习性,结合工程分布情况,对其影响进行分析,具体见表 6-5。

表 6-5　施工对国家二级保护鸟类的影响

鸟类	居留型	停留时段	主要生境	工程占地	与工程位置关系	影响分析
大天鹅	冬候鸟	11 月至翌年 3 月越冬	水草丰盛的大型湖泊、水库	耕地,不是其主要生境,但出湖河道开挖工程位于东平湖区	出湖河道工程附近分布	影响较小
小天鹅	旅鸟	每年 11 月及 3 月途径此区	多芦苇的湖泊、水库和池塘	耕地,不是其主要生境	工程区域无分布	无影响
灰鹤	冬候鸟	11 月至翌年 3 月越冬	草地、湖泊和农田	耕地,涉及觅食区域	工程区域无分布	影响较小

续表 6-5

鸟类	居留型	停留时段	主要生境	工程占地	与工程位置关系	影响分析
阿穆尔隼（红脚隼）	夏候鸟	4月末至11月初	低山疏林、林缘、丘陵山区的沼泽、草地、河流、山谷和农田耕地等开阔地区	耕地，不涉及主要栖息生境	工程区域无分布	影响较小
鸳鸯	旅鸟	每年10月至次年4月途径此区	在针叶和阔叶混交林及附近的溪流、沼泽、芦苇塘和湖泊等处	耕地，不是其主要生境，但出湖河道开挖工程位于东平湖区	出湖河道工程附近分布	有影响
白枕鹤	旅鸟	每年11月至次年4月途径此区	迁徙季节主要分布于农田	耕地，占地类型是其主要生境	工程区域无分布	无影响
游隼	留鸟	繁殖期5~7月	山地、丘陵	耕地，占地类型不是其主要生境	工程区域无分布	无影响
短耳鸮	旅鸟	4~10月途经此区	人工林、农田草地	耕地，涉及觅食区域	工程区域无分布	影响较小

（1）大天鹅（冬候鸟）

大天鹅属雁形目鸭科，在国内主要在黑龙江、内蒙古、青海、新疆天山的中西部繁殖，在山东沿黄、沿海、黄河三角洲、青海湖、新疆南部、河南以及江苏沿海越冬。大天鹅越冬时常栖息于水草丰盛的大型湖泊水库，多为数十只至数百只在一起成群活动，性机警且胆小。白天常在远离岸边的开阔水面上活动，善游泳，不潜水。大天鹅主要以水生植物的叶、茎、根和种子以及附近滩区冬小麦为食，也吃少量的软体动物、水生昆虫等动物性食物。大天鹅每天觅食的高峰在清晨和黄昏，觅食时警戒性也很高。大天鹅的繁殖期为5~6月。

大天鹅在本区为冬候鸟，每年10月中下旬至11月迁来越冬，第二年3月中旬开始陆续北飞，3月下旬全部迁离本区。根据施工进度安排，1~2月不安排施工活动，仅在越冬前期（11~12月）和后期（3月）有一定影响，大天鹅在保护区的核心区有分布，本次工程位于保护区的实验区，不涉及主要栖息生境，对其无影响。

（2）小天鹅（旅鸟）。

小天鹅属于雁形目，鸭科，在中国濒危动物红皮书中列为易危种。

小天鹅生活在多芦苇的湖泊、水库和池塘中。主要以水生植物的根茎和种子等为食，也兼食少量水生昆虫、蠕虫、螺类和小鱼。每年3月北迁繁殖，筑巢于河堤的芦苇丛中，每窝产卵5~7枚，白色。孵卵由雌鸟担任，孵卵期29~30 d，50~70日龄获得飞翔能力。

小天鹅繁殖于西伯利亚苔原带,冬季旅经我国东北部至长江流域的湖泊越冬,在本区为旅鸟,每年11月及3月途径此区,在其迁徙过程中途经保护区停歇。由于小天鹅在本区域只做短暂的停留然后飞往南方越冬或北方繁殖,同时本工程占地类型为耕地,不涉及其栖息生境,因此对其无影响。

(3)灰鹤(冬候鸟)。

灰鹤属鹤形目、鹤科,在我国主要繁殖于东北及西北,越冬于长江中下游和华南地区,西至云南、贵州、四川,南至广东、广西和海南岛,近年来越冬地北可达山东、河南、山西、甘肃和河北,喜湿地沼泽地及浅湖。在项目区有越冬种群分布。

越冬灰鹤栖息于开阔平原、草地、沼泽、河滩、旷野、湖泊以及农田地带,尤其喜欢富有水边植物的开阔湖泊和沼泽地带。常成5~10余只的小群活动,在冬天越冬地集群个体多达数百只。灰鹤性机警,胆小怕人。主要以植物叶、茎、嫩芽昆虫、蛙、鱼类等食物为食。春季于3月中下旬开始往繁殖地迁徙,秋季于9月末10月初迁往越冬地。

灰鹤在本区为冬候鸟,每年11月底迁到此区,第二年3月中下旬北飞。本次工程所在的区域不是灰鹤的主要越冬地。本次占地类型为耕地,灰鹤主要栖息生境为河滩、草地和农田等,因此项目的建设将减少灰鹤在本区的活动范围,对灰鹤越冬有一定影响。

(4)阿穆尔隼(红脚隼)(夏候鸟)。

阿穆尔隼属隼形目隼科,为国家二级保护动物。主要栖息于低山疏林、林缘、丘陵山区的沼泽、草地、河流、山谷和农田耕地等开阔地区,尤其喜欢具有树木的平原、低山和丘陵地区。喜立于电线上。阿穆尔隼主要以蝗虫、磕头虫等昆虫为食。有时也捕食小型的鸟类、蛙鼠类等小型脊椎动物。夏季黄昏后红脚隼很活跃,频繁地到处飞捕昆虫。阿穆尔隼每年5~7月繁殖。

阿穆尔隼在山东各地均有分布,为夏候鸟,春季迁到本地的时间大多在4月末至5月初,秋季离开繁殖地的时间大多在10月末至11月初。东平湖湿地保护区内的阿穆尔隼数量较少,其栖息繁殖地位于保护区的核心区,本次工程位于保护区的实验区,占地类型是耕地,涉及其觅食区域,因此工程施工不会对其繁殖产生不利影响,但工程建设可能对其觅食范围有影响。

6.1.2.4　对自然保护区生态功能的影响分析

东平湖市级湿地自然保护区是以保护湖泊湿地生态系统为宗旨,集生物多样性保护、科研、宣传、教育、生态旅游和资源可持续利用为一体的内陆湖泊生态系统类型的自然保护区。主要生态功能是分蓄黄河下游和大汶河的洪水、提供珍稀保护水禽的栖息地和维持区域生物多样性等。

1.对分蓄洪水功能的影响

东平湖地处黄河下游由宽变窄的过渡河段,是黄河上排下泄、两岸分滞的防洪体系的重要蓄滞洪工程之一。当黄河下游孙口站的流量达到1万 m^3/s 时,东平湖蓄滞洪区开始启用,分滞黄河洪水,以确保黄河下游济南市、胜利油田和下游沿河两岸群众的生命财产安全。在黄河下游防洪体系中,作为东平湖市级湿地自然保护核心区的东平湖区,对于防御黄河下游标准以内洪水具有不可替代的作用。本次工程施工期避开了主汛期,施工活动不会对分蓄洪水功能产生明显影响,工程建成后有效控制了黄河下游的洪峰流量,起到了削减洪峰的作用,有利于发挥东平湖蓄滞洪区调蓄洪水能力,有助于东平湖市级湿地自然保护区分蓄洪水功能的良好发挥。

2. 对提供珍稀保护水禽栖息地功能的影响

东平湖市级湿地自然保护区湖面宽广、芦苇浩荡、荷花锦簇,陆生、水生生物资源丰富,是多种水鸟的繁殖地、越冬地或迁移途中的停歇地,为众多水禽提供了良好的栖息环境。本次工程所在区域位于自保护区的实验区,占地类型为耕地,人类活动较为频繁,不是鸟类集中分布的区域。

二级湖堤工程部分区域被附近村庄居民开发为渔家乐,每年旅游季节有较多的游客来此游玩就餐,已经很难发现水禽及其他野生动物;大清河堤防、险工和穿堤建筑物工程位于大清河河道两侧,村庄分布较多,人口密度大,人类活动干扰较大;此外本次工程建设占地为耕地,不会影响东平湖市级湿地自然保护区以水域为主要生境的保护鸟类栖息,工程施工不会对珍稀保护鸟类的栖息和繁殖产生较大影响。通过优化施工方案和加强施工管理,对珍稀保护鸟类的不利影响可以得到缓解和减免。因此,工程建设不会对东平湖市级湿地自然保护区提供生物栖息地的生态功能产生较大影响。

3. 对维持区域生物多样性功能的影响

根据前面的分析可知,本工程涉及自然保护区的占地很小,且绝大部分是河滩地,不会影响自然保护区湿地、林地等重要生境类型的面积、分布;占地对自然保护区生物量的影响非常小,不会影响自然保护区植被的正常生长和生态功能的正常发挥;施工对国家一、二级保护鸟类的正常栖息、繁殖没有直接影响,不影响保护鸟类的种类、数量和分布。施工可能对蛙类产生一定影响,但不会对兽类的种类和数量产生较大影响。综上所述,工程施工对自然保护区提供重要物种栖息地的功能没有影响,也不会影响到生物多样性。

6.2 腊山市级自然保护区环境影响分析

6.2.1 腊山市级自然保护区工程基本情况

根据腊山市级自然保护区总体规划及工程可研资料,经泰安市环保局《关于黄河东平湖蓄滞洪区建设意见的函》确认及现场走访调查,本次工程仅涉及自然保护区的实验区,不涉及缓冲区和核心区。卧牛堤和玉斑堤部分工程位于保护的实验区,原3号土料场位于保护区的实验区。工程基本情况见表6-6。

涉及腊山市级自然保护区的工程均是在已有工程基础上的改建和加固,已有工程大部分建设于20世纪六七十年代,而自然保护区于2002年批准建立。本次工程对东平湖蓄滞洪区现有防洪工程进行改建加固,工程位置及工程布局维持现状。自然保护区无新增工程布置,工程无永久占地,总体上工程建设对自然保护区影响程度及范围有限。但为确保自然保护区生态环境安全,涉及自然保护区的续改建工程施工应强化管理监督,尽量减少施工范围,采取严格植被恢复措施,尽可能减少对自然保护区的影响。

表 6-6 腊山市级自然保护区工程基本情况

所属区域	工程名称	工程性质	工程长度	工程与自然保护区相对位置	占地面积（亩）	占地类型	占地性质	施工时段
东平湖蓄滞洪区	玉斑堤山体结合处截渗加固	改建	0.246	实验区	0			3~6月，11~12月
	玉斑堤堤顶防汛路	改建	2.907	部分位于实验区				
	玉斑堤堂子排灌站	改建		实验区				
	卧牛堤堤顶防汛路	改建	1.83	实验区	0			3~6月，11~12月
	卧牛堤翻修石护坡	改建	1.83	实验区				
	卧牛排灌涵洞改建	改建		实验区				

6.2.2 对腊山市级自然保护区的影响

6.2.2.1 工程占地对自然保护区影响分析

1. 涉及自然保护区的永久占地

涉及腊山市级自然保护区的工程均为改建、加固等工程，不涉及永久占地，因此工程建设不对保护区的土地利用产生影响。

2. 涉及自然保护区的临时占地

根据原可研设计，本次工程 3 号土料场、卧牛堤工程施工营地涉及腊山市级自然保护区的实验区。为减少工程建设对自然保护区的影响，根据相关法律法规规定，经环评单位与涉及单位协调沟通，目前已经将原 3 号土料场调出保护区范围之外，在下步初设阶段将位于自然保护区施工营地调出。自然保护区无施工布置及临时占地。

6.2.2.2 对植物资源影响分析

腊山市级自然保护区是以森林生态系统及鸟类保护为主要对象的保护区，其核心保护区位于六工山、腊山、昆山和中金山顶部。本次工程位于山脚部，无永久占地和临时占地，通过自然保护区植物资源现状调查与评价，本区人为干扰严重，绝大部分原生植被早已为农田及村落所取代，除保护区山顶的林区保存良好外，其余基本无天然植被。由于本工程不涉及自然保护区的永久占地和临时占地，因此工程不会对保护区植物资源造成显著影响。

腊山市级自然保护区内分布国家二级保护植物野大豆。据现场调查，玉斑堤有野大豆分布，但由于野大豆生境范围比较广泛，本次工程施工量小，施工期短，施工结束后，通过人工栽种以及自然恢复作用，野大豆的种群数量受影响程度较小。

6.2.2.3 对鸟类影响分析

腊山市级自然保护区的主要保护对象之一是森林生态系统，而保护区森林分为天然林和人工林两种，其中天然林主要分布在腊山等山顶，人类影响较少，是周围鸟类的主要栖息场所。人工林则分布广泛，在山脚、堤段、农田四周等皆有分布，由于受人类活动影响较大,该保护区内栖息、分布的鸟类物种较少,且多为常见的树麻雀、喜鹊、灰喜鹊、乌鸦、黑卷尾、池鹭、三道眉草鹀等,偶见红隼等保护鸟类。下面分别对常见鸟类及保护鸟类进行分析。

1.常见鸟类

依据鸟类的季节居留及迁徙活动情况,该保护区内的鸟类可分为留鸟、夏候鸟、冬候鸟及旅鸟四种类型。其中旅鸟最多,达 81 种,占保护区鸟类种数的 43.5%;其次为夏候鸟,47 种,占鸟类种数的 25.3%;再次为留鸟,35 种,占保护区内鸟类种数的 18.8%;冬候鸟最少,23 种,占鸟类种数的 12.4%。

旅鸟的活动时间很短,一般是在每年的 4 月、10 月途径此地,只在途中做短暂的停留,因此工程施工对旅鸟的影响较小。

夏候鸟的活动时间一般为 3~9 月,一般多在湖岸、农田觅食,在腊山森林等地方栖息。堤防工程建设布置在东平湖湖岸,会对夏候鸟的觅食产生一定的影响,但这些工程点比较分散,施工时间较短,这些常见鸟类的觅食生境在本区域广泛分布,因此工程建设对夏候鸟的影响较小。

冬候鸟在自然保护区的停留时间一般为 12 月至翌年 3 月,一般集中分布在食物丰富的湖心岛及湖岸,本次工程 11~12 月、1~2 月不施工,因此工程施工对冬候鸟影响较小。

留鸟多在农田、人工林活动,一般都在林地营巢繁殖,在农田草地觅食,本次工程建设涉及的区域人为干扰比较严重,不是留鸟的繁殖场所。工程建设不会影响留鸟的繁殖,可能会对留鸟的觅食产生影响,由于工程占压土地有限,鸟类具有趋利避害的本能,留鸟会到附近的区域觅食,工程施工对留鸟的影响也较小。

2.保护鸟类

根据相关资料查阅,腊山市级自然保护区无国家一级保护鸟类,国家二级保护鸟类10 种,根据保护鸟类生态习性,结合工程分布情况,对其影响进行分析,见表 6-7。

表 6-7　施工对国家二级保护鸟类的影响

鸟类	居留型	停留时段	主要生境类型	工程占地类型	与工程位置关系	影响分析
苍鹰	旅鸟	4~10 月途经此区	林地	无占地	无工程分布	无影响
雀鹰	旅鸟	4~10 月途经此区	林缘或开阔林区	无占地	无工程分布	无影响
红角鸮	夏候鸟	3~9 月	人工林、农田草地	无占地,不涉及主要生境	玉斑堤、卧牛堤	影响小
雕鸮	留鸟	12 月开始繁殖	人工林、农田草地	无占地,不涉及主要生境	玉斑堤、卧牛堤	施工期避开了其繁殖期,对其影响小
斑头鸺鹠	留鸟	繁殖期3~6 月	人工林、农田草地	无占地,不涉及主要生境	玉斑堤、卧牛堤	对觅食有影响

续表6-7

鸟类	居留型	停留时段	主要生境类型	工程占地类型	与工程位置关系	影响分析
长耳鸮	冬候鸟	12月至翌年3月	人工林、农田草地	无占地	玉斑堤、卧牛堤	影响小
短耳鸮	旅鸟	4～10月途经此区	人工林、农田草地	无占地,不涉及主要生境	玉斑堤、卧牛堤	影响小
纵纹腹小鸮	留鸟	繁殖期5～7月	人工林、农田草地	无占地,不涉及主要生境	玉斑堤、卧牛堤	对觅食有影响
红隼	留鸟	繁殖期5～7月	疏林灌丛、林缘附近的耕地、平原、河谷以及城镇村庄附近	无占地,不涉及主要生境	玉斑堤	影响较小
普通	旅鸟	3～4月迁徙途径此区	山地森林和林缘地带	无占地,不涉及主要生境	工程区域无分布	无影响

6.2.2.4 对自然保护区生态功能的影响分析

腊山市级自然保护区是保护珍稀濒危动植物的森林生态性自然保护区,其主要生态功能为保持天然林生态系统和保护珍稀动植物的栖息生境。

本工程涉及自然保护区的占地很小,且主要是临时占地,永久占地也是在原有基础上,不会影响自然保护区的森林、农田等重要生境类型的面积和分布;占地对自然保护区生物量的影响非常小,不会影响自然保护区植被的正常生长和生态功能的正常发挥;施工对国家一、二级保护鸟类的正常栖息、繁殖没有直接影响,不影响保护鸟类的种类、数量和分布。综上所述,工程施工对自然保护区提供重要物种栖息地的功能没有影响,也不会影响到生物多样性。工程建设成前后,原有土地均维持原有利用性质,未发生改变。因此,工程对保护区的结构和功能不会产生较大影响。

6.3 东平湖省级风景名胜区环境影响分析

6.3.1 东平湖省级风景名胜区内的工程基本情况

根据山东省水泊梁山风景名胜区东平湖梁山泊景区总体规划及工程可研资料,经现场调查,出湖河道疏浚工程位于风景名胜区的一级保护区,其余工程都位于风景名胜区的三级保护区。两闸隔堤工程、青龙堤延长的施工营地,出湖闸上河道疏浚工程施工营地、玉斑堤和卧牛堤工程施工营地及围坝堤顶防汛路工程施工区位于风景名胜区三级保护区。工程与东平湖省级风景名胜区的位置关系见表6-8。

本次风景名胜区的工程除青龙堤延长和后亭控导为续建工程外,其他均为改建工程,建设年代为20世纪六七十年代,本次工程是对东平湖蓄滞洪区现有防洪工程进行改建加固,工程位置及工程布局维持现状。

表6-8　东平湖蓄滞洪区工程与东平湖省级风景名胜区的位置关系

所属区域	工程项目	工程性质	工程长度(km)	位置关系	占地面积(亩)	占地类型	占地性质	施工时段
老湖区	青龙堤延长	续建	0.06	三级保护区	5.29	裸地	永久占地	3~6月,11月、12月
	二级湖堤堤顶防汛路	改建	20.231	三级保护区边界	0			
	玉斑堤山体结合处截渗加固	改建	0.246	三级保护区	0			
	玉斑堤翻修石护坡	改建	2.057	三级保护区	0			
	玉斑堤顶防汛路	改建	3.907	三级保护区	0			
	堂子排灌站	改建		三级保护区	0			
	卧牛堤翻修石护坡	改建	1.83	三级保护区	0			
	卧牛堤顶防汛路	改建	1.83	三级保护区	0			
	卧牛排灌涵洞	改建		三级保护区	0			
	出湖闸上河道疏浚	改建	2.4	一级保护区	0			
	围坝堤顶防汛路	改建	7.2	三级保护区	0			
	围坝护堤固脚	改建	0.922	三级保护区	0			
	围坝石护坡翻修	改建	11.1	三级保护区	0			
	马口涵洞改建	改建		三级保护区	1.92	耕地	永久占地	
大清河	大清河左堤帮宽	改建	20.0	三级保护区边界	79.85	耕地	永久占地	3~5月,10~12月
	大清河左堤截渗加固	改建	3.9	三级保护区边界	0			
	大清河左堤堤顶防汛路等	改建	20.0	三级保护区边界	0			
	尚流泽控导	改建	0.55	三级保护区	0			
	尚流泽涵洞拆除堵复	改建		三级保护区	0			
	大牛村控导	改建	0.2	三级保护区边界	0			
	南城子控导	改建	0.28	三级保护区	0			
	后亭控导	续建	0.24	三级保护区边界	0			
	后亭涵洞拆除堵复	改建		三级保护区边界	0			

续表6-8

所属区域	工程项目	工程性质	工程长度(km)	位置关系	占地面积(亩)	占地类型	占地性质	施工时段
大清河	武家曼险工改建	改建	0.43	三级保护区	7.56	耕地	永久占地	3～5月,10～12月
	鲁祖屯险工改建	改建	0.695	三级保护区	8.54	耕地	永久占地	
	大清河右堤石护坡加固	改建	1.663	三级保护区边界	0			
	大清河右堤堤顶防汛路、错车道	改建	17.8	三级保护区边界	0			
	古台寺险工改建	改建	1.335	三级保护区边界	7.95	耕地	永久占地	
	辛庄险工改建	改建	0.47	三级保护区	14.04	耕地	永久占地	
	王台排涝站改建	改建		三级保护区	2.98	耕地	永久占地	
	路口排涝站	改建		三级保护区	1.93	耕地	永久占地	
	范村涵洞拆除堵复	改建		三级保护区边界	0			

6.3.2　对东平湖省级风景名胜区的影响

本次工程建设对东平湖省级风景名胜区的影响主要包括两个方面:一是风景名胜区内的施工占地影响;二是涉及风景名胜区的工程建设的景观影响。

6.3.2.1　占地影响分析

根据工程可研资料,结合现场勘查情况,本次工程涉及东平湖省级风景名胜区永久占地主要是青龙堤、大清河左堤帮宽及大清河控导和险工改建等工程,均位于风景名胜区的三级保护区,占用风景名胜区的土地为130.06亩,且以耕地为主,占风景名胜区面积的0.03%。其余工程均未永久占用风景名胜区的土地。工程永久占地破坏风景名胜区内地表植被,导致地表植被盖度降低,但本次工程永久占地涉及风景名胜区面积很小,远远小于因洪水淹没而损失的面积,工程建设在一定程度上减弱了大清河洪水对其不利影响。因此,永久占地工程建设对其影响较小。

根据工程可研资料,结合现场勘查情况,两闸隔堤工程、青龙堤延长的施工营地,出湖闸上河道疏浚工程施工营地、玉斑堤和卧牛堤工程施工营地及围坝堤顶防汛路工程(79+000)施工区位于风景名胜区三级保护区。风景名胜区管理条例规定,经与设计单位沟通,在初步设计阶段将涉及风景名胜区的临时施工营地调整至风景名胜区范围之外。因此,临时占地工程建设对风景名胜区无影响。

6.3.2.2　对景观影响分析

出湖闸上河道疏浚工程是对陈山口闸和清河门闸前的河道进行疏浚。陈山口闸、清河门闸前河道多年淤积,缩小了该段河道的过水断面面积。1990～2001年、2003年,大汶河流域普降大雨,老湖水位持续上涨,为加大出湖下泄水量,对出湖河道进行了应急开挖疏通,增大了部分过水断面面积,但应急开挖河槽宽度小、主河槽河底高程高,经过多年的运行,河道又有淤积现象,主河槽河底高程高且宽度窄,存在土埂(道路)阻水。同时河道鸡心滩上目前已生长芦苇等植物,当东平湖向黄河排水时,由于植物加大糙率会加大沿程水头损失,闸前土质主要为壤土,含黏量较高,依靠退水冲刷难以清除淤积。出湖河道疏浚后,在黄河来水较小、顶托程度较轻的情况下,将减小河道过流能力对东平湖北排入黄流量的约束,使陈山口、清河门两座退水闸充分发挥作用。

从施工内容分析,出湖闸上河道疏浚工程位于一级保护区,本次工程仅对河道进行疏浚开挖,加大水深,抑制水生植物生长,减小河道糙率,以利于河道过流。该区内的主要景观是以东平湖水域为主体的水景景观,工程施工期可能改变景观的完整性和流畅性。虽然工程施工对景观影响不可避免,但随着施工期结束,施工影响可以得到消除。同时加强施工管理,不会对风景名胜区的景观产生较大影响。东平湖老湖区二级湖堤、玉斑堤、卧牛堤,大清河左、右堤防工程都是在原有基础上进行加固、翻修和改建,不增加建筑物工程,不会对景区的视觉景观产生较大影响。此外,风景名胜区内的工程位于三级保护区,不涉及风景名胜区的核心景观,施工不会对风景名胜区景观产生较大影响。

从施工时期分析,东平湖区工程施工期为3~6月和11~12月,大清河工程施工期为3~5月和10~12月,风景名胜区旅游高峰期为3~5月和8~10月,本次工程施工时段避开了部分旅游高峰期,因此工程施工对旅游影响较小。为最大程度地减缓工程施工对风景名胜区的不利影响,建议工程施工严格控制施工范围,严禁施工人员与机械进入非施工区域,减缓对景区旅游的影响;施工结束后及时恢复原地貌,保护风景名胜区的地貌、景观和植被资源。

第 7 章 环境保护措施研究

本工程属防洪减灾项目,是保障人民群众生命财产安全的重要民生工程。工程性质为续改建工程,工程形式及施工方式简单。项目区环境地位特殊,生态系统较为脆弱。在课题研究过程中,尽量通过优化工程布局、施工布置等,预防或者减免工程建设可能对生态环境造成的不良影响;同时对不可减免或者不可避免的影响,提出严格工程环境保护措施、环境监测计划、环境监督管理方案,尽可能将工程实施带来的不利影响降到最低,确保项目区生态环境安全。

7.1 工程环境保护措施

7.1.1 生态环境保护措施

7.1.1.1 自然保护区的环境保护措施

1.避让措施

本工程区域涉及东平湖市级湿地自然保护区、腊山市级自然保护区。1 处施工营地位于东平湖市级湿地自然保护区的实验区,1 处取土场和 1 处施工营地位于腊山市级自然保护区的实验区。

1)调整位于自然保护区范围内的土料场

《中华人民共和国自然保护区条例》第三十二条规定"在自然保护区的核心区和缓冲区内,不得建设任何生产设施。在自然保护区的实验区内,不得建设污染环境、破坏资源或者景观的生产设施;建设其他项目,其污染物排放不得超过国家和地方规定的污染物的排放标准。"所以,评价提出对保护区内土料场进行调整,经与可研编制单位多次沟通,将原来位于腊山市级自然保护区内实验区的 1 处取土场调出了自然保护区。调整后的土料场布置位于自然保护区之外(见表 7-1)。

2)调整位于自然保护区的施工营地

经与可研编制单位沟通,将玉斑堤和卧牛堤工程施工营地合并,并在下步初步设计中将卧牛堤工程施工营地、大清河右堤王台排涝站施工营地调整至保护区范围之外,不再位于东平湖市级湿地自然保护区的实验区。将卧牛堤工程施工营地与玉斑堤施工营地合并,并调整至玉斑堤西侧,调出腊山市级自然保护区范围之外。

2.植被保护措施

涉及自然保护区等敏感区域占地主要为临时占地,其保护措施是优化和调整施工布置,尽量减少自然保护区占地。植被保护措施主要有:

(1)严格控制玉斑堤、卧牛堤、二级湖堤等工程施工范围,尽量缩小施工活动区域。

表 7-1　自然保护区内的工程、施工布置等调整情况

工程名称	保护区名称	施工布置	
		调整前	调整后
大清河左堤堤顶防汛路、右堤堤顶防汛路、武家曼险工等	东平湖市级湿地自然保护区		
王台排涝站等工程	东平湖市级湿地自然保护区	原施工营地(大清河右堤 12+000~13+000)位于保护区的实验区	原施工营地东侧,保护区范围之外
二级湖堤工程	东平湖市级湿地自然保护区		
卧牛堤工程	东平湖市级湿地自然保护区	原施工营地(东腊山村北侧)位于保护区的实验区	玉斑堤西侧,保护区范围之外
玉斑堤、卧牛堤工程	腊山市级自然保护区	原土料场位于保护区的实验区	保护区范围之外

(2)将玉斑堤和卧牛堤工程施工营地合并,并将其调整至玉斑堤西侧,围坝堤顶防汛路施工营地(79+000)调整至原施工区南侧,不再位于东平湖市级湿地自然保护区的实验区,减少保护区的占地。

(3)施工前进行植被状况调查,严格记录施工前植被状况,施工完成后进行绿化,尽可能使生物量损失降到最低。

(4)在玉斑堤护坡翻修等工程施工过程中应加强宣传教育工作,施工前对翻修堤段区域内发现的野大豆群系进行拍照记录,本次玉斑堤保护区内工程长度约 2 km,而玉斑堤全长为 3.91 km,建议施工期间对发现的野大豆进行就近迁地保护,可移植到玉斑堤无施工段,并采取设置保护标示牌等措施加强保护。

3.动物保护措施

(1)玉斑堤、二级湖堤、大清河左堤工程施工前应划定施工范围,施工必须限制在划定范围内,并且在工程施工区设置警示牌,禁止施工人员和车辆在湿地保护区内进入到施工范围以外的区域,尽可能减少占地、噪声、扬尘等,尽可能最大限度地消除和减缓对自然保护区野生动物正常栖息的影响。

(2)施工单位进入施工区域之前必须对施工人员进行培训教育,加强对施工人员生态保护的宣传教育,通过制度化严禁施工人员非法猎捕野生动物,以减轻施工对自然保护区陆生动物的影响。

(3)保护区内工程禁止夜间施工,减少对保护区内珍稀保护动物的惊扰。

(4)在保护区施工时,使用低噪声设备,减少对野生动物的干扰。

(5)施工过程中,聘请自然保护区管理部门或者专业机构开展出湖闸上河道疏浚工

程区域鸟类及栖息地监测工作,发现有成群鸟类出现则停止施工或者根据鸟类栖息习性适时调整工期,确保自然保护区生态安全。

4. 管理措施

依据自然保护区相关法规及地方要求,施工人员必须认真贯彻《中华人民共和国自然保护区管理条例》,并自觉遵守以下行为规范:

(1)建立工程施工进度报告制度,玉斑堤、卧牛堤、二级湖堤等工程施工前期与整个施工过程中,施工单位应与环保、自然保护区主管部门加强联系,共同协作开展工作。

(2)施工之前,在玉斑堤、卧牛堤、二级湖堤、围坝等工程施工工地及营地周边特别是保护区周边,设立临时宣传牌,简明书写以自然保护为主题的宣传口号、举报电话等。

(3)对施工人员进行环境保护和野生动物教育。向施工人员宣传有关自然保护的法律法规,发放宣传册、图片等,加强法制宣传,文明施工。

(4)严禁利用施工之便在自然保护区内进行砍伐、放牧、狩猎、捕捞、采药、开垦、烧荒、开矿、采石、挖沙等活动。

(5)施工人员不得在自然保护区内四处走动,严禁进入自然保护区的核心区和缓冲区。

(6)施工人员必须严格执行自然保护区相关法规规定和建设单位的施工要求,按照指定的路线、区域行走、活动、施工。

(7)车辆进入保护区时,应限速行驶,禁止鸣笛。

(8)为减缓防汛路建设给自然保护区保护造成的压力,要严格遵守《中华人民共和国自然保护区管理条例》,加强管理,除防汛抢险、工程维护需要之外,严禁其他车辆、人员通过防汛路进入自然保护区。

7.1.1.2　东平湖省级风景名胜区的保护与恢复措施

1. 避让措施

本工程 5 处施工营地位于东平湖省级风景名胜区的三级保护区,为确保风景名胜区安全,经与可研编制单位沟通,在下步初步设计中将两闸隔堤工程、青龙堤延长的施工营地调整至陈山口村北侧,河道疏浚工程施工营地调整至斑清堤外西北侧,围坝堤顶防汛路工程施工(79+000)调整原施工区南侧,玉斑堤和卧牛堤工程施工营地合并,并将其调整至玉斑堤西侧,均不再位于东平湖风景名胜区三级区。

河道疏浚工程位于风景名胜区一级保护区,该区域以水景景观为主。为最大程度保护风景名胜区的景观资源,在确保防洪安全前提下,经可研设计部门多次论证,将河道疏浚长度由 5.2 km 调整至 2.4 km。具体见表 7-2。

2. 保护与恢复措施

(1)根据施工布置,划定施工范围,禁止施工人员、施工机械进入非施工区域,减少对东平湖省级风景名胜区景观的影响。

(2)在风景区的玉斑堤、卧牛堤、二级湖堤堤防、大清河河道整治工程建成后,及时进行植被恢复措施,保持与原有景观协调一致。

(3)出湖河道疏浚工程,应设置相应的宣传牌,严禁破坏景区内各项公共设施,尽可能避免施工活动对景点正常运行造成影响。

表 7-2　东平湖省级风景名胜区内的工程、施工布置等调整情况

工程名称	工程布置		施工布置	
	调整前	调整后	调整前	调整后
青龙堤延长、两闸隔堤翻修石护坡工程			陈山口村东侧,东平湖省级风景名胜区三级保护区	陈山口村北侧,东平湖省级风景名胜区范围之外
出湖闸上河道疏浚工程	5.2 km	2.4 km	康村、王庙之间,东平湖省级风景名胜区三级保护区	斑清堤外西北侧,东平湖省级风景名胜区范围之外
围坝堤顶防汛路工程			围坝桩号 79+000 处,背湖侧,东平湖省级风景名胜区三级保护区	原施工营地南侧,东平湖省级风景名胜区范围之外
玉斑堤、卧牛堤工程			东腊山村北侧、玉斑堤东侧,临湖侧,东平湖省级风景名胜区三级保护区	合并后调整至玉斑堤西侧

（4）积极落实东平湖省级风景名胜区内续改建工程的建设单位、施工单位制定的污染防治和水土保持方案,保护好工程周边地形地貌、水体、林草植被和野生动物资源。

7.1.1.3　陆生生态减缓与恢复措施

1. 减缓措施

1) 占地影响减缓措施

施工期间,施工占地周围设置施工范围,施工车辆、人员必须在施工范围内活动,严禁随意扩大扰动范围;工程设计应采取分时段分片取土,对取土场采用推土机进行表土剥离堆放,剥离厚度为 0.2 m。对土料场表土临时堆放采用临时拦挡措施进行防护。在施工完成后进行清理、平整并进行复耕。调整施工营地布置,合并玉斑堤工程与卧牛堤施工营地,减少施工占地,对施工营地表土进行剥离堆放,堆放采取临时拦挡措施,施工完成后进行清理,平整并进行复耕;施工过程中对周转渣场采取拦挡措施,施工结束后对周转渣场围格堤边坡采用栽植葛巴根进行护坡。

2) 植被影响减缓措施

严禁随意砍伐、破坏非施工区内的各种野生植被;加强环境保护力度,堤防及堤顶防汛路工程配合人工种植恢复自然植被和当地的优势植物群系进行绿化,美化工程区域景观格局。

3) 野生动物影响保护与减缓措施

施工单位在进场前,必须制定严格的施工组织和管理细则,设专人负责施工期的环境管理工作,提高施工人员环境保护意识,严禁施工人员捕猎野生动物;加强对施工人员生态保护的宣传教育,以公告、宣传册发放等形式,教育施工人员,通过制度化严禁施工人员非法猎捕野生动物。

委托林业部门加强施工期动物的观测,施工期间发现有鸟类在周围聚集的工程,应采取妥善措施保护鸟类,避免工程施工对其产生不利影响。

建立工程环境监理制度,环境监理单位应严格监管施工单位落实各项环保措施及地方环境保护部门和地方林业部门提出的各项环境保护要求。

2. 恢复措施

(1)施工前,应先取占地区域表层土并妥善保存,防止水土流失;施工结束后,清理场地后,使用保存的表层土进行覆盖后恢复植被。

(2)加强运行初期植被的管护,提高成活率,并及时补种遭受损失的植被。

(3)严格落实水土保持方案措施,施工结束后,对取土场安排土地平整、植被恢复措施;对周转渣场进行土地平整,恢复原地貌;对施工道路进行土地平整、植被恢复;施工营地进行施工迹地恢复,彻底清理生活垃圾,做好土地平整和植被恢复措施。

(4)植被恢复时,应选择当地适宜的植物种类,草本有紫花苜蓿、葛巴根等,灌木有紫穗槐、紫叶小檗,乔木有垂柳、国槐等,并加强人工管理。

7.1.1.4 水生生态保护措施

由于本工程施工期对东平湖出湖河道及大清河的水生生物产生一定的不利影响,因此必须采取科学合理、切实可行的减免、补救措施。

(1)加大对水生生物保护的宣传力度,在河道疏浚工程施工区、大清河后亭控导等工程施工工地设置标识牌,在其施工区域、施工现场等场所设立保护水生生物的警示牌;加大对施工人员的教育力度,提高对水生生物的保护意识,加强施工期管理和监督,严禁施工人员下河捕鱼和非法捕捞作业,严禁施工垃圾和废水直接排入东平湖和大清河。

(2)优化施工工艺,减缓对水生生境的影响。

由于大清河控导工程有部分施工活动在水中进行,不可避免对浮游生物产生影响,为最大限度地减少对浮游生物的影响,应采用间歇式施工方式,防止局部区域水体浑浊度急剧下降,引起浮游生物较大数量的损失。

出湖闸上河道疏浚工程施工过程会对底栖生物造成较大破坏,施工过程中应分段开挖,减少河床底质的破坏,严格控制施工范围,减少对底栖生物栖息环境的破坏。

(3)做好水生生物监测工作,准确掌握该工程施工期和运行期水生生物变动状况。

(4)根据现状调查,大清河以及出湖闸上疏浚河段无产卵场分布,为确保鱼类栖息地安全,在施工过程中,应由专业部门加强鱼类产卵情况的监测和调查,一旦发现以上两个施工段有鱼类的产卵场,应及时调整工期,避开鱼类集中产卵期,施工结束后及时进行栖息地修复。

(5)河道疏浚及大清河后亭控导等工程涉水施工,应选用低噪声设备,加强设备维护,严禁鸣笛等,避免机械噪声对鱼类的惊扰。禁止夜间作业,避免灯光、噪声对鱼类的惊扰。

(6)考虑鱼类、两栖类物种交流,优化涵闸运行调度,优化护坡方案比选,尽可能采用生态型护坡,并与周边景观协调一致。

(7)制定东平湖及大清河鱼类应急救助预案,蓄滞洪区运用后,加强退水期间水质监测,聘请水产部门专业技术人员做好重要鱼类的救护工作,确保蓄滞洪区运用不会对项目区鱼类种类组成造成影响。

7.1.2　地表水环境保护措施

7.1.2.1　混凝土废水处理措施

本工程施工期混凝土养护废水排放量为 96.78 m³/d,施工期混凝土拌和系统冲洗废水排放量为 61.5 m³/d,具有 SS 浓度、pH 高的特点。为防止废水对附近水体造成污染,评价建议每个拌和站设置废水处理装置。处理规模见表 7-3。

表 7-3　东平湖蓄滞洪区水环境处理规模

所属区域	施工营地位置	废水类型	处理规模
东平湖蓄滞洪区	两闸隔堤	混凝土系统废水	混凝土搅拌站设置水泥平台,平台选择地势较高地区,平台周围设置集水沟,附近设置沉淀池,沉淀池规模 1 m³
		生活污水	施工生活营地设置 2 座环保厕所。污水处理设施 1 套,处理规模为 10 m³/d
	玉斑堤、卧牛堤	混凝土系统废水	混凝土搅拌站设置水泥平台,平台选择地势较高地区,平台周围设置集水沟,附近设置沉淀池,沉淀池规模分别为 15 m³ 和 35 m³
		生活污水	施工生活营地设置 2 座环保厕所。污水处理设施 1 套,处理规模为 40 m³/d
	出湖闸上河道疏浚、出湖闸改建等	混凝土系统废水	混凝土搅拌站设置水泥平台,平台选择地势较高地区,平台周围设置集水沟,附近设置沉淀池,沉淀池规模分别为 4 m³ 和 60 m³
		生活污水	施工生活营地设置 2 座环保厕所。污水处理设施 1 套,处理规模为 5 m³/d
		排泥区退水	排泥池为 39 万 m²,沉淀池为 1.5 万 m²,澄清池为 1.5 万 m²
	二级湖堤	混凝土系统废水	混凝土搅拌站设置水泥平台,平台选择地势较高地区,平台周围设置集水沟,附近设置沉淀池,沉淀池规模 2 m³
		生活污水	施工生活营地设置 2 座环保厕所。污水处理设施 1 套,处理规模为 5 m³/d
	围坝	混凝土系统废水	混凝土搅拌站设置水泥平台,平台选择地势较高地区,平台周围设置集水沟,附近设置沉淀池,沉淀池规模分别为 20 m³、20 m³、30 m³
		生活污水	施工生活营地设置 3 座环保厕所。污水处理设施 3 套,处理规模分别为 45 m³/d、35 m³/d、20 m³/d
大清河	左堤	混凝土系统废水	混凝土搅拌站设置水泥平台,平台选择地势较高地区,平台周围设置集水沟,附近设置沉淀池,沉淀池规模 16 m³
		生活污水	施工生活营地设置 4 座环保厕所。污水处理设施 4 套,处理规模分别为 20 m³/d、15 m³/d、10 m³/d、25 m³/d
	右堤	混凝土系统废水	混凝土搅拌站设置水泥平台,平台选择地势较高地区,平台周围设置集水沟,附近设置沉淀池,沉淀池规模分别为 10 m³、15 m³、20 m³、30 m³
		生活污水	施工生活营地设置 3 座环保厕所,污水处理设施 3 套,处理规模分别为 25 m³/d、10 m³/d、15 m³/d

针对混凝土拌和系统冲洗及养护废水量少,间歇式排放,且悬浮物浓度较高的特点,采用间歇式絮凝沉淀法的方式去除废水中的悬浮物。其具体设计为在混凝土拌和站布置

集水沟,在附近修建两组沉淀池,在池中投加絮凝剂,静置沉淀 2 h 后用水泵抽出,沉淀后上清液通过提升泵回用于混凝土拌和以及拌和系统的冲洗,泥渣定期运往附近渣场堆放。混凝土拌和系统冲洗废水处理流程见图 7-1。

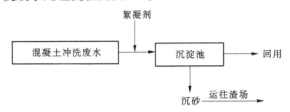

图 7-1　混凝土拌和系统废水处理流程

7.1.2.2　基坑排水处理措施

基坑排水是出湖河道开挖过程中产生的地下水及渗水,水质相对较好,在严格确保挖泥船含油废水不进入其中的情况下,不会对区域水环境质量产生影响,建议将基坑排水在施工围堰内静置沉淀 2 h,排入东平湖。

7.1.2.3　排泥区退水处理措施

本期工程安排出湖闸上河道疏浚工程总长度约 2.4 km,开挖底泥总量约为 104.1 万 m^3,底泥退水量约为 208.2 万 m^3,经现场踏勘,该部分尾水排入陈山口闸上河道。出湖河道水质监测结果表明,该段河道中部断面除 COD_{Cr} 和 BOD_5 外,其余监测因子的浓度均可以满足Ⅲ类水质目标要求,南部断面所有监测因子均可以满足水质目标要求。为确保东平湖及南水北调东线一期工程调水水质,禁止疏浚底泥废水排入东平湖,建议进行处理后排入出湖闸下河道。同时,排泥区退水应严格执行工程设计中的截渗、导流措施,并做好水质保护工作,防止有害物质进入退水水体,加强排泥区退水监测,发现处理后水质不符合要求,立即停止排放,直至水质处理满足要求才能排放。

王琦等对太湖竺山湖清淤尾水的处理,采用物理加化学处理工艺,尾水处理可以达到污水综合排放二级标准。唐云飞等通过对疏浚底泥余水絮凝强化处理工艺优化及机制研究,提出不同絮凝剂使用量,SS 浓度和 COD_{Cr} 浓度处理效率不同,最大处理效率均可以达到 90%。根据出湖闸上河道水质监测情况,COD_{Cr} 浓度为 21.9 mg/L、BOD_5 浓度为 4.6 mg/L,不能满足Ⅲ类水质标准要求,其余监测因子均能满足Ⅲ类水质标准。类比以上研究成果,本次设计采用物理加化学处理工艺,主要设施包括排泥池、沉淀池和澄清池。河道疏浚底泥依次通过排泥池、沉淀池和澄清池。退水进入沉淀池和澄清池中,分别投加絮凝剂。通过该工艺处理后,COD_{Cr} 和 BOD_5 浓度分别为 2.1 mg/L 和 0.5 mg/L。

7.1.2.4　生活污水处理措施

针对施工期生活污水排放比较分散,且大部分施工场地污水排放量较小,为防止生活污水排放对东平湖及大清河水体造成污染,建议施工生活营区设置环保厕所,避免生活污水污染水体;在各施工场地采用一体化污水处理设施处理,达标后回用于施工场地、临时堆放土料洒水降尘或者附近农田灌溉,不会对大清河及东平湖水环境产生不利影响。由于本工程施工区分散,评价建议每个施工工区设置 1 套一体化生活污水处理系统。

1. 工艺流程

类比黄河下游防洪工程施工期生活污水处理情况,本次工程施工区采用 WSZ – AO

系列一体化污水处理设备,该设备采用的是接触氧化工艺,可埋入地表以下,地表可作为绿化或广场用地,也可以设置于地面。工艺流程见图7-2。

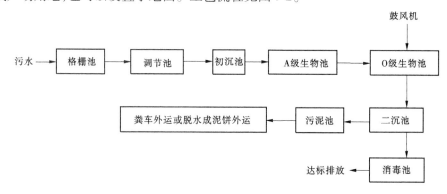

图7-2　WSZ - AO 系列一体化污水处理设备工艺流程

WSZ - AO 系列一体化污水处理设备中的 AO 生物处理工艺采用推流式生物接触氧化池,它的处理优于完全混合式或二、三级串联完全混合式生物接触氧化池,并且它比活性污泥池体积小,对水质适应性强,耐冲击性能好,出水水质稳定,不会产生污泥膨胀。同时,在生物接触氧化池中采用了新型弹性立体填料,它具有实际比表面积大,微生物挂膜、脱膜方便,在同样有机负荷条件下,比其他填料对有机物的去除率高,能提高空气中的氧在水中的溶解度。由于在 AO 生物处理工艺中采用了生物接触氧化池,其填料的体积负荷比较低,微生物处于自身氧化阶段,因此产泥量较少。此外,生物接触氧化池所产生污泥的含水率远远低于活性污泥池所产生污泥的含水率。因此,污水经 WSZ - AO 系列一体化污水处理设备后所产生的污泥量较少。

2. 设计参数

调节池:WSZ - AO 系列调节时间为 8 h。

初沉池:WSZ - AO 系列初沉池为平式沉淀池,表面负荷为 1.5 $m^3/(m^2 \cdot h)$。

A 级生物池:WSZ - AO 系列 A 级生物池为推流式厌氧生化池,污水在池内的停留时间为 3 h,填料为弹性立体填料,填料比表面积为 200 m^2/m^3。

O 级生物池:WSZ - AO 系列 O 级生物池为推动式生物接触氧化他,污水在池内的停留时间为 5~6 h,填料为弹性立体填料,填料比表面积为 200 m^2/m^3。

二沉池:WSZ - AO 系列二沉池为旋流式沉淀池,表面负荷为 1.0 $m^3/(m^2 \cdot h)$,沉淀时间为 2 h。

消毒池:WSZ - AO 系列消毒池为旋流反应池,污水在池内总停留时间为 5 h 左右。

污泥池:WSZ - AO 系列污泥池中的污泥可用吸粪车从入孔伸入污泥池底部进行抽吸后外运即可。

3. 污水回用可行性分析

WSZ - AO 系列一体化污水处理设施运行稳定,技术成熟,广泛应用于生活污水处理中,污水经过处理后可以满足《城镇污水处理厂污染物排放标准》(GB 18918—2002)一级 A 标准,经采用次氯酸钠消毒后可符合《城市污水再生利用城市杂用水水质》(GB/T 18920—2002),回用于施工营地、施工场区、道路的除尘或绿化。

　　以工程量最大的围坝堤顶防汛路工程为例分析施工营地、施工场区、道路的除尘或绿化的可行性。该段工程施工高峰期配备 2 台规格为 6 000 L 洒水车,按照 4 次/d 的频次进行洒水,需要用水约 48 m^3/d,大于生活污水可回用量 44.74 m^3/d,因此该生活营地的生活污水处理后可以完全回用。

　　东平湖蓄滞洪区属温带大陆性季风气候,春季干燥少雨风沙多,且本工程土石方运输量大,特别是在干旱有风时段,施工产生扬尘对大气环境影响较大,需要通过洒水措施降低对大气环境的影响。生活污水回用于施工营地、施工场区、道路等区域,可以节约水资源,降低施工成本,因此生活污水处理后回用于施工营地、施工场区、道路等区域的措施可行。

7.1.2.5　取水口减免及保护措施

　　根据影响分析,出湖闸(陈山口出湖闸)上河道疏浚工程施工将对济平干渠渠首闸水质有短期不利影响,其余工程对魏河出湖闸、八里湾泵站和邓楼泵站影响较小。根据取水口供水对象、供水时段及工程施工特点采取以下措施。

　　1. 减免措施

　　济平干渠渠首闸为南水北调东线东平湖至济南段输水工程渠首闸,取水口供水对象为城市及工业用水,取水时段为每年 10 月至翌年 5 月。根据工程施工进度安排,工程 3 ~ 6 月和 11 ~ 12 月施工,施工时间为 6 个月。出湖闸上河道疏浚施工活动对取水的影响主要集中在非汛期,施工结束后该影响便消失。为了最大程度地降低扰动影响,建议河道疏浚工程首先优化施工工艺,缩短施工周期;其次陈山口闸上河道疏浚工程施工前,应根据南水北调东线一期工程年度调水计划,与该引水闸管理单位协商制定具体的施工时间及进度安排,避开引水时段。

　　2. 水环境保护措施

　　根据影响分析,青龙堤、玉斑堤、二级湖堤八里湾附近及围坝 41 + 000 ~ 41 + 620 段工程不会对济平干渠渠首闸、魏河出湖闸、八里湾泵站和邓楼泵站产生直接影响。为最大程度地降低对取水口不利影响,评价提出上述工程禁止向东平湖倾倒、堆放生活垃圾和施工废弃物;禁止排放施工生活污水、生产废水。

　　青龙堤、玉斑堤、二级湖堤八里湾附近及围坝 41 + 000 ~ 41 + 620 段工程施工工区设置警示牌等标志物,严格施工范围,禁止施工人员到非施工区域活动。

　　切实加强施工过程的监督管理,加强施工期的监控监测机制,委托当地环保监测部门加密济平干渠渠首闸水质监测,及时掌握水质变化情况;

　　青龙堤、玉斑堤、二级湖堤八里湾附近及围坝 41 + 000 ~ 41 + 620 段工程施工前与取用水单位加强沟通避免施工对用水户水质产生影响,出现突发事件后,及时采取措施的同时,通知取用水单位。

7.1.2.6　南水北调东线一期工程水环境保障措施

　　1. 施工期

　　为防止玉斑堤、卧牛堤、二级湖堤及围坝工程等施工生产生活排放废水对南水北调东线一期工程输水水质产生不利影响,一方面提出除主体工程外,东平湖蓄滞洪区施工生产、生活营地不得设在南水北调东线核心保护区,对原位于南水北调东线一期工程核心保护区内的围坝 41＋000 段石护坡翻修及堤顶防汛路工程施工营地进行调整,调出了核心保护区,避免生产、生活废水以及生活垃圾进入核心保护区;另一方面施工混凝土废水经沉淀后回用于混凝土搅拌,生活污水经一体化处理设施处理达标后用于施工场地降尘,不外排。

南水北调东线一期工程每年调水入东平湖时间为 10 月至翌年 5 月,陈山口出湖闸上河道疏浚工程施工期为 3～6 月和 11～12 月,距离南水北调东线一期工程济平干渠渠首闸仅 20 m,为最大程度地减缓该工程施工对济平干渠渠首闸取水水质的不利影响,建议该工程首先优化施工工艺,缩短施工周期,其次根据南水北调东线一期工程年度调水计划,及时调整施工工期,避开南水北调东线输水时段。

此外,根据施工设计,出湖闸上河道疏浚工程的底泥堆放于玉斑堤与斑清堤之间的低洼地带,排泥区退水通过开挖截渗沟,就近排入出湖闸下河道。为确保该废水不对外界环境产生影响,建议疏浚底泥废水应进行处理后排入闸下河道。同时排泥区退水应严格执行工程设计中的截渗、导流措施,并做好水质保护工作,防止有害物质进入退水水体,加强排泥区退水监测,发现处理后水质不符合要求,立即停止排放,直至水质处理满足要求才能排放。

挖泥船应当配备相应的防止污染的设备和油污、垃圾、污水等污染物集中收集、存储设施,禁止船舶废水直接排入东平湖,并制定船舶污染事故应急预案。

2. 运行期

为保障南水北调东线一期工程调水水质,蓄滞洪区启用前,根据蓄洪运用要求及南水北调东线工程污染防治规划,加大环境执法力度,加强蓄滞洪区环境管理,禁止新建和扩建排污不符合蓄滞洪区达标要求及南水北调东线工程污染防治要求的企业和单位;严格限制蓄滞洪区内农药和化肥的使用,控制农业面源污染。

蓄滞洪区启用后,根据南水北调东线年度水量调度计划,及时与南水北调东线工程管理部门协调,按照规定程序启动南水北调工程水量调度应急预案,采取临时措施限制取水、用水和排水等,另外加强东平湖蓄滞洪区水质监测,重点是济平干渠取水闸、魏河调水闸取水口的水质监测,待水质满足南水北调东线工程调水水质标准后,方可开始调水,以确保南水北调供水水质安全。

7.1.3 地下水环境保护措施

7.1.3.1 地下水水质保护

本项目建设对地下水水质的不利影响主要是施工期生产废水、生活废水不当管理等,因此建议建设单位在项目施工过程中严格管理,责任到位,以防污废水排放造成不良影响。

注意建筑使用固体废弃物的堆置和处理,尽可能堆置并及时运走处理。注意施工期生活污水的收集和处理,防止生活污水渗漏影响地下水水质。

7.1.3.2 地下水位保护

对于地下水位的保护方面,根据工程对地下水环境的影响方式,主要对河道疏浚工程底泥堆放区以及截渗墙运行期的影响采取保护和减缓措施:

（1）根据底泥堆放区尾水的排泄去向,应及时监测堆放区附近地下水位情况,如发现水位急剧升高的现象,应暂停河道疏浚活动和底泥堆放;或者利用附近民井抽水,消除底泥堆放对地下水壅高的影响。

根据地下水环境影响分析结果,出湖闸上河道疏浚工程底泥堆放区距离康村、王庙较近,需在康村、王庙建设抽水井和监测井,所需投资见表 7-4,地下水监测井监测要求见表 7-5。监测主体为施工方,施工方应根据监测孔的水位变化,调整抽水井抽水量,保证底泥堆放引起的地下水位上升不超过 1 m。

表 7-4　地下水抽水井、监测井建设投资估算表

工程或费用名称	单位	单价（万元）	数量	合计（万元）	备注
地下水位监测井建设	点	3.0	2	6.0	每村设 1 个,每点位井深 30 m,配备水位计 1 个,每米成井按照 1 000 元估算
地下水抽水井建设	点	4.0	2	8.0	每村设 1 个,每点位井深 30 m,井径 150 mm 以上,每米成井按照 1 000 元估算,配备潜水泵 1 个,用电来源由施工方提供
总计		14.0 万元			

注:监测主体为施工方,随时了解河道疏浚底泥堆放过程中的地下水位变化,根据监测孔的水位变化,调整抽水井抽水量,保证底泥堆放区引起的地下水位上升不超过 1 m。

表 7-5　地下水监测井监测要求

项目	内容
监测井	井深 30 m 以内,井径 110 mm 或以上,主要监测潜水含水层,主要用于临时监测井,PVC 管材
监测项目	地下水位(采用手动声光水位计监测)
监测频率	底泥堆放期间每天至少早、中、晚各监测 1 次,若发现水位急剧上升则增加监测频率
监测方法	《地下水环境监测技术规范》(HJ/T 164—2004)

（2）在截渗墙施工区域附近的村庄(重点是东郑庄、高庄、武家曼等村庄)分散取水水井布置监测点开展环境及地下水位、水质监测;及时关注工程周边地下水位变化情况。

（3）当截渗墙周边村庄分散式饮水井出现水位急剧下降或出现村民取水困难趋势时,应立即停止施工并采取封堵措施,并及时启动应急预案,采用汽车送水补救措施的同时,及时根据前期确定的备用水源(降水集水供水设施),建立应急供水设施,尽快提供新的供水水源,保障人畜饮水安全。

7.1.4　声环境保护措施

本工程噪声源主要来源于施工期的打夯机、推土机、挖掘机等。根据声环境影响分析结果,结合工程布局特点,提出以下防护措施。

7.1.4.1　施工机械噪声防治

(1)选用符合国家标准的施工机械和车辆,尽量采用低噪声的施工机械和车辆。

(2)加强对施工机械和车辆的保养,保持机械润滑,降低运行时的噪声。

(3)合理安排施工计划,避免高噪声施工机械同时施工,施工应尽量避开居民休息时间。

(4)各施工点要根据施工期噪声监测计划对施工噪声进行监测,并根据监测结果调整施工进度。

(5)夜间 22:00 至次日 6:00 禁止施工。

7.1.4.2　运输车辆噪声防治

(1)施工及物料运输车辆经过居民区等环境敏感点时限速 20 km/h,并禁止随意鸣笛。

(2)夜间 22:00 至次日 6:00 禁止进行物料运输。

(3)加强道路的养护和车辆的维护保养,降低噪声源。

(4)使用的车辆必须符合《汽车定置噪声限值》(GB 16170—1996)和《汽车加速行驶车外噪声限值及测量方法》(GB 1495—2002)。

7.1.4.3　施工人员防护措施

操作打夯机、推土机、挖掘机、灌浆机等高噪声机械的施工人员应配戴耳塞,加强身体防护。

7.1.4.4　敏感点噪声防治

在距离村庄较近的区域施工时,禁止在夜间 22:00 至次日 6:00 施工,并在居民集中区域设置限制施工的标识牌,并在标识牌上注明禁止夜间施工。

根据预测结果,距离堤防 40 m 之内村庄居民点不能满足《声环境质量标准》(GB 3096—2008)1 类声环境功能区标准,评价建议施工单位施工时在施工场界临近敏感点一侧布置临时声屏障。为保证隔声效果,施工时应在邻近村庄、居民点等敏感点的施工段和运输段在靠近敏感点的一侧安装足够的临时声屏障,长度应超出敏感点边界至少 20 m,高度不得低于 3 m。考虑到施工组织的特点,具体措施设置情况见表 7-6。

7.1.4.5　自然保护区声环境保护措施

为有效减免施工噪声对自然保护区的不利影响,评价提出以下防治措施:

(1)采用低噪声运输车辆,禁止使用高噪声车辆,加强管理,禁止鸣笛,禁止使用高音喇叭,进入保护区后减速慢行。

(2)保护区内的施工活动禁止进行高噪声设备同时运行;施工过程中要尽量选用低噪声设备,对机械设备精心养护,保持良好的运行工况,降低设备运行噪声;优先选择先进、低噪声施工工艺。

表 7-6　临时声屏障设置情况

施工工区	所属堤防	涉及敏感点	声屏障设置要求
工区 1	青龙堤、两闸隔堤	陈山口村	倒 L 形声屏障,高 3.0 m,总计长度约 110 m
工区 2	玉斑堤、卧牛堤	山嘴村、魏河村、东堂子村	倒 L 形声屏障,高 3.0 m,总计长度 450 m
工区 4	围坝 10 + 471 ~ 35 + 50	国那里、尹村、张坊、黄河涯、杨庄、大吴	倒 L 形声屏障,高 3.0 m,总计长度 3 590 m
工区 5	围坝护坡翻修 35 + 500 ~ 55 + 000	干鱼头、阎楼、魏庄、张桥、尚庄、许寺、杨窑	倒 L 形声屏障,高 3.0 m,总计长度 5 340 m
工区 6	围坝 55 + 000 ~ 76 + 300 81 + 100 ~ 88 + 300、77 + 300 ~ 88 + 400	解河口、北王楼、张楼、北孟庄、王窑洼、杜窑洼、小坝、郑庄	倒 L 形声屏障,高 3.0 m,总计长度 2 850 m
工区 7	二级湖堤	徐那里、鹅流、小刘庄、戴庙乡、孟垓、桑园、大安山潘孟于、刘庄、西王庄、鏕吊、解河口	倒 L 形声屏障,高 3.0 m,总计长度 2 210 m
工区 8	大清河左堤 88 + 300 ~ 108 + 300	武家曼、高庄、东郑庄、马庄、鲁屯、孙流泽、马流泽、陈流泽、龙崮	倒 L 形声屏障,高 3.0 m,总计长度 2 080 m
工区 9	大清河左堤 93 + 480 ~ 98 + 950	大牛村、尚流泽	倒 L 形声屏障,高 3.0 m,总计长度 670 m
工区 10	大清河左堤 102 + 600 ~ 106 + 910	后亭、南城子	倒 L 形声屏障,高 3.0 m,总计长度 870 m
工区 11	大清河左堤 88 + 300 ~ 108 + 300	武家曼、东郑庄马庄、鲁屯、孙流泽、马流泽、陈流泽、龙崮	倒 L 形声屏障,高 3.0 m,总计长度 2 080 m
工区 12	大清河左堤 16 + 137 ~ 17 + 800	单家楼、展营	倒 L 形声屏障,高 3.0 m,总计长度 450 m
工区 13	大清河右堤 2 + 428 ~ 7 + 790	大牛村、古台寺	倒 L 形声屏障,高 3.0 m,总计长度 600 m
工区 14	大清河右堤 0 + 000 ~ 17 + 800	孙范村、前路口、后路口、单家楼、展营	倒 L 形声屏障,高 3.0 m,总计长度 940 m

7.1.5　环境空气保护措施

大气污染主要来源于施工机械及运输车辆的尾气、砂石料、混凝土拌和系统的粉尘、土石方、水泥、石灰等颗粒物在运输和堆放过程中的扬尘等,根据环境影响分析的结果,分别对以上主要污染源采取预防和保护措施,减轻对环境空气质量的影响。

7.1.5.1　对粉尘及扬尘采取的措施

对施工过程中砂石料、混凝土拌和系统的粉尘采取以下措施:避免在大风天气施工,开挖的断面定期洒水降尘、弃渣及时清运、加强道路管理和维护,洒水以减少运输过程中的扬尘,运输水泥、石灰等细颗粒物加盖蓬布,降低车速,以防洒落。水泥搅拌桩施工时采用湿法钻孔,降低粉尘产生量。

7.1.5.2　对施工机械及车辆尾气采取的措施

选用符合国家排放标准的施工机械及运输车辆,使用清洁能源,使废气排放达到国家相关排放标准。加强保养和维护,保持施工机械及车辆工况良好,减少尾气排放。加强施工管理,合理安排燃油机械的运行时间,减少尾气排放量。

7.1.5.3　对沥青烟气采取的措施

沥青采用无热源或高温的运输设备运至铺浇工地,并采用全密闭沥青摊铺机进行作业;同时,沥青生产场所要远离村庄等人口聚居地,降低污染影响。

7.1.5.4　对施工人员的防护措施

对直接受大气污染的现场施工人员,应配备必要的防护设施(如口罩等),加强人身防护。

7.1.5.5　对敏感目标的保护措施

本工程区域人口密度大,施工机械及车辆尾气、施工粉尘及运输扬尘可能对附近村庄居民产生影响。首先应在距离施工地点或施工道路较近的村庄施工时优先选择工艺先进、废气排放量小的机械,减少废气污染物的产生量;其次合理安排施工路线及施工时间;再次在邻近村庄施工时应按时洒水降尘,并设置一定的隔离带,避免施工活动对其产生影响。

7.1.6　固体废物保护措施

本工程的固体废物包括施工人员生活垃圾、废弃建筑材料、施工弃土等。为减少固体废物对外环境的不利影响,拟采取以下保护措施。

7.1.6.1　对废弃建筑材料的保护措施

本次工程对涵洞、桥梁及闸门进行堵复、改建,对堤防工程进行翻修处理,在施工过程将产生沥青、废钢筋、砖块、石块等废弃建筑材料等,建议做好分类回收处理,能回收利用的尽量回收利用;对拆除路面沥青利用冷再生新工艺用于堤顶防汛路建设,废钢筋等生产废料可回收利用,应指定专人负责回收利用。对不能再利用的其他废料集中送往东平县垃圾填埋场妥善处置。

7.1.6.2　对施工弃土的保护措施

施工弃土和河道疏浚底泥应在规划的弃土区堆置,不可随意堆放,弃土堆置期间进行定期洒水,防止风吹扬尘,或者使用薄膜覆盖防风和降雨;堆放过程中要注意控制堆放高度,并采取建设挡栏等措施防止其被冲刷流失;施工过程中合理安排施工方案,尽量减少施工弃土产生量。

根据现场监测,底泥可以满足《土壤环境质量标准》(GB 15618—1995)二级标准要求,底泥用于低洼地填平后进行原地貌恢复。

7.1.6.3　对施工人员生活垃圾的保护措施

在施工营区和施工临时生活区设置垃圾桶,安排专人负责生活垃圾的清扫和转运;施工人员剩余食物残渣集中收集,由当地居民定期运走用于家禽家畜养殖。

施工结束后,对施工营区附近的生活垃圾、厕所、污水坑进行场地清理,并用生石灰进行消毒,做好施工迹地恢复工作。

7.1.7　水土保持防治措施

7.1.7.1　水土流失防治责任范围

依据《开发建设项目水土保持技术规范》(GB 50433—2008)的规定,结合本工程建设及运行可能影响的水土流失范围,确定该项工程水土流失防治责任范围为项目建设区和直接影响区。其中,项目建设区包括工程永久占地和施工临时占地区、弃渣场区、取土场区。直接影响区主要指工程施工及运行期间对未征用、租用土地造成影响的区域。根据工程设计的征地资料,本项目水土流失防治责任范围总面积为 669.33 hm^2,其中项目建设区面积为 658.94 hm^2、直接影响区面积为 10.39 hm^2。

7.1.7.2　水土流失防治目标

本次项目区位于山东省水土流失重点治理区范围内,根据主体工程建设规模,结合项目区水土保持生态环境治理情况,本项目参照开发建设项目水土流失 I 级防治标准,水土流失防治拟达到 6 项指标(见表 7-7)。

表 7-7　本工程水土流失防治目标

时段	扰动土地治理率(%)	水土流失总治理度(%)	水土流失控制比	拦渣率(%)	林草植被盖度(%)	植被恢复系数(%)
设计水平年	95	95	1.5	95	96	25

7.1.7.3　水土流失防治分区及总体布局

根据工程设计、施工和水土流失预测,针对各个部位水土流失程度、流失特点、地形等,将水土流失防治区分为主体工程区、施工临时占地区、取土场区、弃渣场区。

1. 主体工程区

主体工程设计有堤顶防汛路硬化、辅道硬化等措施,堤顶防汛路堤防加宽地段背河侧的草皮护坡、堤脚管护地种树种草等具有很好的水土保持的功能,该部分能够满足水土保持要求。主体工程区新增水土保持措施为工程开挖土石方堆放,挡土袋拦挡。

2. 施工临时占地区

施工临时占地区以护堤地为主,在施工期间主要考虑场地平整、临时排水措施和表土剥离存放。新增水土保持措施有空闲地撒播草籽临时绿化,对于堆放时间跨越雨季的表土要在其表面撒播种草。场区四周布设临时排水沟,表土剥离、堆放采取临时拦挡措施。

3. 取土场区

取土场地类以耕地为主,取土方式采用边取边回填的方式,在挖取土方的过程中将剥离的表层土回填到开采后的料场表面,取土结束后进行复耕。取土场区水土保持措施为表土临时拦挡(袋装土)。

4. 弃渣场区

本次工程清基清表土、土方开挖、砌石护坡拆除临时堆放,采取拦挡措施。工程建设时,无法利用的土石方就近堆放于周转渣场,待土料场施工到一定阶段时,将临时堆放的弃土弃渣运至土料场填埋,建筑垃圾则直接运至城市垃圾场填埋。水土保持措施为河道疏浚工程排泥区边坡植草、栽植灌木。清基清表土、土方开挖、砌石护坡拆除临时堆放拦挡措施。

7.1.7.4　水土保持措施

通过分析,主体工程中具有水土保持功能的措施基本能够满足要求,为避免重复设计和投资,根据工程实际情况有针对性地在取土场区、弃渣场区和施工临时占地区新增工程措施、植物措施和其他措施(见图 7-3)。

1. 工程措施

1)整地措施

对堤防工程防治区,在绿化树木、行道林、防护林栽植前,进行穴装整地。

2)表土剥离及恢复平整

对取土场、施工临时占地区,占用耕地的,采用推土机进行表土剥离堆放,剥离厚度为 0.2 m。

2. 植物措施

弃渣场围格堤边坡采用栽植葛巴根进行护坡。施工生产生活区空闲地撒播紫花苜蓿。

3. 临时措施

1)临时拦挡

对土料场表土临时堆放、主体工程施工清基和土石方开挖临时堆放、周转渣场等,采取临时拦挡措施进行防护。采用袋装土垒筑简易挡墙,挡墙宽 60 cm、高 50 cm。

2)临时排水沟

施工临时占地区设置临时排水沟。临时排水沟与周边沟渠相结合对路面汇水进行疏导,防止其对道路两侧地面的侵蚀。考虑到临时排水,不采取衬砌措施。在施工完成后对临时排水沟进行场地清理、平整并进行复耕。

7.1.8　人群健康保护措施

本次工程区域人口密度大,加上施工期内人口数量短期内剧增,为保护施工人员的身体健康,施工期应采取的人群健康保护措施有:

(1)在工程动工以前,结合场地平整工作,对施工区进行一次清理消毒。

(2)妥善处理各种废水和生活垃圾,定期进行现场消毒。

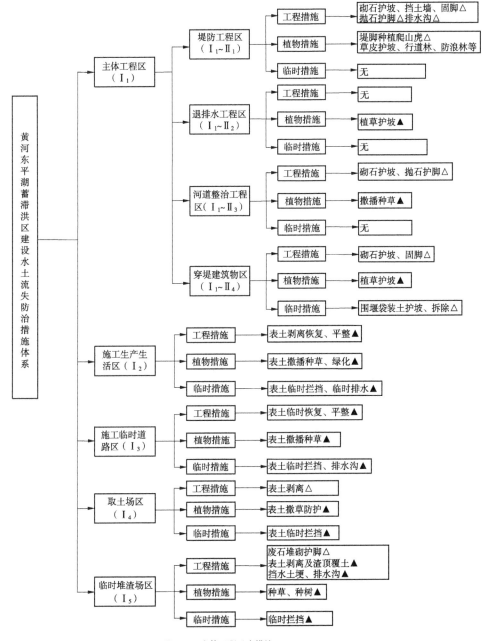

注：△—主体工程已有措施
　　▲—方案新增措施

图 7-3　水土流失防治措施体系

(3)为了保证施工人员的身心健康,工程建设管理部门及施工单位管理者应为施工人员提供良好的居住和生活条件,施工现场的暂设用房必须按有关规定搭建,并制定相应的管理制度,安排专人负责,搞好营地的卫生防疫工作。

(4)加强卫生管理和卫生防疫宣传工作,对施工人员进行定期体检。

（5）加强生活污水的管理,重视疫情监测,工地发生法定传染病和食物中毒时,工地负责人要尽快向上级主管部门和当地卫生防疫机构报告,并积极配合卫生防疫部门进行调查处理及落实消毒、隔离、应急接种疫苗等措施,防止传染病的传播流行。

（6）工地食堂和操作间须有易于清洗、消毒的条件和不易传染疾病的设施,操作间必须有生熟分开的刀、盆、案板等炊具及存放这些炊具的封闭式柜橱。

在施工期采取有效控制措施后,传染病的传播途径得以切断,大大降低了传播的可能性,同时对当地群众的教育也使传染病的源头得以控制。另外,施工期临时医疗机构的设立也改善了当地居民就医条件,可以认为在工程施工期采取以上措施后,传染病的传播能够得到有效控制,大面积发生传染的概率已经很小。

工程运行后,施工人员将全部撤离,只有少量管理人员集中在工程的管理区,负责工程的运营管理,和当地居民发生传染病交叉感染的可能性极小。

7.1.9　移民安置的环境保护措施

本次工程蓄滞洪区移民安置人口为 157 人,以生产安置为主。为减少移民安置过程中土地开垦、专项设施恢复等对环境的影响,建议采取以下保护措施:

（1）对专项基础设施进行统一规划,从环境保护进行选址优化,并委托有相应资质单位设计、施工,按照原有基本建设工程进行管理。

（2）专项基础设施建设应划定施工活动范围,禁止在施工范围区外进行施工活动,减少对地表的扰动,控制植被破坏范围。

（3）优化工程施工方案,施工期尽量避开雨季,严格按照水土保持方案采取相应的措施。

（4）充分利用施工前的耕作层腐殖质土进行土地复垦,最大限度地保护土地资源。

7.1.10　环境保护措施汇总

根据以上各环境要素的环境保护措施分析,本次工程采用的环境保护措施汇总见表 7-8。

表 7-8　东平湖蓄滞洪区环境保护措施汇总

环境影响因素		保护措施
生态环境	自然保护区等敏感区保护措施	调整 3 号取土场位置;调整玉斑堤、卧牛堤、青龙堤、围坝堤顶防汛路等工程的施工区位置,减少东平湖市级湿地自然保护区、腊山市级自然保护区以及东平湖省级风景名胜区的临时占地
		调整工程布置,将疏浚河道长度由 5.2 km 调整至 2.4 km
		严格控制玉斑堤、卧牛堤、二级湖堤等工程施工范围,尽量减小施工活动区域
		施工前对玉斑堤、卧牛堤、二级湖堤等工程施工范围进行植被状况调查,严格记录施工前植被状况,施工完成后进行绿化,尽可能使生物量损失降到最低

续表 7-8

环境影响因素		保护措施
生态环境	自然保护区等敏感区保护措施	对玉斑堤护坡翻修等工程施工过程中应加强宣传教育工作,施工前对翻修堤段区域内发现的野大豆群落进行拍照记录,施工期间对发现的野大豆进行就近迁地保护,可移植到玉斑堤无施工段,并采取设置保护标示牌等措施加强保护
		施工过程中,聘请自然保护区管理部门或者专业机构开展出湖闸上河道疏浚工程、鸟类及栖息地监测工作,发现有成群鸟类出现则停止施工或者根据鸟类栖息习性适时调整工期,确保自然保护区生态安全
		保护区内工程禁止夜间施工,减少对保护区内珍稀保护动物的惊扰
		在风景区的玉斑堤、卧牛堤、二级湖堤堤防、大清河道整治工程建成后,及时进行植被恢复措施,保持与原有景观协调一致
		出湖河道开挖工程,应设置相应的宣传标示牌,严禁破坏景区内各项公共设施,尽可能避免施工活动对景点正常运行造成影响
	陆生生态保护措施	施工占地周围设置施工范围,施工车辆、人员必须在施工范围内活动,严禁随意扩大扰动范围调整施工营地布置,合并玉斑堤工程与卧牛堤施工营地,减少施工占地
		工程设计应采取分时段分片取土,取土结束后及时恢复地表,进行复耕等措施
		施工过程中对周转渣场采取拦挡措施,施工结束后对其进行土地平整,恢复原地貌;施工营地在施工结束后进行施工迹地恢复,彻底清理生活垃圾,做好土地平整和植被恢复措施
		加强环境保护力度,堤防及堤顶防汛路工程配合人工种植恢复自然植被和当地的优势植物群系进行绿化,美化工程区域景观格局。植被恢复可选用草本有紫花苜蓿、葛巴根等,灌木有紫穗槐、紫叶小檗,乔木有垂柳、国槐等
		做好施工时间的安排,避免在晨昏和正午进行高噪声机械作业等
		建立工程环境监理制度,环境监理单位应严格监管施工单位落实各项环保措施及地方环境保护部门和地方林业部门提出的各项环境保护要求
	水生生态保护措施	大清河控导工程应采用间歇式施工方式,防止局部区域水体浑浊度急剧下降,引起浮游生物较大数量的损失
		出湖闸上河道疏浚工程施工过程应分段开挖,减少对河床底质的破坏,严格控制施工范围,减少对底栖生物栖息环境的破坏
		在大清河后亭控导工程及出湖闸上河道疏浚工程施工过程中,应由专业部门加强鱼类产卵情况监测和调查,根据监测情况及时调整工期,避开鱼类集中产卵期,施工结束后及时进行栖息地修复
		河道疏浚及大清河后亭控导工程等涉水各施工区段施工前聘请保护区管理人员进行驱鱼,将鱼类驱离施工段后再进行施工。选用低噪声设备,加强设备维护,严禁鸣笛等,避免机械噪声对鱼类的惊扰
		做好水生生物监测工作,准确掌握该工程施工期和运行期水生生物变动状况

续表 7-8

环境影响因素		保护措施
地表水环境	排泥区尾水	物化处理后排入出湖闸下河道
	基坑排水	沉淀处理后就近排入水体
	混凝土拌和及养护废水	设置沉淀池,进行处理后回用于混凝土拌和系统
	施工营地生活污水	分别在东平湖蓄滞洪区和大清河设置一体化污水处理系统,进行生活废水处理,处理后用于施工场地、临时堆放土料洒水降尘
	取水口保护措施	陈山口出湖闸上河道疏浚工程首先优化施工工艺,缩短施工周期,其次结合南水北调东线一期工程年度调水计划,在施工前,施工单位与该引水闸管理单位协商制定具体的施工时间及进度安排,避开引水时段 青龙堤、玉斑堤、二级湖堤八里湾附近及围坝 41+000～41+620 段工程禁止向东平湖倾倒、堆放生活垃圾和施工废弃物,禁止排放施工生活污水、生产废水 青龙堤、玉斑堤、二级湖堤八里湾附近及围坝 41+000～41+620 段工程施工工区设置警示牌等标志物,严格施工范围,禁止施工人员到非施工区域活动 切实加强施工过程的监督管理,加强施工期的监控监测机制,委托当地环保监测部门加密济平干渠渠首闸水质监测,及时掌握水质变化情况 青龙堤、玉斑堤、二级湖堤八里湾附近及围坝 41+000～41+620 段工程施工前与取用水单位,加强沟通,避免施工对用水户水质产生影响,出现突发事件后,及时采取措施的同时,通知取用水单位
	南水北调东线水环境保障措施	对原位于南水北调东线一期工程核心保护区内的围坝 41+000 段石护坡翻修及堤顶防汛路工程施工营地进行调整,调出了核心保护区 出湖河道疏浚工程首先优化施工工艺,缩短施工周期,其次调整陈山口出湖闸上河道疏浚工程施工工期,避开南水北调东线输水时段 严禁出湖闸上河道疏浚工程的底泥排泥区尾水直接排入水体,加强排泥区退水监测,尾水经物化处理后排入闸下河道 挖泥船应当配备相应的防止污染的设备和油污、垃圾、污水等污染物集中收集、存储设施,禁止船舶废水直接排入东平湖,并制定船舶污染事故应急预案
地下水环境		注意施工期生活污水的收集和处理,防止生活污水渗漏影响地下水水质 根据地下水环境影响分析,河道疏浚工程底泥堆放区距离康村、王庙较近,需在康村、王庙建设抽水井和监测井 在截渗墙施工区域附近的村庄(重点是东郑庄、高庄、武家曼等村庄)分散取水水井布置监测点,开展环境及地下水位、水质监测 当出现水位急剧下降或出现村民取水困难趋势时,应立即停止施工并采取封堵措施,并及时启动应急预案,采用汽车送水补救措施的同时,及时根据前期确定的备用水源(降水集水供水设施)和可建深井地点建立应急集水、供水设施,尽快提供新的供水水源,保障人畜饮水安全

续表 7-8

环境影响因素		保护措施
声环境	噪声源控制	选用符合标准的施工机械和车辆,加强机械车辆的保养
	传播途径控制	施工区域距离村庄较近时,严禁 22:00 至翌日 6:00 施工;并设立严禁施工标牌
		合理安排施工计划,避免高噪声设备同时施工
	施工人员防护	高噪声设备操作人员配备耳塞等防护设施
	敏感点保护	对于施工期不能满足声环境质量 1 类标准的村庄,设置隔声屏障
环境空气	粉尘	水泥搅拌桩施工采用湿法钻孔;避免大风天气开挖取土,开挖断面及时洒水降尘;施工运输道路加强管理
	施工机械及车辆尾气	加强施工管理,合理安排燃油机械运行时间;加强车辆日常保养和维护;使用清洁能源;优先选用工艺先进、尾气排放量小的施工机械和车辆
	施工防护	受施工粉尘等污染的施工人员配戴口罩等防护设施,合理安排施工路线及施工时间,在邻近村庄施工时应按时洒水降尘,并设置一定的隔离带,避免施工活动对其产生影响
固体废弃物	生活垃圾	在施工营区和施工临时生活区设置垃圾桶,安排专人负责生活垃圾的清扫和转运
		施工人员剩余食物残渣集中收集,由当地居民定期运走用于家禽家畜养殖
		施工结束后,对施工营区附近的生活垃圾、厕所、污水坑进行场地清理,并用生石灰进行消毒,做好施工迹地恢复工作
	废弃建筑材料	对不能再利用的沥青等废料集中送往东平县垃圾填埋场妥善处置。废钢筋等生产废料可回收利用,应指定专人负责回收利用
固体废弃物	施工弃土	施工弃土和河道疏浚底泥应在规划的弃土区堆置,弃土堆置期间进行定期洒水,防止风吹扬尘
		堆放过程中要注意控制堆放高度,并采取建设挡拦等措施防止其被冲刷流失
		施工过程中合理安排施工方案,尽量减少施工弃土产生量
		河道疏浚底泥用于玉斑堤与斑清堤附近低洼地的填平后,进行原地貌恢复
人群健康		在工程动工以前,结合场地平整工作,对施工区进行一次清理消毒;妥善处理各种废水和生活垃圾,定期进行现场消毒
		加强卫生管理和卫生防疫宣传工作,对施工人员进行定期体检;安排专人负责,搞好营地的卫生防疫工作
		加强生活污水的管理;工地食堂和操作间须有易于清洗、消毒的条件和不易传染疾病的设施,重视疫情监测,防止传染病的传播流行

续表 7-8

环境影响因素		保护措施
移民安置		专项基础设施建设应划定施工活动范围,禁止在施工范围区外进行施工活动,减少对地表的扰动,控制植被破坏范围
		优化工程施工方案,施工期尽量避开雨季,严格按照水土保持方案采取相应的措施;充分利用施工前的耕作层腐殖质土进行土地复垦,最大限度地保护土地资源
环境风险	南水北调水质污染风险	建立东平湖－南水北调联合应急机构,制订应急预案,尽可能减轻因蓄滞洪水对南水北调东线水质的污染,并采取各种措施尽快恢复蓄滞洪区内生产生活
	生态环境风险	严格遵守《中华人民共和国自然保护区管理条例》《风景名胜区管理条例》,加强管理,维持保护区正常生态功能的发挥

7.2 非工程环境保护措施

本项目的非工程环境保护措施主要是环境管理和环境监测方面。完善的环境管理和监测计划是保障项目环境保护措施有效实施、落实的基础和关键。

7.2.1 环境管理

环境管理是工程管理的重要组成部分,是工程环境保护工作有效实施的重要环节。东平湖蓄滞洪区防洪工程建设环境管理的目的是在于保证各项环境保护措施的顺利实施,使工程施工和运行产生的不利影响得到减免,从而最大程度地发挥工程的社会效益、经济效益和生态环境效益,以实现工程建设与生态环境保护、经济发展相协调。

7.2.1.1 环境管理原则

1.预防为主、防治结合原则

工程在施工和运行的过程中,环境管理要预先采取防范措施,防止环境污染和生态破坏的现象发生,并把预防作为环境管理的重要原则。

2.分级管理原则

工程建设和运行应接受各级环境行政主管部门的监督,而在内部则实行分级管理,层层负责,责任明确。

3.相对独立性原则

环境管理是工程管理的一部分,需要满足整个工程管理的要求,但同时环境管理又具有一定的独立性,即必须根据我国的环境保护法律法规体系,从环境保护的角度对工程进行监督管理,协调工程建设与环境保护的关系。

4.针对性原则

工程建设的不同时期和不同区域可能出现不同的环境问题,应通过建立合理的环境管理结构和管理制度,针对性地解决出现的问题。

7.2.1.2　环境管理的任务

1. 筹建期

(1) 确保环境影响报告书中提出的各项环保措施纳入工程最终设计文件。

(2) 确保招标投标文件及合同文件中纳入环境保护条款。

(3) 筹建环境管理机构,并对环境管理人员进行培训。

2. 施工期

(1) 制订工程建设环境保护工作实施计划,编制年度环境质量报告,并呈报上级主管部门。

(2) 加强工程环境监测管理,审定监测计划,委托具有相应监测资质的专业部门实施环境监测计划。

(3) 加强工程建设的环境监理,委托具有相应监理资质的单位进行施工期的环境监理。

(4) 组织实施工程环境保护规划,并监督、检查环境保护措施的执行情况和环保经费的使用情况,保证各项工程施工活动能按环保"三同时"的原则执行。

(5) 协调处理工程引起的环境污染事故和环境纠纷。

(6) 加强环境保护的宣传教育和技术培训,提高施工人员的环境保护意识和参与意识,提高工程环境管理人员的技术水平。

(7) 配合开展工程环境保护竣工验收,负责项目环境监理延续期的环境保护工作。

3. 运行期

运行期环境管理任务主要是贯彻执行国家及地方环境保护法律、法规和方针政策,执行国家、地方和行业环保部门的环境保护要求;落实生态环境恢复,及时发现和处理污染事故。

7.2.1.3　环境管理机构设置及其职责

1. 机构设置

工程建设的环境管理按建设项目的管理体系进行,由东平湖管理局业主负责工程建设期与运行期的环境管理工作,环境行政主管部门和河、湖行政主管部门负责监督。

2. 人员设置

根据工程环境管理需要,评价建议在东平湖管理局设立下属环境管理机构,专门负责工程环境工作。设立环境管理科室,管理科室设立主任 2 名(一正一副)、科员 4 名。该环境管理机构对项目法人单位负责,并定期向环境主管部门进行工作汇报,接受指导与监督。

3. 机构职能

环境管理科室主要负责各项环境管理方面的规章制度、环境保护计划等,并协调和监督各部门的环境管理工作,其主要职责见表 7-9。

表 7-9　环境管理机构的主要职责

时段	职责
施工期	贯彻执行和宣传国家及地方各级环保部门的环保政策法规,结合本次工程特点及环境特征,执行相关环境管理的方针、政策 制订施工期环境保护计划,全面监督、管理施工期环保工作 负责施工期生态环境保护措施的实施、监督与管理工作,确保各项保护措施落实,并负责施工期植被调查工作 负责检查和监督施工期水土保持方案落实情况,及时发现并处理问题 负责检查和监督施工期弃土堆放情况,对不合理堆放现象及时处理,加强耕地内施工的指导工作,尽量减少对农田的不利影响 负责制订施工期废水、废气、噪声、固废污染防治措施,并监督各项污染防治措施的落实情况 负责组织检查施工人员生活区防疫工作,定期负责施工人员体检工作 负责施工期检查风景名胜区保护措施的落实工作 与东平湖市级湿地自然保护区、腊山市级自然保护区管理人员协调,做好施工期保护区生态保护管理,并落实保护区生态保护措施
运行期	负责制订运行期东平湖水质监测计划及措施,定期向环境主管部门进行汇报,确保东平湖水质安全 负责与东平湖市级湿地自然保护区、腊山市级自然保护区管理部门协调,落实运行期生态恢复措施 负责运行期生态恢复措施的制订及监督各项生态保护措施落实的情况,定期检查植被恢复情况,发现问题,并及时做出处理 负责制订运行期水土流失防治计划和措施,并监督各项水土流失防治措施的落实情况

7.2.1.4　生态环境管理

1. 生态环境管理总体要求

(1)保持与环境保护主管机构的密切联系,及时了解国家、地方对本项目的有关环境保护的法律、法规和其他要求,及时向环境保护主管机构反映与项目施工有关的污染因素、存在问题、采取的生态影响防护对策等环境保护方面的内容,听取环境保护主管机构的批示意见。

(2)及时将国家、地方与本项目生态保护有关的法律、法规和其他要求向施工单位管理部门汇报,及时向施工单位有关机构、人员进行通报,组织施工人员进行生态保护方面的教育、培训,提高环保意识。

(3)及时向建设单位负责人汇报与本项目施工有关的生态影响因素、存在问题、采取的控制对策、实施情况等,提出改进建议。

(4)负责制定、监督、落实有关生态保护管理规章制度,负责实施生态保护控制措施,并进行详细的记录,以备检查。

(5)按本报告提出的各项生态保护措施,编制详细施工期生态保护措施落实计划,明确各施工工序的施工场地位置、生态影响、生态保护措施、落实责任机构等,并将该生态保护计划以书面形式发放给相关人员,以便各项措施能够有效落实。

2. 自然保护区环境管理

依据自然保护区相关法规及地方要求,施工人员必须认真贯彻《中华人民共和国自然保护区管理条例》,并自觉遵守以下行为规范:

(1)加强宣传教育,避免人为破坏。

施工单位进入施工区域之前须聘请保护区专业人员对施工人员进行培训教育,接受自然保护区相关法律法规方面的教育,加强对施工人员生态保护的宣传教育,并开展保护动物、植物的专题教育,使其了解自然保护区的相关法律法规、管理规定等,自觉接受保护区监管人员的环境监管,并在各施工营地设置宣传栏,真正起到生态保护的作用。

(2)开展环境监理,加强环境管理。

建设单位须在施工前,聘请具备环境监理资质的单位,开展环境监理,确保本报告提出的各项环境保护措施的落实。环境监理单位须制订详细的环境监理方案,把保护管理的各项任务分配到位、落实到人。监理期间须定期向与自然保护区管理部门、环保局提交环境监理阶段性报告,落实各项环境保护措施的实施。

(3)严格监督管理,减少干扰及破坏。

严禁利用施工之便在自然保护区内进行砍伐、放牧、捕捞、开垦、采石、挖沙等活动;施工人员必须严格执行自然保护区相关法规规定和建设单位的施工要求,按照指定的路线、区域行走、活动、施工;严格禁止在自然保护区内四处走动;施工人员严禁携带与施工无关的物品进入自然保护区;在施工过程中,施工人员应自觉维护周围的生态环境,不得擅自破坏植被,干扰野生动物,污染环境。

3. 风景名胜区环境管理

(1)设计单位应与风景名胜区主管部门联系,取得主管部门对在风景名胜区范围内施工的管理意见,特别是出湖河道疏浚工程应结合管理要求进一步优化清淤疏浚设计。同时,建设单位应加强施工人员的教育和培训,确保施工人员了解风景名胜区的管理规定和工程施工的环境保护相关规定。

(2)加强施工期宣传教育,禁止捕猎、伤害各类野生动物,特别是珍稀水禽鸟类;严格施工管理,尽可能减轻施工活动对景区内野生动物的正常活动的干扰。同时,针对涉及景区内重要景点的工程,应设置相应的宣传标示牌,严禁破坏名胜古迹和景区内各项公共设施,尽可能避免施工活动对景点正常运行造成影响。

7.2.2　环境监测

东平湖蓄滞洪区防洪工程建设涉及东平湖市级湿地自然保护区、腊山市级自然保护区和东平湖省级风景名胜区,生态环境相对敏感。为保护好工程区域生态环境及生态系统的完整性,有必要设置环境监测站点,以便连续、系统地观测工程兴建前后环境因子变化对当地生态环境的影响,从而验证可行性研究阶段环境影响评价结论,同时为工程施工期和运行期环境污染控制、环境管理和环境监理,以及区域生态环境的保护提供科学依据。

7.2.2.1 监测原则

1. 与工程建设紧密结合原则

环境监测的范围、对象和重点应结合工程施工、运行特点和周围环境敏感点的分布，及时反映工程施工和运行对周围环境敏感点的影响，以及环境变化对工程施工和运行的影响。

2. 针对性和代表性原则

根据环境现状、环境影响预测评价结果及环境保护措施的需要，选择影响显著、对区域环境影响起控制作用的主要因子进行监测，合理选择监测点和监测项目，力求做到监测方案有针对性和代表性。

3. 经济性和可操作性原则

按照相关专业技术规范，监测项目、频次、时段和方法以满足本监测系统主要任务为前提，尽量利用附近现有监测机构，新建站点的设置要可操作性强，力求以较少的投入获得较完整的环境监测数据。

4. 统一规划、分布实施原则

总体考虑，统一规划，根据工程不同阶段的重点和要求，分期分步建立，逐步实施和完善监测系统。

7.2.2.2 施工期环境监测

1. 水环境监测

水环境监测主要分为地表水、施工期生活饮用水、生产生活废污水和地下水监测。

1）地表水监测

地表水监测主要对施工期可能受施工影响的地表水体进行水质监测，以掌握工程建设对附近水域的影响情况。工程涉及的地表水体主要包括大清河、东平湖、流长河。由于工程布置呈线性分布，综合考虑工程类型、工程与水域位置关系及工程规模等，选择代表断面进行监测。

监测点位：在东平湖区及出湖河道、大清河及南水北调东线一期输水干渠（流长河段）等共布置地表水环境监测点 8 个，具体监测点位布设情况见表 7-10。

监测因子：pH、悬浮物、溶解氧、高锰酸盐指数、化学需氧量、生化需氧量、挥发酚、铅、镉、石油类、总磷、总氮、氨氮等项指标。

监测频率：施工期每年丰水期、枯水期、平水期各监测 1 次，每期监测 2 d，每天取样 1 次。

监测方法：水样采集按照《地表水和污水监测技术规范》（HJ/T 91—2002）规定的方法执行，样品分析按《地表水环境质量标准》（GB 3838—2002）和《地表水和污水监测技术规范》（HJ/T 91—2002）规定的方法执行。

表 7-10 施工期地表水环境监测断面布设情况

序号	断面	监测位置	工程内容	执行标准	备注
1	东平湖卧牛堤	卧牛堤	卧牛堤护坡翻修、卧牛排涝站改建	Ⅲ类	护坡翻修长度 1.83 km
2	东平湖二级湖堤	潘孟于	二级湖堤堤顶道路	Ⅲ类	堤顶道路硬化长度 26.73 km
3	东平湖出湖河道	出湖闸闸前	陈山口、清河门闸前河道疏浚	Ⅲ类	疏浚长度 2.4 km
4	大清河王台桥	王台大桥	王台排涝站改建	Ⅲ类	改建后流量为 6 m³/s
5	大清河流泽桥	流泽桥	尚流泽涵洞拆除堵复	Ⅲ类	改建后流量为 1.7 m³/s
6	济平干渠引水口	济平干渠东平湖引水口	青龙堤防延长及闸前疏浚	Ⅲ类	堤防延长 0.06 km
7	流长河入老湖断面	八里湾闸	二级湖堤堤顶道路	Ⅲ类	堤顶道路硬化长度 26.73 km
8	流长河入新湖断面	邓楼	围坝堤顶防汛路硬化及护堤固脚	Ⅲ类	围坝防汛路 65.72 km，护堤固脚 2.45 km

2）施工期生活饮用水监测

主要针对施工营地施工人员生活饮用水进行监测。本工程分布零散，综合考虑施工营地施工高峰期人数和施工期工期，对项目区 14 处工区中的 10 处较大的生活营地进行施工人员生活饮用水水质抽样监测，具体监测计划见表 7-11。

监测点位：10 处工区中生活营地饮用水取水口，具体监测点位布设情况见表 7-11。

监测因子：总大肠菌数、菌落总数、总硬度、浑浊度、硝酸盐、氯化物、氟化物、挥发酚、铁、锰、砷、汞、镉等。

监测频率：在工程施工时，在施工营地饮用水取水口处每季度监测 1 次，每次监测 1 d，每天取样 4 次。

监测方法：按《生活饮用水标准检验方法》（GB/T 5750—2006）中规定的方法进行。

表 7-11 施工期生活饮用水环境监测断面布设情况

序号	监测位置	工程内容	备注
1	1 工区出湖闸施工营地生活饮用水取水口	青龙堤延长、清河门闸门改建、陈山口交通桥改建等	施工高峰期人数 341 人
2	2 工区玉斑堤施工营地生活饮用水取水处	卧牛堤堤顶道路硬化及石护坡翻修	施工高峰期人数 1 473 人
3	2 工区卧牛堤施工营地生活饮用水取水处	玉斑堤堤顶道路及石护坡翻修	

续表7-11

序号	监测位置	工程内容	备注
4	4工区围坝码头段施工营地生活饮用水取水处	围坝堤顶道路及护坡翻修	施工高峰期人数311人
5	5工区围坝邓楼段施工营地生活饮用水取水处	围坝堤防道路及护坡翻修、护堤固脚	施工高峰期人数1 249人
6	7工区二级湖堤林辛段施工营地生活饮用水取水处	二级湖堤堤防道路硬化及林辛淤灌闸拆除堵复	施工高峰期人数1 293人
7	8工区大清河左堤后莲花湾段施工营地生活饮用水取水口	大清河左堤帮宽、截渗墙加固工程	左堤帮宽20 km,截渗墙加固3.9 km,施工高峰期人数676人
8	9工区大清河左堤流泽段施工营地生活饮用水取水口	大牛村控导、尚流泽控导及鲁祖屯险工改建	施工高峰期人数505人
9	12工区大清河右堤王台施工营地生活饮用水取水口	大清河右堤石护坡加固、王台及路口排涝站改建	施工高峰期人数916人
10	13工区大清河右堤辛庄施工营地生活饮用水取水口	辛庄险工改建	施工高峰期人数595人

3）生产生活废污水监测

按照《山东省南水北调沿线水污染物综合排放标准》(DB 37/599—2006)的要求,山东省南水北调东线工程干渠大堤和所流经湖泊大堤内的全部区域为核心保护区,禁止排放任何污水;核心保护区域向外延伸15 km的汇水区域,为重点保护区域,本次工程建设施工营地均布置在重点保护区域内。根据《山东省南水北调沿线水污染物综合排放标准》(DB 37/599—2006)的要求,除城镇污水处理厂外,所有向该区域直接排放污水的水污染物排放单位,水污染物的排放浓度必须符合《山东省南水北调沿线水污染物综合排放标准》(DB 37/599—2006)的有关规定。在各施工区生产、生活废污水处理设施出口,监测施工期生产废水和生活污水排放水质。

监测点位:同施工期生活饮用水监测点位。

监测因子:pH、石油类、SS、COD_{Cr}、BOD_5、氨氮、石油类等。

监测频率:在工程施工时,在生产生活废水处理设施出水口每年施工高峰期监测1次,每次监测1天,每天取样4次。

监测方法:按《污水综合排放标准》(GB 8978—1996)和《山东省南水北调沿线水污染物综合排放标准》(DB 37/599—2006)中规定的方法进行。

4）地下水监测

本项目中大清河左堤截渗墙建设对大清河的侧渗会有一定的影响,应选取距离截渗墙较近的地下水井进行水位的监测。具体监测计划见表7-12。

监测点位:根据施工布置及沿线地下水敏感点分布区,在大清河截渗墙段共布置3个地下水环境监测点位。

监测因子:pH、高锰酸盐指数、总硬度、溶解性总固体、氨氮、硝酸盐、亚硝酸盐、挥发酚、氰化物、氟化物、氯化物、硫酸盐、砷、汞、六价铬、铅、镉、铁、锰、酚类等共计 20 项水质指标。

监测频次:施工前监测 1 次背景值,每年施工高峰期监测 1 次。

监测方法:按《地下水环境监测技术规范》(HJ/T 164—2004)中规定的方法进行。

表 7-12　施工期地下水环境监测断面布设情况

序号	监测断面	工程内容	备注
1	大清河左堤武家曼村		周边村庄人数 2 200 人左右
2	大清河左堤田庄村	大清河左堤	周边村庄人数 1 100 人左右
3	大清河左堤东郑庄		周边村庄人数 1 200 人左右

2. 环境空气监测

对施工期间工程沿线的环境空气质量进行监测,了解施工大气污染物的影响范围,以便改进施工作业方法,减少废气污染物的产生量。由于工程段长且分布零散,选取工程量较大或附近村庄分布较多,以及临近保护区附近的工程段作为代表,进行布点。监测项目为 TSP、PM_{10}、SO_2、NO_2,同步实测气温、风速和风向。具体监测计划见表 7-13。

监测点位:共布置 10 个大气环境监测点,具体见 7-13。

监测因子:TSP、SO_2、NO_X,同步实测气温、风速和风向。

表 7-13　施工期环境空气环境监测断面布设情况

序号	监测位置	工程内容	备注
1	陈山口村	青龙堤延长、出湖闸闸门及交通路改建	青龙堤延长 0.06 km,公路桥改建 0.082 6 km
2	魏家河村	玉斑堤堤顶道路及石护坡翻修	堤顶道路硬化 3.9 km,护坡翻修 2.057 km
3	林辛庄	二级湖堤堤防道路硬化及林辛淤灌闸拆除堵复	堤顶道路硬化 26.73 km
4	解河口	围坝护坡翻修	围坝堤顶防汛路硬化 65.72 km,护坡翻修 55.52 km,护堤固脚 2.454 km
5	邓楼村	围坝堤顶道路硬化、护坡翻修及护堤固脚	
6	东张庄	围坝堤顶道路硬化、护坡翻修	
7	后莲花湾	大清河左堤加固、帮宽,截渗墙加固	大清河左堤帮宽加高 20 km,截渗墙加固 3.9 km
8	前辛庄	大清河右堤顶道路、辛庄险工改建	大清河右堤顶防汛路 17.8 km
9	孙流泽	大清河左堤堤顶道路硬化,左堤加固、帮宽,流泽涵洞堵复	大清河左堤堤顶防汛路整修及帮宽加高 20 km
10	后亭	大清河左堤堤顶道路硬化,左堤加固、帮宽,后亭涵洞堵复	大清河左堤堤顶防汛路整修及帮宽加高 20 km

监测频次:施工前监测 1 次背景值,每年施工高峰期监测 1 次。

监测方法:按《环境空气质量标准》(GB 3095—2012)中规定的方法进行。

3. 噪声监测

对施工期工程沿线的声环境质量进行监测,了解施工机械噪声的影响范围,改进作业方式,减少环境影响。监测点布设与环境空气质量相同,主要考虑工程量较大或附近村庄分布较多,以及临近保护区周边的工程段作为代表,进行布点。监测计划见表 7-13。

监测点位:布点同环境空气质量监测点。

监测内容:昼间和夜间等效声级,同时对交通道路两侧村庄监测车流量。

监测频次:施工前监测 1 次背景值,每年施工高峰期监测 1 次。

监测方法:按《声环境质量标准》(GB 3096—2008)中规定的方法进行。

4. 土壤环境监测

施工期间对主要料场及出湖河道闸前清淤土壤环境进行监测,具体监测计划见表 7-14。

监测点位:根据工程料场及出湖闸上河道疏浚工程布置情况,共设置 4 个土壤环境监测点,具体见表 7-14。

监测因子:pH、汞、铬、镉、铅、铜、砷、镍、锌等土壤重金属指标。

监测频次:施工前监测 1 次背景值,每年施工高峰期监测 1 次。

监测方法:《土壤环境监测技术规范》(HJ/T 166—2004)。

表 7-14　施工期土壤环境监测断面布设情况

序号	监测位置	工程内容	备注
1	徐十堤西侧王庄 1 号料场	土料场	土场面积 46.3 万 m², 主要为耕地和菜地
2	闱坝大王庄、周庄 4 号料场	土料场	土场面积 100 万 m², 主要为耕地
3	稻屯洼北部水河镇 8 号料场	土料场	土场面积 502.1 万 m², 主要为耕地
4	陈山口清河门出湖闸上河道	河道疏浚	疏浚长度 2.4 km

5. 人群健康监测

人群健康常规监测主要是对施工人员健康状况进行监控,由建设单位负责组织当地医疗卫生部门,重点对介水传染病、病毒性肝炎等传染性疾病进行监控,并对施工人员进行定期体检,对施工人员的健康状况做到全面掌握。同时在上述监控的基础上,在传染病流行季节(每年 4 月和 10 月)和高发区域,应对易感染人群进行抽检,并针对区域内不稳定病情和有上升趋势的病情采取有针对性地防范措施。

施工期人群健康监测范围为施工区施工人员,监测时间为整个施工期,监测频率为一年一次,抽检率约为 20%,并且所有炊事人员每年都要体检。本工程高峰期施工人数为 10 225 人,按 2 100 人抽检。

工程施工人员饮用水尽量选择附近村镇的自来水,若使用地表水或其他水源,则应在确定水源后将其水样送至市(县)卫生局进行检测,经检测合格后方可使用。

6. 生态环境监测

为了解工程建设前后项目区生态环境的变化情况,分析工程建设对区域生态的影响,并采取合理的生态恢复措施对生态影响区域进行人工干预,需要对工程建设前后项目区生态环境进行监测。以此了解建设前区域生态环境现状,同时利用各种监控手段调查分析运行期生态环境的恢复情况。生态环境监测计划见表7-15。

监测范围:工程涉及的2处自然保护区野生动植物资源调查及植被恢复效果调查、风景名胜区生态景观完整性调查。

植被调查:对保护区内的植被情况进行调查。监测内容包括植物物种、存活率、密度和盖度,施工占用植被情况及恢复情况等,施工前和施工高峰期各调查1次。

鸟类调查:包括主要保护鸟类种类、鸟类数量、生境及栖息地等。在鸟类繁殖的5～7月,每月调查2次,其他月份2个月调查1次。

水生生物调查:包括浮游、底栖及鱼类栖息地及产卵场等。在鱼类繁殖期(5～6月),每月调查2次,其他月份每2个月调查1次。

表 7-15　施工期生态环境监测断面布设情况

监测对象	监测区域	监测点位	监测内容
陆生生态	东平湖市级湿地自然保护区	昆山、二级湖堤(刘庄、潘孟于)、大清河武家曼	植被种类、数量盖度、存活度等
			鸟类数量、种类组成、种群分布、生活习性及栖息地等
	腊山市级自然保护区	桑园、东堂子、昆山、山嘴村	植被种类、数量、盖度、存活度等
			鸟类数量、种类组成、种群分布、生活习性及栖息地等
	东平湖省级风景名胜区	二级湖堤(刘庄、潘孟于)、王台排涝闸闸、马口闸	生态景观完整性、植被
	施工临时占地区域	14个施工生产区、施工道路、料场区	施工前调查监测范围内植被盖度、植被种类等,并做调查记录;施工前调查施工区野生动物种群分布、数量及其生活习性等,并做调查记录;调查施工区植被破坏的种类、植被数量等,并做调查记录
水生生态	东平湖	东平湖二级湖堤(八里湾)、出湖闸前疏浚段	浮游生物、底栖等;主要保护鱼类的种类、数量及栖息地、产卵场分布等

7.2.2.3　运行期环境监测

1. 地下水环境监测

工程建设结束后,对截渗墙外侧继续进行地下水环境监测,监测点布设与施工期相同。监测计划见表7-16。

表 7-16　运行期地下水环境监测计划

项目	内容
监测布点	在大清河左侧的武家曼村、田庄村、东郑庄村 3 处村庄各设置 1 个监测点
监测项目	地下水位
监测方法	《地下水环境监测技术规范》(HJ/T 164—2004)
监测频率	运行后连续监测 3 年,每年丰水期、平水期和枯水期各监测 1 次

2. 生态环境调查

为了解工程运行期项目区生态环境情况,对工程结束后项目区进行监测,了解运行期生态环境的恢复情况。生态环境监测计划见表 7-17。

表 7-17　运行期生态环境监测计划

监测点位	监测计划	监测时间、频次
东平湖市级湿地自然保护区(二级湖堤潘孟于、大清河武家曼)	调查监测范围内植被恢复情况,记录植被存活率、盖度等,并与施工前调查做比较;调查监测范围内野生动物活动情况,记录动物种类、数量并与施工前调查做比较;对监测范围内生态调查做出评价,为进行生态保护提供依据。调查珍稀水禽鸟类的数量、种类、丰富度以及活动生境等,与施工前做对比	工程运行后每年监测 1 次,连续监测 3 年
腊山市级自然保护区(桑园、东堂子、昆山、山嘴村)		
东平湖省级风景名胜区(二级湖堤刘庄、马口)	生态景观完整性、植被	

7.2.2.4　监测机构

1. 监测资料的获取

工程建设单位应该成立工程环境监测管理机构,委托有资质的单位进行环境和生态的监测,并建立完善的监测资料管理制度。监测数据在综合分析的基础上季报,以便简单、快捷地报告环境监测结果。季报内容包括环境质量现状、污染事故过程及分析,对环境质量趋势进行预测。

2. 监测资料的报送制度

监测资料形成监测报告并审定后,分别向建设单位和相关县环境保护单位报送。原始监测资料及整编成果交本工程环境管理部门存档备查,并抄送设计单位作为设计信息反馈。

7.2.3　环境监理

7.2.3.1　监理目的

根据有关规定,作为非污染生态建设项目,必须开展环境监理工作。环境监理部门应根据环境保护设计要求,开展施工期环境监理,全面监督和检查各施工单位环境保护措施的实施和效果,及时处理和解决临时出现的环境污染事件。环境监理是工程监理的重要组成部分,环境监理单位应严格按照合同条款独立、公正的开展工作,业主和承包商就环保方面的联系必须通过环境监理工程师,以保证命令依据的唯一性。

7.2.3.2　人员设置

环境监理实行环境监理总工程师负责制。监理单位应具有水利工程施工环境监理资质,监理人员应具备环境方面的专业知识,具体负责施工过程中环境保护措施的实施。因该项目涉及山东东平、梁山、汶上三县,因此设置 2~3 人为宜。

7.2.3.3　监理职责

监理工程师依据合同条款对工程活动中的环境保护工作进行监督管理,其职责如下:

(1)监督承包商环保合同条款的执行情况,并负责解释环保条款,对重大环境问题提出处理意见和报告。

(2)发现并掌握工程施工中的环境问题,下达监测指令。对监测结果进行分析研究,并提出环境保护改善方案。

(3)参加承包商提出的技术方案和施工进度计划的审查会议,就环保问题提出改进意见。审查承包商提出的可能造成污染的施工材料、设备清单及其所列环保指标。

(4)协调业主和承包商之间的关系,处理合同中有关环保部分的违约事件。根据合同规定,按索赔程序公正地处理好环保方面的双方索赔。

(5)对现场出现的环境问题及处理结果做出记录,每月向环境管理机构提交月报表,并根据积累的有关资料整理环境监理档案。每半年提交一份环境监理评估报告。

(6)参加单元工程的竣工验收工作,对已完成的工程责令清理和恢复现场。

7.2.3.4　监理范围及工作内容

环境监理的工作范围包括所有的施工现场、生活营地、临时弃渣场、施工道路、移民安置区及特殊生态敏感区和重要生态敏感区等可能造成环境污染的区域。

环境监理的具体内容主要包括以下几方面:

(1)生态环境保护:主要是施工活动可能造成植被破坏的区域,重点为位于自然保护区的实验区的工程,工作内容包括植被的恢复情况、珍稀动物保护对策及方案的实施情况。

(2)生活污水处理:施工区人员生活污水的处理情况。

(3)施工废水处理:施工期产生的废水处理情况。

(4)大气、粉尘控制:主要包括土方开挖、施工交通运输等产生的扬尘等。

(5)噪声控制:主要指敏感点附近的噪声源控制。

(6)固体废弃物处理:主要包括施工中产生的弃土弃渣、施工人员生活垃圾等的处理。

(7)水土保持:土方的开挖、运输、堆放,弃土弃渣处置过程中的水土流失控制。

(8)卫生防疫:包括医疗卫生、生活饮用水和传染病防治、灭蚊蝇、灭鼠等方面。

7.2.3.5　环境监理重点与要求

本次工程涉及 2 个自然保护区、1 个风景名胜区以及南水北调东线一期输水通道等多个环境敏感区,施工期对环境敏感区的各项生态防护及水质保护措施是本工程环境监理的重点。具体要求如下:

（1）严格控制工程涉及2个自然保护区的实验区的施工范围,加强宣传教育,对施工机械和施工车辆加装降噪设备,并限制施工人员活动区域,严禁捕杀野生动物,尽可能减轻对珍稀野生动物及鸟类的干扰。

（2）在风景名胜区内施工时,严禁破坏景点各项公共设施,工程建设尽量与周边景观协调一致。

（3）疏浚工程施工期应避开南水北调东线一期工程输水期,施工期间严禁生产废水向东平湖区排放,排泥区尾水经处理后排入出湖闸下河道,禁止排入东平湖区,最大程度地保障南水北调东线一期工程输水水质安全。

7.2.3.6　监理工作制度

1. 工作记录制度

环境监理工程师根据工作情况做出工作记录(监理日记),重点描述现场环境保护工作的巡视检查情况,指出存在的环境问题、问题发生的责任单位,分析产生问题的主要原因,提出处理意见及处理结果。

2. 监理报告制度

监理工程师应组织编写环境监理工程师的月报、季度报告、半年报告、年度监理报告以及承包商的环境月报,报建设单位环境管理科室。

3. 函件往来制度

监理工程师在现场检查过程中发现的环境问题,应下发问题通知单,通知承包商及时纠正或处理。监理工程师对承包商某些方面的规定或要求,一定要通过书面的形式通知对方。有时因情况紧急需口头通知,随后必须以书面形式予以确认。

4. 环境例会制度

每月召开一次环保会议。在环境例会期间,承包商对本合同段本月的环境保护工作进行工作总结,监理工程师对该月各标段的环境保护工作进行全面评议,会后编写会议纪要并发给与会各方,并督促有关单位遵照执行。

重大环境污染及环境影响事故发生后,由环境总监理工程师组织环保事故的调查,会同建设单位、地方环境保护部门共同研究处理方案,下发给承包商实施。

第 8 章　结论与建议

8.1　结　论

8.1.1　项目背景

东平湖蓄滞洪区是黄河下游防洪工程体系的重要组成部分,承担着分滞黄河洪水和蓄滞汶河来水的任务,同时老湖区还是南水北调东线一期工程的输水通道,在黄河下游防洪及国家水资源利用战略布局中具有十分重要的地位。

长期以来由于东平湖蓄滞洪区防洪工程建设投入严重不足,存在进出流路不畅、进退水闸设备老化、启用不便、蓄滞洪区隔堤、围堤缺少有效的护坡防护,部分堤身存在渗透,严重制约其蓄滞洪能力的发挥。为充分发挥东平湖蓄滞洪区的蓄滞洪能力,保证山东黄河防洪安全,本次工程安排防洪工程建设,完善东平湖蓄滞洪区防洪体系,确保东平湖蓄滞洪区"分得进、守得住、退得出、保安全";为蓄滞洪区的安全和有效启用创造条件,保障流域防洪安全和蓄滞洪区群众的生命财产安全。

8.1.2　环境现状分析

8.1.2.1　地表水

本项目区内的大清河、东平湖分别属于黄河流域一级功能区内的大汶河东平缓冲区、大汶河东平保留区和东平湖东平自然保护区,水质目标均为Ⅲ类。东平湖 2012 年和 2013 年水质均劣于Ⅲ类目标;2014 年东平湖各项指标除 TP 外均达到Ⅲ类要求,东平湖水体质量趋于好转。

2012～2014 年,大清河水体污染程度逐年降低,2014 年汛期王台大桥 COD_{Cr} 超标,其余指标均满足Ⅲ类水质标准,戴村坝和流泽大桥断面水质达到Ⅲ类标准。

出湖河道中部属于Ⅳ类水质,南部属于Ⅲ类水质,水质状况较好。中部断面除 COD_{Cr}、BOD_5 外,其余监测因子的浓度均可以满足Ⅲ类水质目标要求。

8.1.2.2　地下水

项目区地下水受区域地质构造及自然地理直接影响,大都是微承压和承压水含水岩组。区域内浅层地下水主要接受大气降水和季节性河水补给,向深层岩溶含水层排泄以及通过人工开采或蒸发排泄。深层地下水通过人工机井开采排泄以及含水层侧向排泄。

项目区浅层地下水部分存在咸化、高氟的现象,深层地下水水质较好,总体上满足Ⅲ类水标准。

8.1.2.3　陆生生态

项目区内共有维管植物 114 科 379 属 679 种,其中有蕨类植物共有 11 科 13 属 15

种,裸子植物共有 4 科 8 属 16 种,被子植物共有 99 科 358 属 648 种,被子植物中禾本科和菊科是分布最大的两个科,是本区内常见的各种草地植被建群种或优势种。东平湖蓄滞洪区分布有 3 种国家二级保护野生植物,分别为鹅掌楸、中华结缕草和野大豆。在实地查勘中,仅玉斑堤护坡上分布有少量的野大豆,工程区域未发现其他保护植物。

根据资料统计与现场调查,东平湖蓄滞洪区内共记录有野生动物 786 种,其中陆生脊椎动物 276 种。爬行类动物 2 目 5 科 9 种,兽类 5 目 11 科 18 种,鸟类 16 目 46 科 186 种。本区内国家一级保护野生鸟类 3 种,分别是丹顶鹤、白鹳和大鸨;国家二级保护野生鸟类 17 种。山东省重点保护野生动物 43 种,其中昆虫 1 种、两栖类动物 2 种、爬行类动物 1 种、鸟类 33 种、兽类 6 种。实地查勘中,除普通 、红隼、纵纹腹小鸮外,在工程区域未发现其他保护动物出现。

8.1.2.4　水生生态

东平湖区域浮游植物 8 门 71 属,浮游动物 68 种,底栖动物 23 种,鱼类 9 科 26 种。大清河区域浮游植物 5 门 31 属,浮游动物 21 种,底栖动物 15 种。与历史资料相比,浮游生物、底栖动物及鱼类种类及数量均低于历史水平,区域水生生物资源种类及数量有衰减的趋势。

8.1.2.5　自然保护区等敏感区

本项目区域内分布东平湖市级湿地自然保护区、腊山市级自然保护区和东平湖省级风景名胜区。东平湖市级湿地自然保护区是以保护湖泊湿地生态系统为宗旨,集生物多样性保护、科研、宣传、教育、生态旅游和资源可持续利用为一体的内陆湖泊生态系统类型的自然保护区。保护区内有湖泊湿地、河流湿地、稻田人工湿地及湖滩、岛屿、丘陵等类型,各种地类的多样性孕育了生物的多样性及生态系统类型的多样性。

腊山市级自然保护区是在原有腊山林场基础上成立的。以暖温带侧柏针叶林和阔叶针叶林生态系统为特点,具有其他珍稀生物资源的自然保护区。腊山市级自然保护区有国家二级保护野生动物 10 种。国家二级保护植物 1 种,为野大豆。

东平湖省级风景名胜区是水泊梁山风景名胜区的重要组成部分,属人文自然风景区。主要包括大清河、东平湖自然水面及洪顶山等环湖山体,面积 269 km^2。东平湖省级风景名胜区内景源丰富,人文资源和自然资源都具有鲜明的地方特色,但由于景区内人为活动频繁,管理不善,许多景源损坏严重,各种人工设施与整个风景名胜区的景观协调性较差。

8.1.2.6　环境空气及声环境

项目区在北方农村地区,主要为传统的农业种植区,通过比对黄河下游防洪工程与本工程施工区域相类似的地区,项目区内环境空气质量良好。

除部分区域声环境超标外,区域声环境质量总体良好,基本符合声环境功能区划要求。

8.1.3　环境影响分析

8.1.3.1　地表水环境

1. 施工期

1)施工废水影响分析

施工期主要产生的废水包括混凝土拌和冲洗废水、基坑排水和生活废污水等。其中混凝土拌和系统产生的冲洗废水悬浮物含量较高、呈碱性(pH 达 10~12),排入水体后增加水体的浊度,使 pH 升高,影响水体的感官性状以及水生生物的呼吸和代谢。建议混凝土拌和废水经絮凝沉淀法处理后,回用于生产工艺,不外排,不会对东平湖和大清河水质产生影响。

混凝土养护废水主要是主体工程现浇混凝土养护废水。混凝土施工主要分布于东平湖蓄滞洪区玉斑堤、卧牛堤,围坝及大清河左堤段,这些施工区均布置在东平湖及大清河大堤外侧,由于堤防的阻隔,施工废水不会对东平湖及大清河水体产生直接影响。由于养护废水具有 SS 浓度、pH 高的特点,若该废水不进行处理直接排放,将可能对施工区附近土壤环境产生不利影响。建议每个施工区设置沉淀池,将混凝土养护废水经絮凝沉淀处理后,全部回用于混凝土拌和系统。

基坑排水来于老湖区卧牛排灌站、新湖马口排灌站以及大清河王台和路口排涝站工程在开挖初期形成,废水主要污染因子为悬浮物。由于基坑排水主要为地下渗水和降雨,在开挖的基础旁边设置排水沟和沉淀池后排入相应排灌站后排涝渠道,不会对地表水环境造成污染影响。

施工生活污水主要来自施工人员食堂污水、粪便污水以及洗浴用水等,主要污染物为 COD_{Cr}、BOD_5 等,浓度一般为 300 mg/L 和 150 mg/L。本次施工生活营地分布于东平湖蓄滞洪区和大清河,施工期为 3 年,单项工程进度不一致,生活污水排放分散。考虑到东平湖作为南水北调工程的输水通道,山东省相关部门制定了南水北调工程沿线污染物排放标准,禁止废水排入东平湖。建议每个施工生活营区修建环保厕所,安排专人定期清运后,采用一体化污水处理系统进行处理,将处理后的废水用于施工区、邻近村庄运输道路的洒水降尘。不直接排入地表水体,不会对水环境产生不利影响。

2)河道疏浚工程对水环境影响分析

出湖河道采用挖泥船水下施工疏浚,施工过程中可能扰动河道底泥,造成水体色度、浊度等因子超标,对出湖河道水质产生一定不利影响,将随工程的竣工而减轻,最后消失,形成一定的不利影响只是短暂的,不会对水体水质造成较大影响。此外,根据施工设计,出湖闸上河道疏浚工程疏浚的底泥堆放于玉斑堤与斑清堤之间的低洼地带,其尾水通过开挖截渗沟排入陈山口闸下河道。为避免对外环境产生不利影响,建议疏浚底泥废水应进行物化生化处理后排放。同时,排泥区退水应严格执行工程设计中的截渗、导流措施,并做好水质保护工作,防止有害物质进入退水水体,加强排泥区退水监测,发现处理后水质不符合要求,立即停止排放,直至水质处理满足要求才能排放。在采取上述措施情况下,出湖闸上河道疏浚工程排泥区退水不会对东平湖水环境产生明显影响。

3)对南水北调东线工程的环境影响分析

由本次工程与南水北调东线一期工程位置关系可知,除出湖闸上河道疏浚工程外,其余工程均位于南水北调东线工程重点保护区,工程施工均为旱地施工,不涉水,工程施工过程不会对南水北调东线一期工程输水水质产生影响。为防止玉斑堤、卧牛堤、二级湖堤及围坝工程等施工生产生活废水排放对南水北调东线一期工程输水水质产生不利影响,一方面评价提出除主体工程外,东平湖蓄滞洪区施工生产、生活营地不得设在南水北调东线核心保护区,对原位于南水北调东线一期工程核心保护区内的围坝 41+000 段石护坡翻修及堤顶防汛路工程施工营地进行调整,调出了核心保护区,避免生产、生活废水以及生活垃圾进入核心保护区内。另一方面,施工混凝土废水经沉淀后回用于混凝土搅拌,生活污水经一体化处理设施处理达标后用于施工场地降尘,不外排。在采取上述措施的情况下,玉斑堤、卧牛堤、二级湖堤及围坝工程不会对南水北调东线一期工程输水水质产生不利影响。

出湖闸上河道疏浚工程施工期为 3～6 月和 11～12 月,采用 350 型绞吸式挖泥船等机械进行开挖,将对出湖河道的水体产生扰动,造成局部水域 SS 浓度增加,因此施工活动对取水的影响主要集中于非汛期,施工结束后该影响便消失。根据现场踏勘,济平干渠渠首闸距离陈山口出湖闸上河道疏浚工程最近,为了最大程度地降低扰动影响,评价建议施工单位应根据南水北调东线一期工程年度调水计划,施工前与南水北调东线工程管理单位协商制定具体的施工时间及进度安排,陈山口出湖闸上河道疏浚工程施工尽量避开引水时段。此外,挖泥船施工位于南水北调东线工程核心保护区,严禁船舶向东平湖排放废水。另外,挖泥船应当配备油污、垃圾和污水等污染物集中收集、存储设施,并制订船舶污染事故应急预案。

4) 工程对取水口的影响分析

玉斑堤、二级湖堤、青龙堤工程和围坝护坡翻修等工程施工方式为旱地施工,工程量少,施工时间短,且施工现场与取水口有一定距离。在加强施工管理、落实各项环境保护措施后,施工弃渣、生活垃圾等固体废弃物及生活、生产废水不会进入东平湖区,不会对魏河出湖闸、八里湾泵站和邓楼泵站产生不利影响。

陈山口出湖闸上河道疏浚工程施工期会对济平干渠渠首闸有一定不利影响。为了最大程度地降低扰动影响,评价建议设计单位优化施工设计,缩短施工周期;施工单位根据南水北调东线一期工程年度调水计划,施工前与济平干渠渠首闸管理单位协商制定具体的施工时间及进度安排,避开引水时段。挖泥船舶应当配备相应的防止污染的设备和油污、垃圾、污水等污染物集中收集、存储设施,禁止船舶废水直接排入东平湖。

2. 运行期

本工程仅在原有防洪工程基础上进行续改建,工程建设不改变东平湖蓄滞洪区的调度运行方式,不改变东平湖蓄滞洪区的水系连通方式,工程建成后不增加区域污染物。区内污染源与建设前基本保持一致,蓄滞洪区内外水体水质可保持现状情况。工程建成后,蓄滞洪区未启用时,不会对东平湖的水质产生影响。

蓄滞洪区启用时,洪水将在蓄滞洪区内停留一段时间,蓄滞洪区内的农业面源污染等将随洪水进入东平湖内,可能对东平湖水质产生污染的风险。

8.1.3.2 地下水环境

本次可研安排大清河左堤截渗墙工程 3.9 km,截渗墙根据实际地层结构的变化具有不同的深度,变化区间为 9.87～15.06 m。通过预测丰水期截渗墙工程对地下水的影响较为明显,截渗墙对堤后地下水位影响最大处是距截渗墙 0 m,地下水降深值约 2 m,随着距堤坝距离的增加,影响逐渐减小。但地下水位变化值均在该地区地下水年变幅范围内,通过地下水的天然流动即可调节到正常状况。

河道疏浚工程排泥区施工期尾水入渗造成地下水位短时上升,基本不会影响附近分散水井的取水,但对于距离较近的建筑物基础会产生一定的不利作用;施工完成后,通过地下水自然流动与调节,水位恢复至原有水平,基本不会产生地下水环境影响。

8.1.3.3 陆生生态

根据现场样方调查,本次工程区域大部分开发为农田,多为人工栽培植被,并伴有零星的经济林种植,本次占地大部分为耕地。自然植被为次生灌木林草,均属当地常见种类,除自然保护区外,工程区域内尚未发现珍稀濒危保护植物。因此,工程建设会对当地植被产生一定影响,但不会造成区域植物群落组成的变化,也不会造成物种的消失。

工程施工可能对两栖类动物和爬行类动物产生一定影响,施工过程中应严禁施工人员捕杀爬行类动物,施工结束后严格落实各项环保措施,恢复区域正常生境,在采取上述措施后,工程建设对两栖类动物及爬行类动物的影响程度、范围有限。

8.1.3.4 水生生态

本次工程包括堤防加固工程、护坡工程、河道疏浚工程、河道整治工程和穿堤建筑物工程等,工程均为续改建工程,基本不在河道中施工,涉水施工很少,主要为穿堤建筑物改建处施工围堰建设和出湖闸上河道疏浚工程,因此本工程对水生生物影响源主要为施工扰动、施工噪声等。施工可能造成局部水体中悬浮物含量的升高,施工区域河段沿岸带浮游生物、底栖动物等生物量的减少,鱼类饵料生物的减少,可能使鱼类栖息受到一定程度的影响。

8.1.3.5 自然保护区等敏感区

1. 东平湖市级湿地自然保护区

据现场调查,涉及该保护区的工程区域未发现保护植物分布,工程建设不会对保护区保护植物产生影响。

本次工程施工对以耕地、荒地、林地为主要栖息生境的夏候鸟、留鸟有一定影响,对以水域、沼泽等为主要栖息生境的夏候鸟、留鸟影响较小或者基本无影响,对旅鸟、冬候鸟影响较小或者无影响。

2. 腊山市级自然保护区

据现场调查,玉斑堤工程区域发现野大豆的分布,因此工程建设可能会对野大豆产生不利影响。

腊山市级自然保护区是以保护珍稀濒危动植物的森林生态性自然保护区,其主要生态功能为保持天然林生态系统和保护珍稀动植物的栖息生境。本工程不涉及自然保护区的占地,不会影响自然保护区植被的正常生长和生态功能的正常发挥;施工对国家二级保护鸟类的正常栖息、繁殖没有直接影响。工程建设对保护区的结构和功能不会产生较大影响。

3. 东平湖风景名胜区

河道疏浚工程位于风景名胜区一级保护区,但随着施工期结束,及时对施工迹地进行恢复及绿化措施,施工影响可以得到消除。同时加强施工管理,不会对风景名胜区的景观产生较大影响。其余位于风景名胜区三级保护区的工程属于改建和加固工程,不会对景区的视觉景观产生较大影响。

8.1.3.6　环境空气及声环境

由于施工区域为农村区域,环境背景较好,施工场地为线状分布,废气排放源密度不大,且施工区域为平原区,地势平坦,有较好的扩散条件,采取相应的保护措施,本次工程施工期废气排放不会对区域环境空气质量产生较大影响。

施工噪声主要来自施工开挖、填筑等施工活动以及施工机械运行、车辆运输等。距离工程较近的敏感点均受噪声影响,昼间噪声73个村庄敏感点噪声超标。

8.1.4　环境保护措施

8.1.4.1　地表水环境

1. 施工期

(1)混凝土冲洗及养护废水:混凝土冲洗及养护废水经沉淀处理后回用于混凝土拌和系统及拌和系统冲洗。

(2)基坑排水:基坑排水经沉淀处理后排入相应排灌涵闸的排涝渠道。

(3)河道疏浚工程排泥区尾水:排泥区尾水采用物化生化处理工艺;排泥区应严格执行工程设计中的截渗、导流措施,并做好水质保护工作,防止有害物质进入退水水体;加强排泥区退水监测,发现处理后水质不符合要求,立即停止排放,直至水质处理满足要求才能排放。

(4)生活污水:生活污水采用一体化生活污水处理设施进行处理,达标后回用于施工场地、临时堆放土料洒水降尘。

(5)取水口的保护措施:河道疏浚工程首先优化施工工艺,缩短施工周期,其次施工单位施工前与引水闸管理单位协商制订具体的施工时间及进度安排,避开引水时段。

青龙堤、玉斑堤、二级湖堤八里湾附近及围坝41+000~41+620段工程施工工区设置标志牌、警示牌等标志物,严格施工范围,禁止施工人员到非施工区域活动。

切实加强施工过程的监督管理,加强施工期的监控监测机制,委托当地环保监测部门加密济平干渠渠首闸水质监测,及时掌握水质变化情况。

青龙堤、玉斑堤、二级湖堤八里湾附近及围坝41+000~41+620段工程施工前与取用水单位加强沟通,避免施工对用水户水质产生影响,出现突发事件后,及时采取措施的同时通知取用水单位。

(6)南水北调东线一期工程水环境保障措施:调整原位于南水北调东线一期工程核心保护区内的围坝41+000段石护坡翻修及堤顶防汛路工程施工营地,调出了核心保护区,避免生产、生活废水以及生活垃圾进入核心保护区内。

出湖闸上河道疏浚工程首先优化施工工艺,缩短施工周期;其次根据南水北调东线一期工程年度调水计划,及时调整陈山口出湖闸上河道疏浚工程的施工工期,避开南水北调东线一期工程的调水时段。

挖泥船配备油污、垃圾和污水等污染物集中收集、存储设施,并制订船舶污染事故应急预案,严禁挖泥船废水直接排入东平湖。

2. 运行期

蓄滞洪区启用前:根据蓄滞洪区运用要求及南水北调东线工程污染防治规划,加大环境执法力度,加强蓄滞洪区环境管理,禁止新建和扩建排污不符合蓄滞洪区达标要求及南水北调东线工程污染防治要求的企业和单位;严格限制蓄滞洪区内农药和化肥的使用,控制农业面源污染。结合蓄滞洪区运用方案和南水北调东线一期工程的调度方案,制订蓄滞洪区运用的水污染应急预案。

蓄滞洪区启用后:南水北调调水期的 10 月应严格执行山东省南水北调条例,按照规定程序启动南水北调工程水量调度应急预案,采取临时限制取水、用水和排水等。加强东平湖蓄滞洪区水质监测,尤其是济平干渠渠首闸处的水质监测,待水质满足南水北调东线调水水质标准后,方可进行调水,以确保南水北调供水安全。

8.1.4.2 地下水环境

1.地下水水质保护

建议建设单位在项目施工过程中严格管理,责任到位,以防污废水排放造成不良影响。

注意建筑使用固体废弃物的堆置和处理,尽可能堆置并及时运走处理。注意施工期生活污水的收集和处理,防止生活污水渗漏影响地下水水质。

2.地下水位保护

(1)根据地下水环境影响分析,河道疏浚工程底泥堆放区距离康村、王庙较近,需在康村、王庙建设抽水井和监测井。

(2)截渗墙建设工程周边应建立地下水位监测网络,应在截渗墙施工区域附近的村庄(重点是东郑庄、高庄、武家曼等)分散取水水井布置监测点开展环境及地下水位、水质监测;及时关注工程周边地下水位变化情况。

(3)当出现水位急剧下降或出现村民取水困难趋势时,应立即停止施工并采取封堵措施,并及时启动应急预案,采用汽车送水补救措施的同时,及时根据前期确定的备用水源(降水集水供水设施),建立应急供水设施,尽快提供新的供水水源,保障人畜饮水安全。

8.1.4.3 陆生生态

1.占地影响减缓措施

施工期间,施工占地周围设置施工范围,施工车辆、人员必须在施工范围内活动,严禁随意扩大扰动范围;工程设计应采取分时段分片取土,取土结束后及时恢复地表,严格落实水土保持方案措施,取土场在施工结束后,及时进行复耕;调整施工营地布置,合并玉斑堤工程与卧牛堤施工营地,减少施工占地;施工过程中对周转渣场采取拦挡措施,施工结束后对其进行土地平整,恢复原地貌;施工营地在施工结束后进行施工迹地恢复,彻底清理生活垃圾,做好土地平整和植被恢复措施。

2.植被影响减缓措施

严禁随意砍伐、破坏非施工区内的各种野生植被;加强环境保护力度,堤防及堤顶防汛路工程配合人工种植恢复自然植被和当地的优势植物群系进行绿化,美化工程区域景观格局。植被恢复可选用草本有紫花苜蓿、葛巴根等,灌木有紫穗槐、紫叶小檗,乔木有垂柳、国槐等。

3. 野生动物影响保护与减缓措施

施工单位在进场前,必须制定严格的施工组织和管理细则,设专人负责施工期的环境管理工作,提高施工人员环境保护意识,严禁施工人员捕猎野生动物;加强对施工人员生态保护的宣传教育,以公告、宣传册发放等形式,教育施工人员,通过制度化严禁施工人员非法猎捕野生动物。

委托林业部门加强施工期动物的观测,施工期间发现有鸟类在周围聚集的工程,应采取妥善的措施保护鸟类,避免工程施工对其产生不利影响。

建立工程环境监理制度,环境监理单位应严格监管施工单位落实各项环保措施及地方环境保护部门和地方林业部门提出的各项环境保护要求。

4. 恢复措施

施工前,应先取占地区域表层土并妥善保存,防止水土流失;施工结束,清理场地后,使用保存的表层土进行覆盖后恢复植被。

加强运行初期植被的管护,提高成活率,并及时补种遭受损失的植被。

严格落实水土保持方案措施,施工结束后,对取土场安排土地平整、植被恢复措施;对周转渣场进行土地平整,恢复原地貌;对施工道路进行土地平整、植被恢复;施工营地进行施工迹地恢复,彻底清理生活垃圾,做好土地平整和植被恢复措施。

植被恢复时,应选择当地适宜的植物种类,草本有紫花苜蓿、葛巴根等,灌木有紫穗槐、紫叶小檗,乔木有垂柳、国槐等,并加强人工管理。

8.1.4.4　水生生态

加大对水生生物保护的宣传力度,在河道疏浚工程施工区、大清河后亭控导等工程施工工地设置标识牌,在其施工区域、施工现场等场所设立保护水生生物的警示牌;加大对施工人员的教育力度,提高对水生生物的保护意识,加强施工期管理和监督,严禁施工人员下河捕鱼和非法捕捞作业,严禁施工垃圾和废水直接排入东平湖和大清河。

大清河控导工程应采取间歇式施工方式,防止局部区域水体浑浊度急剧下降,引起浮游生物较大数量的损失。

出湖闸上河道疏浚工程施工过程应分段开挖,减少河床底质的破坏,严格控制施工范围,减少对底栖生物栖息环境的破坏。

做好水生生物监测工作,准确掌握该工程施工期和运行期水生生物变动状况。

为确保鱼类栖息地安全,在施工过程中,应由专业部门加强鱼类产卵情况监测和调查,一旦发现涉水施工段有鱼类的产卵场,应及时调整工期,避开鱼类集中产卵期,施工结束后及时进行栖息地修复。

考虑鱼类、两栖类物种交流,优化涵闸运行调度,优化护坡方案比选,尽可能采用生态型护坡,并与周边景观协调一致。

河道疏浚及大清河后亭控导工程等涉水施工各施工区段施工前聘请保护区管理人员进行驱鱼,将鱼类驱离施工段后再进行施工。选用低噪声设备,加强设备维护,严禁鸣笛等,避免机械噪声对鱼类的惊扰。

8.1.4.5　自然保护区等敏感区

调整施工布置,将原来位于腊山市级自然保护区内的实验区的 1 处取土场调出了自然保护区。将玉斑堤和卧牛堤工程施工营地合并,并在下步初步设计中将卧牛堤工程施工营地、大清河右堤王台排涝站施工营地调整至保护区范围之外,不再位于东平湖市级湿地自然保护区的实验区。将卧牛堤工程施工营地与玉斑堤施工营地合并,并调整至玉斑堤西侧,调出腊山市级自然保护区范围之外。在下步初步设计中将两闸隔堤工程、青龙堤延长的施工营地调整陈山口村北侧,河道疏浚工程施工营地调整至斑清堤外西北侧,围坝堤顶防汛路工程施工区(79 + 000)调整原施工区南侧,玉斑堤和卧牛堤工程施工营地合并,并将其调整至玉斑堤西侧,均不再位于东平湖省级风景名胜区三级区。

调整工程布置,为最大程度地保护风景名胜区的景观资源,在确保防洪安全前提下,经可研设计部门多次论证,将疏浚河道长度由 5.2 km 调整至 2.4 km。

加强施工人员动物保护的宣传教育;加强施工监测,如发现成群的鸟类栖息,则立即停止施工。

严格执行自然保护区条例、风景名胜区管理条例等相关法规规定和建设单位的施工要求,按照指定的路线、区域行走、活动、施工。

严禁施工人员在施工过程中将污水、垃圾及施工机械的废油等污染物弃置东平湖或大清河水域;施工材料放置远离上述水域。

8.1.4.6 环境空气

加强施工管理,合理安排燃油机械的运行时间,减少尾气排放量;优先选用工艺先进、尾气排放量小的施工机械和车辆;运输石灰、水泥加盖篷布;水泥搅拌桩施工采用湿法钻孔;避免大风天气开挖取土,开挖断面及时洒水降尘;施工运输道路加强管理。对直接受大气污染的现场施工人员,应配备必要的防护设施(如口罩)等。合理安排施工路线及施工时间,在邻近村庄施工时应按时洒水降尘,并设置一定的隔离带,避免施工活动对其产生影响。

8.1.4.7 声环境

选用符合标准的施工机械和车辆,加强机械车辆的保养,降低运行时的噪声;距离村庄较近区域施工时,严禁夜间22:00至翌日6:00施工;并在居民集中区域设置严禁施工标牌;对操作打夯机、推土机、挖掘机等高噪声设备操作人员配备耳塞等防护设施;对于施工期不能满足声环境质量1类标准的村庄,设置隔声屏障。

8.2 建 议

(1)本次工程涉及的生态敏感点包括东平湖市级湿地自然保护区、东平湖省级风景名胜区和腊山市级自然保护区,通过分析,工程施工期对上述敏感点的影响较小,但涉及这些敏感点的施工必须采取严格保护措施,加强施工管理与生态监测,尽最大可能减少对其主要保护对象及生态功能的影响与破坏。

(2)本次工程区域涉及南水北调东线一期工程输水通道,施工过程应严格管理,禁止废水未经处理直接排放,严格按照环评提出的各项水环境保护措施,避免工程施工对南水北调东线输水干渠水质产生不利影响。应落实评价提出的其他环境保护对策和措施,减轻施工活动产生的废气、噪声和固体废弃物对周围环境的影响。

（3）本次工程涉及范围较广,区域人口密度大,占用土地类型以耕地为主,工程建设中应合理规划,少占用农田,保护耕地,切实做好工程占压补偿工作,保证当地人民的切身利益;工程施工结束后对临时占地进行土地平整及复垦,减少工程建设对生态环境的影响。

（4）加强环境管理和环境监测体系的建设,针对工程建设期以及工程运行期对环境影响的特点,委托有资质的单位,落实环境监测计划,并委托有关环境保护管理部门对工程环保措施和环境监测计划的实施进行监督管理。

（5）工程建设单位应通过积极宣传自然保护区条例、风景名胜区管理条例等相关环境保护法规和政策,加强对施工人员的教育和管理,提高施工人员的环保意识,避免对生态敏感区动植物资源造成破坏。

附录 I 东平湖蓄滞洪区防洪工程建设项目评价区域植物名录

科	属	种	拉丁名
一、卷柏科			Selaginellaceae
	卷柏属		Selaginella P. Beauv.
		卷柏	Selaginella tamariscina（Beauv.）Spring
		中华卷柏	Selaginella sinensis（Desv.）Spring
二、木贼科			Equisetaceae
	问荆属		Equisetum L.
		问荆	Equisetum arvense L.
	木贼属		Equisetum L.
		节节草	E. ramosissimum Desf
三、碗蕨科			Dennstaedtiaceae
	碗蕨属		Dennstaedtia Bernh.
		细毛碗蕨	Dennstaedtia hirsuta（Swartz）Mett. ex Miquel
四、中国蕨科			Sinopteridaceae
	蹄盖蕨属		Athyrium Roth
		禾秆蹄盖蕨	Athyrium yokoscense（Franch. et Sav.）Christ
		日本蹄盖蕨	Athyrium niponicum（Mett.）Hance
五、铁角蕨科			Aspleniaceae
	过山蕨属		Camptosorus Link
		过山蕨	Camptosorus sibiricus Rupr.
	铁角蕨属		Asplenium L.
		虎尾铁角蕨	Asplenium incisum Thunb.
六、岩蕨科			Woodsiaceae
	岩蕨属		Woodsia R. Br.
		东亚岩蕨	Woodsia intermedia Tagawa
七、鳞毛蕨科			Dryopteridaceae

续表

科	属	种	拉丁名
	鳞毛蕨属		Dryopteris Adanson
		半岛鳞毛蕨	Dryopteris peninsulae Kitag.
八、水龙骨科			Polypodiaceae
	石韦属		Pyrrosia Mirbel
		有柄石韦	Pyrrosia petiolosa（Christ）Ching
九、苹科			Marsileaceae
	苹属		Marsilea L.
		苹	Marsilea quadrifolia L.
十、槐叶苹科			Salviniacae
	槐叶苹属		Salvinia A dans
		槐叶苹	S. natans（L.）All.
十一、银杏科			Ginkgoaceae
	银杏属		Ginkgo L.
		银杏	Ginkgo Biloba L.
十二、松科			Pinaceae
	云杉属		Picea Dietr.
		白扦	Picea meyeri Rehd. et Wils.
		青扦	Picea wilsonii Mast.
	雪松属		Cedrus Trew
		雪松	C. deodara(Roxb.）G. Don
	松属		Pinus L.
		华山松	Pinus armandii Franch.
		日本五针松	Pinus parviflora Sieb. Et Zucc.
		白皮松	Pinus bungeana Zucc. ex Endl.
		油松	Pinus tabulaeformis Carr.
		黑松	Pinus thunbergii Parl.
十三、杉科			Taxodiaceae
	水杉属		Metasequoia Miki ex Hu et Cheng
		水杉	M. glyptostroboides Hu et Cheng
十四、柏科			Cupressaceae

续表

科	属	种	拉丁名
	侧柏属		Platycladus Spach
		侧柏	P. orientalis（L.）Franco
		千头柏	Platycladus orientalis cv. sieboldii
	圆柏属		Sabina Mill.
		北美圆柏	Sabina virginiana（Linn.）Ant.
		圆柏	Sabina chinensis（Linn.）Ant.
		龙柏	Sabina chinensis（Linn.）Ant. Cv. Kaizuca
	刺柏属		Juniperus L.
		刺柏	Juniperus formosara Hayata
十五、杨柳科			Salicaceae
	杨属		Populus L.
		银白杨	Populus alba L.
		毛白杨	Populus tomentosa Carr
		加拿大杨	Populus canadensis Moench
	柳属		Salix L.
		旱柳	Salix matsudana Koidz
		垂柳	Salix babylonica L.
十六、胡桃科			Juglandaceae
	胡桃属		Juglans L.
		胡桃	Juglans regia L.
	枫杨属		Pterocarya Kunth
		枫杨	P. stenoptera C. DC.
十七、桦木科			Betulaceae
	鹅耳枥属		Carpinus L.
		鹅耳枥	Carpinus turczaninowii Hance
十八、壳斗科（山毛榉科）			Fagaceae
	栗属		Castanea Mill.
		板栗	Castanea mollissima Blume
	栎属		Quercus L.
		麻栎	Quercus acutissima Carr.

续表

科	属	种	拉丁名
		栓皮栎	Quercus variabilis Blume
十九、榆科			Ulmaceae
	榆属		Ulmus L.
		榆	Ulmus pumila L.
二十、桑科			Moraceae
	桑属		Morus L.
		桑	Morus alba
	构属		Broussonetia L'Herit. ex Vent.
		构树	Broussonetia papyrifera（L.）Vent.
	葎草属		Humulus L.
		葎草	H. scandens（Lour.）Merr.
二十一、荨麻科			Urticaceae
	苎麻属		Boehmeria Jacq.
		大叶苎麻	Boehmeria longispica Steud.
二十二、檀香科			Santalaceae
	百蕊草属		Thesium L.
		华北百蕊草	Thesium cathaicum Hendry.
		百蕊草	Thesium chinense Turcz.
二十三、马兜铃科			Aristolochiaceae
	马兜铃属		Aristolochia L.
		寻骨风（绵毛马兜铃）	Arystolochia mollissima Hance
		北马兜铃	Aristolochia contorta Bunge
二十四、蓼科			Polygonaceae
	蓼属		Polygonum L.
		萹蓄	Polygonum aviculare L.
		习见蓼	Polygonum plebeium R. Br.
		尼泊尔蓼	Polygonum nepalense Meisn.
		两栖蓼	Polygonum amphibium L.
		红蓼	Polygonum orientale L.
		春蓼	Polygonum persicaria L.

续表

科	属	种	拉丁名
		酸模叶蓼	Polygonum lapathifolium L.
		水蓼	Polygonum hydropiper L.
		丛枝蓼	Polygonum posumbu Buchanan-Hamilton ex D. Don
		拳蓼	Polygonum Bistorta L.
		杠板归	Polygonum perfoliatum L.
		箭叶蓼	Polygonum sieboldii Meisn.
	何首乌属		Fallopia Adans.
		齿翅蓼	Fallopia dentato-alatum（Fr. Schmidt）Holub.
	荞麦属		Fagopyrum Mill.
		荞麦	Fagopyrum esculentum Moench.
	酸模属		Rumex L.
		酸模	Rumex acetosa L.
		巴天酸模	Rumex patientia Linn.
		齿果酸模	Rumex dentatus Linn.
二十五、藜科			Chenopodiaceae
	藜属		Chenogodium L.
		灰绿藜	Chenopodium glaucum L.
		小藜	Chenopodium serotinum L.
		藜	Chenopodium album L.
	地肤属		Kochia Kochia Roth
		地肤	Kochia scoparia（linn.）Schrad.
	猪毛菜属		Salsola L.
		猪毛菜	Salsola collina Pall.
二十六、苋科			Amaranthaceae
	青葙属		Amaranthus L.
		青葙	Celosia argentea Linn.
	苋属		Amaranthus L.
		刺苋	Amaranthus spinosus L.
		反枝苋	Amaranthus retroflexus L.

科	属	种	拉丁名
		绿穗苋	Amaranthus hybridus L.
		合被苋	Amaranthus polygonoides L.
		北美苋	Amaranthus blitoides S. Watson
		皱果苋	Amaranthus viridis L.
		凹头苋	Amaranthus lividus L.
	牛膝属		Achyranthes L.
		牛膝	A. bidentata Bl.
	莲子草属		Alternanthera Forsk.
		莲子草	Alternanthera philoxeroides（Mart.）Griseb.
二十七、马齿苋科			Portulacaceae
	马齿苋属		Portulaca L.
		马齿苋	Portulaca oleracea L.
二十八、石竹科			Caryophyllaceae
	漆姑草属		Sagina L.
		漆姑草	S. japonica（SW.）Ohwi
	鹅肠菜属		Myosoton Moench.
		鹅肠菜	M. aquaticum（L.）Moench
	繁缕属		Stellaria L.
		繁缕	Stellariamedia（L.）Cry
		中国繁缕	Stellaria chinensis Regel
	蝇子草属		Silene L.
		麦瓶草	Silene conoidea L.
		女娄菜	Melandrium apricum（Turcz.）Rohrb.
		蝇子草	S. fortunei Vis
		山蚂蚱草	Silene jenisseensis Willd.
	麦蓝菜属		Vaccaria Medic.
		麦蓝菜	Vaccaria segetalis（Necr.）Gracke
	石竹属		Dianthus L.
		石竹	Dianthus chinensis L.
		瞿麦	Dianthus superbus L.

续表

科	属	种	拉丁名
	石头花属		Gypsophila L.
		长蕊石头花	Gypsophila oldhamiana Miq.
二十九、睡莲科			Nymphaeaceae
	莲属		Nelumbo Adans.
		莲	N. nucifera Gaertn.
	芡属		Euryale Salisb. ex DC.
		芡实	Euryale ferox Salisb. ex DC
	睡莲属		Nymphaea L.
		睡莲	N. tetragona Georgi
		白睡莲	Nymphaea alba L.
三十、金鱼藻科			Ceratophyllaceae
	金鱼藻属		Ceratophyllum L.
		金鱼藻	Ceratophyllum demersum L.
三十一、毛茛科			Ranunculaceae
	乌头属		Aconitum L.
		乌头	Aconitum carmichaeli Debx.
		展毛乌头	Aconitum carmichaeli Debx var. truppelianum（Ulbr.）W. T. Wang et Hsiao
	楼斗菜属		Aquilegia L.
		楼斗菜	Aquilegia viridiflora Pall.
		紫花楼斗菜	Aquilegia viridiflora Pall. f. atropurpurea（Will.）Kitag.
	铁线莲属		Clematis L.
		大叶铁线莲	Clematis heracleifolia DC.
		长冬草	Clematis hexapetala Pall. var. tchefouensis（Debeaux）S. Y.
	唐松草属		Thalictrum L.
		唐松草	Thalictrum aquilegifolium L. var. sibiricum Regel
		东亚唐松草	Thalictrum minus Linn. var. hypoleucum（Sieb. e Zucc.）Miq.
	白头翁属		Pulsatilla Mill.
		白头翁	P. chinensis（Bunge）Regel

科	属	种	拉丁名
	毛茛属		Ranuculus L.
		毛茛	R. japonicus Thunb.
		石龙芮	Ranunculus sceleratus L.
三十二、木通科			Lardizabalaceae
	木通属		Akebia Decne.
		木通	Akebia quinata（Thunb.）Decne.
三十三、小檗科			Berberidaceae
	小檗属		Berberis L.
		日本小檗	Berberis thunbergii DC.
		紫叶小檗	Berberis thunbergii DC. var. atropurpurea Chenault.
三十四、防己科			Menispermaceae
	蝙蝠葛属		Menispermum L.
		蝙蝠葛	Menispermum dauricum DC.
	木防己属		Cocculus DC.
		木防己	Cocculus orbiculatus（Linn.）DC.
三十五、木兰科			Magnoliaceae
	木兰属		Magnolia L.
		玉兰	Magnolia denudata Desr.
	鹅掌楸属		Liriodendron L.
		鹅掌楸	Liriodendron chinense（Hemsl）Sarg.
三十六、腊梅科			Calycanthaceae
	腊梅属		Chimonanthus Lindl.
		腊梅	Chimonanthus praecox（L.）Link.
三十七、罂粟科			Papaveraceae
	白屈菜属		Chelidonium L.
		白屈菜	Chelidonium majus L.
	角茴香属		Hypecoum L.
		角茴香	Hypecoum erectum L.
	紫堇属		Corydalis DC.
		地丁草	Corydalis bungeana Turcz

续表

科	属	种	拉丁名
三十八、十字花科			Cruciferae
	碎米荠属		Cardamine L.
		弯曲碎米荠	Cardamine flexuosa With
		碎米荠	Cardamine hirsuta Linn
	独行菜属		Lepidium L.
		北美独行菜	Lepidium virginicum L.
		独行菜	Lepidium apetalum Willd.
	荠属		Capsella Medik.
		荠	Capsella bursa-pastoris（Linn.）Medic.
	播娘蒿属		Descurainia Webb et Berth.
		播娘蒿	D. sophia（L.）Webb
	诸葛菜属		Orychophragmus Bunge
		诸葛菜	Orychophragmus violaceus O. E. Schulz
	蔊菜属		Rorippa Scop.
		蔊菜	Rorippa indica（L.）Hiern
		无瓣蔊菜	Rorippa dubia（Pers.）Hara
		广州蔊菜	Rorippa cantoniensis（Lour.）Ohwi
		风花菜	Rorippa globosa（Turcz.）Hayek
	花旗杆属		Dontostemon Andrz. ex Ledeb.
		花旗杆	Dontostemon dentatus（Bge.）Ledeb.
	糖芥属		Erysimum L.
		小花糖芥	Erysimum cheiranthoides L.
三十九、景天科			Crassulaceae
	景天属		Sedum L.
		费菜	Sedum aizoon L.
		狭叶费菜	Sedum aizoon L. f. angustifolium Franch.
		垂盆草	Sedum sarmentosum Bunge
		火焰草	Sedum stellariifolium Franch.
	瓦松属		Orostachys Fisch.
		瓦松	Orostachys fimbriatus（Turcz.）Berger

科	属	种	拉丁名
四十、虎耳草科			Saxifragaceae
	溲疏属		Deutzia Thunb.
		大花溲疏	Deutzia grandiflora Bunge
四十一、悬铃木科			Platanaceae
	悬铃木属		Platanus L.
		二球悬铃木	Platanus acerifolia（Ait.）Willd.
四十二、蔷薇科			Rosaceae
（一）绣线菊亚科			Spiraeoideae L.
	绣线菊属		Spiraea Linn
		华北绣线菊	spiraea fritschiana Schneid.
		三裂绣线菊	Spiraea trilobata L.
	珍珠梅属		Sorbaria A. Br.
		华北珍珠梅	Sorbaria kirilowii（Regel）Maxim.
		珍珠梅	Sorbaria sorbifolia（L.）A. Br.
（二）蔷薇亚科			Rosoideae Focke
	悬钩子属		Rubus L.
		牛叠肚（山楂叶悬钩子）	Rubus crataegifolius Bge.
		茅莓	Rubus parviflolius L.
	路边青属		Geum L.
		路边青	Geum aleppicum Jacq.
	委陵菜属		Potentilla L.
		朝天委陵菜	Potentilla supina Linn.
		莓叶委陵菜	Potentillafragarioides L.
		委陵菜	Potentilla chinensis Ser.
		三叶委陵菜	Potentilla freyniana Bornm.
		匍枝委陵菜	Potentilla flagellaris Willd. ex Schlecht.
		蛇含委陵菜	Name：Potentilla kleiniana Wight et Arn.
	蛇莓属		Duchesnea smith.
		蛇莓	Duchesneaindica（Andr.）Focke
	蔷薇属		Rosa L.

科	属	种	拉丁名
		月季	Rosa chinensis Jacq.
		黄刺玫	Rosa xanthina Lindl.
		野蔷薇	Rosa multiflora Thunb.
	龙牙草属		Agrimonia L.
		龙牙草	Agrimonia pilosa Ledeb.
	地榆属		Sanguisorba Linn.
		地榆	Sangulsorba officinalis L.
(三)苹果亚科			Maloideae Weber
	木瓜属		Chaenomeles Lindl.
		木瓜	C. sinensis (Thouin.) Koehne.
	梨属		Pyrus L.
		白梨	P. bretschneideri Rehd.
		杜梨	Pvrus betulaefolia Bge.
	苹果属		Malus Mill.
		山荆子	Malus baccata(L.)Borkh.
		海棠花	Malus spectabilis (Ait.) Borkh.
		苹果	M. pumila Mill.
	山楂属		Crataegus L.
(四)李亚科			Prunoideae Focke
	桃属		Amygdalus L.
		桃	Amygdalus persica Linn.
		榆叶梅	Amygdalus triloba Lindl.
	杏属		Armeniaca Mill.
		杏	Armeniaca vulgaris Lam.
	李属		Prunus L.
		李	Prunus salicina Linn.
		紫叶李	Prunus cerasifera f. atropurpurea (Jacq.) Rehd.
	樱属		Cerasus Mill.
		樱桃	C. pseudocerasus (Lindl.) G. Don.
		东京樱花	C. yedoensis (Matsum.) Yu et Li

续表

科	属	种	拉丁名
		欧李	C. humilis（Bge.）Sok.
		麦李	Cerasus glandulosa（Thunb.）Lois.
		郁李	Cerasus japonica（Thunb.）Lois.
四十三、豆科			Leguminosae
（一）含羞草亚科			Mimosoideae Taub.
	合欢属		Albizia Durazz.
		合欢	A. julibrissin Durazz
（二）云实亚科			Caesalpinioideae Taub.
	皂荚属		Gleditsia Linn.
		皂荚	Gleditsia sinensis Lam.
	决明属		Cassia L.
		豆茶决明	Cassia nomame（Sieb.）Kitagawa
	紫荆属		Cercis L.
		紫荆	Cercis chinensis Bunge
（三）蝶形花亚科			Papilionoideae Juss.
	槐属		Sophora L.
		槐树	S. japonica L.
		龙爪槐	Sophora japonica cv. Pendula
	紫藤属		Wisteria Nutt.
		紫藤	Wisteria sinensis（Sims）Sweet
	刺槐属		Robinia L.
		刺槐	R. pseudoacacia L.
	木蓝属		Indigofera Linn.
		河北木蓝	Indigofera bungeana Walp.
		花木蓝	Indigofera kirilowii Maxim. ex Palibin
	胡枝子属		Lespedeza Michx.
		胡枝子	Lespedeza bicolor Turcz.
		兴安胡枝子	Lespedeza davurica（Laxm.）Schindl.
		绒毛胡枝子	Lespedeza tomentosa（Thunb.）Sieb. ex Maxim.
		多花胡枝子	Lespedeza floribunda Bge

科	属	种	拉丁名
		阴山胡枝子	Lespedeza inschanica（Maxim.）Schindl.
	鸡眼草属		Kummerowia Schindl.
		鸡眼草	K. striata（Thunb.）Schindl.
		长萼鸡眼草	K. stipulacea（Maxim.）Makino
	葛属		Pueraria DC.
		野葛	P. lobata（Willd.）Ohwi
	豇豆属		Vigna Savi
		贼小豆	Vigna minima（Roxb.）Ohwi et Ohashi
	紫穗槐属		Amorpha L.
		紫穗槐	A. fruticosa L.
	锦鸡儿属		Caragana Fabr.
		小叶锦鸡儿	C. microphylla Lam.
	黄耆属		Hedysarum Linn.
		糙叶黄耆	Astragalus scaberrimus Bunge
		草木樨状黄耆	Astragalus melilotoides Pall.
		黄耆	Astragalus membranaceus（Fisch.）Bge.
	米口袋属		Gueldenstaedtia Fisch.
		狭叶米口袋	Gueldenstaedtia stenophylla Bunge
		米口袋	Gueldenstaedtia multiflora Bunge
		光滑米口袋	Gueldenstaedtia maritima Maxim.
	野豌豆属		Vicia Linn
		歪头菜	Vicia unijuga A. Br.
		救荒野豌豆	Vicia sativa L.
		大花野豌豆	Vicia buttgei ohwi
		山野豌豆	Viciaamoena Fisch. ex DC.
	草木樨属		Melilotus Mill.
		印度草木樨	M. indicus A AII
	苜蓿属		Medicago L.
		天蓝苜蓿	Medicago lupulina L.
		黄花苜蓿	Medicago falcata L.

科	属	种	拉丁名
	车轴草属		Trifolium Linn.
		白车轴草	Trifolium repens L.
		红车轴草	Trifolium pratense Linn.
四十四、酢浆草科			Oxalidaceae
	酢浆草属		Oxalis L.
		酢浆草	Oxalis corniculata L.
四十五、牻牛儿苗科			Geraniaceae
	牻牛儿苗属		Erodium L' Heriter
		牻牛儿苗	Erodium stephanianum Willd.
	老鹳草属		Geranium L.
		老鹳草	Geranium Wilfordii Maxim.
		鼠掌老鹳草	Geranium sibiricum L.
四十六、亚麻科			Linaceae
	亚麻属		Linum L.
		野亚麻	Linum stelleroides Planch.
四十七、蒺藜科			Zygophyllaceae
	蒺藜属		Tribulus L.
		蒺藜	T. terrestria L.
四十八、芸香科			Rutaceae
	花椒属		Zanthoxylum L.
		花椒	Zanthoxylum bungeanum Maxim
四十九、苦木科			Simaroubaceae
	臭椿属		Ailanthus Desf.
		臭椿	Ailanthus altissima (Mill.) Swingle
五十、楝科			Meliaceae
	香椿属		Toona Roem.
		香椿	T. sinensis (A. Juss.) Roem.
	楝属		Melia L.
		楝	M. azedarach L.
五十一、远志科			Polygalaceae

续表

科	属	种	拉丁名
	远志属		Polygala L.
		远志	Polygala tenuifolia Willd.
		瓜子金	Polygala japonica Houtt.
		西伯利亚远志	Polygala sibirica L.
五十二、大戟科			Euphorbiaceae
	雀舌木属		Leptopus Decne
		雀儿舌头	Leptopus Chinensis（Bunge）Pojarkova
	白饭树属		Flueggea Willd.
		一叶萩	Securinega suffruticosa（Pall.）Rehd.
	叶下珠属		Phyllanthus L.
		蜜甘草	Phyllanthus ussuriensis Rupr. et Maxim.
	地构叶属		Speranskia Baill.
		地构叶	S. tuberculata Baill.
	铁苋菜属		Acalypha L.
		铁苋菜	A. australis L.
	大戟属		Euphorbia L.
		大戟(京大戟)	Euphorbiapekinensis RUpr.
		泽漆	Euphorbia helioscopiaL.
		乳浆大戟	Euphorbia esula Linn.
		地锦	Euphorbia humifusa Willd
		斑地锦	Euphorbia maculata Linn.
五十三、黄杨科			Buxaceae
	黄杨属		Buxus Linn.
		黄杨(锦熟黄杨)	Buxus sempervirens L.
		雀舌黄杨	Buxus bodinieri Levl.
五十四、槭树科			Aceraceae
	槭属		Acer L.
		元宝槭	Acer truncatum Bunge
		三角槭	Acer bucrgerianum Miq.
		鸡爪槭	Acer palmatum Thunb

科	属	种	拉丁名
五十五、无患子科			Sapindaceae
	栾树属		Koelreuteria Laxm.
		栾树	Koelreuteria paniculata Laxm
		全缘叶栾树	Koelreuteria integrifolia Merr.
五十六、卫矛科			Celastraceae
	卫矛属		Euonymus L.
		卫矛	Euonymus alatus (Thunb.) Sieb.
		冬青卫矛（大叶黄杨）	Euonymus japonicus Thunb.
五十七、鼠李科			Rhamnaceae
	鼠李属		Rhamnus Linn.
		小叶鼠李（护山棘）	Rhamnus parvifolia Bunge
		锐齿鼠李（牛李子）	Rhamnus arguta Maxim.
		圆叶鼠李（山绿柴）	Rhamnus globosa Bge.
	枣属		Ziziphus Mill.
		枣	Z. jujuba Mill.
		酸枣	Ziziphus jujuba var. spinosa(Bunge)Hu
五十八、葡萄科			Vitaceae
	葡萄属		Vitis Linn.
		葡萄	Vitis acerifolia L.
		山葡萄	V. amurensis Rupr
		毛葡萄	Vitis heyneana Roem. et Schult
	蛇葡萄属		Ampelopsis Michx.
		葎叶蛇葡萄	Ampelopsis humulifolia Bge
		白蔹	Ampelopsis japonica (Thunb.) Makino
	地锦属		Parthenocissus Planch
		爬山虎	Parthenocissus tricuspidata (Sieb. et Zucc.) Planch
	乌蔹莓属		Cayratia Juss.
		乌蔹梅	Cayratia japonica (Thunb.) Gagnep.

续表

科	属	种	拉丁名
五十九、椴树科			Tiliaceae
	扁担杆属		Grewia L.
		扁担木	Grewia biloba var. parviflora（Bge.）Hand-Mazz.
	田麻属		Corchoropsis Sieb. et Zucc.
		光果田麻	C. psilocarpa Harms et Loes.
六十、锦葵科			Malvaceae
	木槿属		Hibiscus L.
		木槿	Hibiscus syriacus L.
		野西瓜苗	Hibiscus trionum L.
六十一、梧桐科			Sterculiaceae
	梧桐属		Firmiana Marsili
		梧桐	F. platanifolia（L. f.）Marsili
六十二、柽柳科			Tamaricaceae
	柽柳属		Tamarix L
		柽柳	TamarixchinensisLour.
六十三、堇菜科			Violaceae
	堇菜属		Viola L.
		鸡腿堇菜	Viola acuminata Ledeb. var. acuminata
		球果堇菜	Viola collina Bess.
		紫花地丁	Viola philippica Car
		早开堇菜	Viola prionantha Bge.
		蒙古堇菜	Viola mongolica
		维西堇菜	Viola monbeigii W. Beck.
六十四、瑞香科			Thymelaeaceae
	草瑞香属		Diarthron Turcz.
		草瑞香	Diarthron linifolium Turcz.
	瑞香属		Daphne L.
		芫花	Daphne genkwa Sieb. et Zucc.
六十五、千屈菜科			Lythraceac
	千屈菜属		Lythrum Linn.

科	属	种	拉丁名
		千屈菜	Lythrum salicaria
	紫薇属		Lagerstroemia Linn.
		紫薇	Lagerstroemia indica L.
六十六、石榴科			Punicaceae
	石榴属		Punica L.
		石榴	P. granatum L.
六十七、菱科			Trapaceae
	菱属		Trapa L.
		丘角菱	Trapa japonica Flerow
		三角菱	Trapa bispinosa Roxb.
六十八、柳叶菜科			Onagraceae
	山桃草属		Gaura L.
		小花山桃草	Gaura parviflora Douglas
	柳叶菜属		Epilobium L.
		柳叶菜	Epilobium hirsutum L.
	丁香蓼属		Ludwigia L.
		丁香蓼	L. prostrata Roxb.
六十九、小二仙草科			Haloragidaceae
	狐尾藻属		Myriophyllum L.
		狐尾藻	Myriophyllum verticillatum L.
七十、伞形科			Umbelliferae
	天胡荽属		Hydrocotyle L.
		天胡荽	Hydrocotyle sibthorpioides Lam.
	变豆菜属		Sanicula L.
		变豆菜	Sanicula chinensis Bunge Mem.
	窃衣属		Torilis Adans.
		小窃衣	T. japonica (Houtt.) DC.
	柴胡属		Bupleurum L.
		红柴胡	B. scorzonerifolium Willd.
		北柴胡	Bupleurum chinense DC.

续表

科	属	种	拉丁名
	葛缕子属		Carum L.
		葛缕子	Carum carvi Linn.
	岩风属		Libanotis Hill
		香芹	Libanotis seseloides（Fisch. et Mey.）Turcz.
	水芹属		Oenanthe L.
		水芹	O. javanica（Bl.）DC.
	蛇床属		Cnidium Cusson
		蛇床	C. monnieri（L.）Cusson
	柳叶芹属		Czernaevia Turcz.
		柳叶芹	Czernaevia laevigata Turcz.
	当归属		Angelica L.
		拐芹当归	Anthriscus polymorpha Maxim.
	前胡属		Peucedanum L.
		泰山前胡	Peucedanum wawrii（wolff）Su
七十一、山茱萸科			Cornaceae
	梾木属		CornusL.
		毛梾	Cornus walteri（Wanger.）Shan.
七十二、报春花科			Primulaceae
	珍珠菜属		Lysimachia L.
		狭叶珍珠菜	Lysimachia pentapetala Bunge
	点地梅属		Androsace L.
		点地梅	Androsace umbellata（Lour.）Merr.
七十三、柿树科			Ebenaceae
	柿属		Diospyros L.
		君迁子	Diospyros lotus Linn
		柿树	Diospyros kaki Thunb
七十四、木犀科			Oleaceae
	梣属		Fraxinus L.
		白蜡树	Fraxinus chinesis Roxb.
		小叶白蜡	Fraxinus bungeana DC.

科	属	种	拉丁名
		绒毛白蜡树	Fraxinus velutina Torr.
	雪柳属		Fontanesia Labill.
		雪柳	F. fortunei Carr.
	连翘属		Forsythia Vahl
		连翘	F. suspensa Vahl
	丁香属		Syringa L.
		紫丁香（华北紫丁香）	Syringa oblata Lindl
		白丁香	Syringa oblata var. alba Hort. ex Rehd.
	女贞属		Ligustrum L.
		女贞	L. lucidum Ait.
		小蜡	Ligustrum sinense Lour.
		小叶女贞	Ligustrum quihoui Carr.
	素馨属		Jasminum L.
		迎春花	Jasminum nudiflorum Lindl.
		探春花	Jasminum floridum Bunge
七十五、龙胆科			Gentianaceae
	莕菜属		Nymphoides Seguier
		莕菜	N. peltatum Kuntze
		金银莲花	N. indicum Kuntze
七十六、萝藦科			Asclepiadaceae
	杠柳属		Periploca L.
		杠柳	Periploca sepiumBge
	萝藦属		Metaplexis R. Br.
		萝藦	Metaplexis japonica（Thunb.）Makino
	鹅绒藤属		Cynanchum L.
		徐长卿	C. paniculatum（Bunge）Kitaga wa.
		华北白前	Cynanchum hancockianum（Maxim.）
		白薇	Cynanchum atratum Bunge
		地梢瓜	Cynanchum the-sioides（Furyn）K. Schum
		白首乌	Cynanchum bungei Decne.

续表

科	属	种	拉丁名
		变色白前	Cynanchum versicolor Bunge
		鹅绒藤	C. chinense R. Br.
七十七、旋花科			Convolvulaceae
	菟丝子属		Cuscuta L.
		南方菟丝子	Cuscuta australis R. Br.
		菟丝子	Cuscuta chinensis Lam.
	打碗花属		Calystegia R. Br.
		打碗花	Calystegia hederacea Wall. ex. Roxb.
		藤长苗	Calystegia pellita（Ledeb.）G. Don
	旋花属		Convolvulus L.
		田旋花	Convolvulus arvensis L.
	牵牛属		Pharbitis Choisy
		圆叶牵牛	Pharbitis purpurea（L.）Voigt
		牵牛	Pharbitis nil（Linn.）Choisy
		裂叶牵牛	Pharbitis nil（L.）Choisy
七十八、紫草科			Boraginaceae
	紫草属		Lithospermum L.
		田紫草	Lithospermum arvense Linn.
	斑种草属		Bothriospermum Bunge
		斑种草	B. tenellum（Hornem.）Fisch. et Mey.
		柔弱斑种草	Bothriospermum tenellum（Hornem.）Fisch. et Mey
		多苞斑种草	Bothriospermum secundum Maxim.
	附地菜属		Trigonotis Stev.
		附地菜	Trigonotis peduncularis（Trtev.）Benth. ex Baker et Moore
七十九、马鞭草科			Verbenaceae
	牡荆属		Vitex L.
		黄荆	V. negundo L.
		荆条	Vitex negundo var. heterophylla
	紫珠属		Callicarpa L.

科	属	种	拉丁名
		白棠子树	Callicarpa dichotoma（Lour.）K. Koch
	大青属		Clerodendrum L.
		海州常山	Clerodendrum trichotomum Thunb.
八十、唇形科			Labiates
	黄芩属		Scutellaria L.
		京黄芩	Scutellaria pekinensis Maxim
		黄芩	Scutellaria baicalensis Georgi
	夏至草属		Lagopsis Bunge ex Benth.
		夏至草	Lagopsis supine（Steph.）IK. -Gal. ex Knorr.
	藿香属		Agastache Clayton ex Gronov.
		藿香	A. rugos（Fisch. et Mey.）Kuntz
	糙苏属		Phlomis Linn.
		糙苏	Phlomis umbrosa Turcz.
	野芝麻属		Lamium L.
		宝盖草	Lamium amplexicaule L.
	益母草属		Leonurus L.
		益母草	Leonurus japonica Houtt.
	鼠尾草属		Salvia L.
		丹参	Salvia miltiorrhiza Bge.
		荔枝草	Saluia plebeia R. Br.
	风轮菜属		Clinopodium L.
		风轮菜	Clinopodium chinense（Benth.）O. Kuntze
	百里香属		Thymus Linn.
		地椒	Thymus mongolicus Celak.
	紫苏属		Perilla L.
		紫苏	P. frutescens（L.）Britt.
	薄荷属		Mentha L.
		薄荷	Mentha haplocalyx Briq.
	香茶菜属		Rabdosia（Bl.）Hassk.
		内折香茶菜	Rabdosia inflexa（Thunb.）Hara

续表

科	属	种	拉丁名
		蓝萼香茶菜	Rabdosia japonica（Burm. f.）Hara var. glaucocalyx（Maxim.）Hara
八十一、茄科			Solanaceae
	酸浆属		Physalis L.
		挂金灯	PhysalisalkekengiL. var. francheti（Mast.）Makino P. alkekengi L.
		小酸浆	Physalis minima Linn.
		毛酸浆	Physalis pubescens L.
	枸杞属		Lycium L.
		枸杞	Lycium chinense Mill.
	茄属		Solanum L.
		龙葵	S. nigrum L.
		青杞	Solanum septemlobum Bbe.
		白英	solanum lyratum thunb.
	曼陀罗属		Datura Linn.
		曼陀罗	Datura stramonium L.
		毛曼陀罗	Datura innoxia Mill
		洋金花	Datura metel L.
八十二、玄参科			Scrophulariaceae
	泡桐属		Paulownia Sieb. et Zucc.
		毛泡桐	Paulownia tomentosa（Thunb.）Steud.
		兰考泡桐	P. elongata S. Y. Hu.
		楸叶泡桐	Paulownia catalpifolia Gong Tong
	婆婆纳属		Veronica L.
		细叶婆婆纳	Veronica linariifolia Pall. ex Link
		北水苦荬	Veronica anagallisaquatica Linn.
	腹水草属		Veronicastrum Heist. ex Farbic.
		草本威灵仙	Veronicastrum sibiricum（Linn.）Pennell
	阴行草属		Siphonostegia Benth.
		阴行草	Siphonostegia chinensis Benth.
	马先蒿属		Pedicularis L.

科	属	种	拉丁名
		返顾马先蒿	Pedicularis resupinata Linn.
	松蒿属		Phtheirospermum Bunge ex Fisch. et Mey.
		松蒿	Phtheirospermum japonicum (Thunb.) Kanitz
	沟酸浆属		Mimulus L.
		沟酸浆	Mimulus nepalensis var. japonicus
	地黄属		Rehmannia Libosch. ex Fisch. et Mey.
		地黄	Rehmannia glutinosa (Gaert.) Libosch. ex Fisch. et Mey.)
	通泉草属		Mazus Lour.
		弹刀子菜	Mazus stachydifolius (Turcz.) Maxim.
		通泉草	Mazus japonicus (Thunb.) O. Kuntze
八十三、紫葳科			Bignoniaceae
	凌霄属		Campsis Lour.
		凌霄	Campsis grandiflora (Thunb.) Loisel.
		厚萼凌霄	Campsis radicans (L.) Seem.
	角蒿属		Incarvillea Juss.
		角蒿	Inacruillea sinensis Lam.
八十四、列当科			Orobanchaceae
	列当属		Orobanche L.
		列当	OrobanchecaerulescensSteph.
八十五、苦苣苔科			Gesneriaceae
	旋蒴苣苔属		Boea Comm. ex Lam.
		旋蒴苣苔	Boea hygrometrica (Bunge) R. Br.
八十六、狸藻科			Lentibulariaceae
	狸藻属		Utricularia L.
		短梗挖耳草	Utricularia caerulea Linn.
八十七、车前科			Plantaginaceae
	车前属		Plantago L.
		车前	P. asiatica L.
		大车前	P. major L.
		平车前	Plantago depressa Willd.

续表

科	属	种	拉丁名
八十八、茜草科			Rubiaceae
	鸡矢藤属		Paederia L.
		鸡矢藤	Paederia scandens（Lour.）Merr.
		毛鸡矢藤	Paederia scandens（Lour.）Merr.
	茜草属		Rubia L.
		茜草	Rubia cordifolia L.
		山东茜草	Rubia truppeliana Loes.
	拉拉藤属		Galium Linn.
		拉拉藤	Galium aparine var. tenerum
		蓬子菜	Galium verum L.
		四叶葎	Galium bungei Steud.
八十九、忍冬科			Caprifoliaceae
	忍冬属		Lonicera L.
		忍冬	L. japonica Thunb.
	锦带花属		Weigela Thunb.
		日本锦带花	Weigela japonica Thunb.
		锦带花	Weigela florida（Bge.）A. DC.
九十、败酱科			Valerianaceae
	败酱属		Patrinia Juss.
		攀倒甑	Patrinia villosa（Bge.）A. DC.
		墓头回	Patrinia heterophylla Bunge
九十一、葫芦科			Cucurbitaceae
	盒子草属		Actinostemma Griff.
		盒子草	Actinostemma tenerum Griff.
	桔梗属		Platycodon A. DC.
		桔梗	Platycodon grandiflorum（Jacq.）A. DC.
	沙参属		Adenophora Fisch.
		荠苨	Adenophora trachelioides Maxim.
		石沙参	Adenophora polyantha Nakai
九十二、菊科			Compositae

续表

科	属	种	拉丁名
（一）管状花亚科			Carduoideae Kitam.
	泽兰属		Eupatorium L.
		佩兰	Eupatorium fortunei Turcz.
		林泽兰	Eupatorium lindleyanum DC.
	马兰属		Kalimeris Cass.
		全叶马兰	Kalimeris integrtifolia Turcz. Ex DC.
		马兰	Kalimeris indica（Linn.）Sch.
		山马兰	Kalimeris lautureana（Debx.）Kitam.
	东风菜属		Doellingeria Nees
		东风菜	Doellingeria Nees
	女菀属		Turczaninovia DC.
		女菀	T. fastigiata(Fisch.)DC.
	紫菀属		Aster L.
		三脉紫菀	Aster ageratoides Turcz
	白酒草属		Conyza Less.
		小蓬草	Conyza Canadensis（L.）Cronq.
		野塘蒿	Erigeron bonariensis L.
	火绒草属		Leontopodium R. Br. ex Cass.
		火绒草	Leontopodium leontopodioides（willd.）Beauv
	香青属		Anaphalis DC.
		香青	Anaphalis sinica Hance
	鼠鞠草属		Gnaphalium L.
		鼠鞠草	G. affine D. Don
	旋覆花属		Inula L.
		线叶旋覆花	Inula linariaefolia Turcz.
		欧亚旋覆花	Inula britannica L.
		旋覆花	Inula japonica Thunb.
	天名精属		Carpesium L.
		烟管头草	Carpesium cernuum Linn.
	苍耳属		Xanthium L.

科	属	种	拉丁名
		苍耳	sibiricum Patr.
	豨莶属		Siegesbeckia L.
		豨莶	Siegesbeckia orientalis L.
	醴肠属		Eclipta L.
		醴肠	E. prostrata（L.）L. Mant.
	鬼针草属		Bidens L.
		金盏银盘	B. biternata（Lour.）Merr. et Sherff
		小花鬼针草	Bidens parviflora Willd.
		婆婆针	B. bipinnata L.
		狼把草	B. tripartita L
	牛膝菊属		Galinsoga Ruiz et Cav.
		牛膝菊	Galinsoga parviflora Cav.
	菊属		Dendranthema（DC.）Des Moul.
		甘菊	D. lavandulifolium（Fisch. ex Trautv.）Ling et Shih
	石胡荽属		Centipeda Lour.
		石胡荽	Centipeda minima（L.）A. Br. et Ascher
	蒿属		Artemisia L.
		茵陈蒿	Artemisia capillaries Thunb.
		猪毛蒿	Artemisia scoparia Waldst. et Kit.
		南牡蒿	Artemisia eriopoda Bge.
		黄花蒿	Artemisia annua L.
		青蒿	A. carvifolia Buch. Ham
		白莲蒿	Artemisia sacrorum Ledeb.
		歧茎蒿	Artemisia igniaria Maxim.
		蒙古蒿	Artemisia mongolica（Fisch. ex Bess.）Nakai.
		蒌蒿	Artemisia selengensis Turcz.
		红足蒿	Artemisia rubripes Nakai
		五月艾	Artemisia indica Willd.
		阴地蒿	Artemisia sylvatica Maxim.
		艾	A. argyi Levl. et Vant.

科	属	种	拉丁名
		野艾蒿	Artemisia lavandulaefolia DC
		矮蒿	Artemisia lancea Van
	兔儿伞属		Syneilesis Maxim.
		兔儿伞	S. aconitifolia （Bge.）Maxim.
	狗舌草属		Tephroseris（Reichenb.）Reichenb.
		狗舌草	Tephroseris kirilowii（Turcz. ex DC.）Holub
	千里光属		Senecio L.
		林荫千里光	Senecio nemorensis L.
	蓝刺头属		Echinops L.
		华东蓝刺头	Echinops grijsii Hance
	苍术属		Atractylodes DC.
		苍术	Atractylodes lancea （Thunb.）DC.
	飞廉属		Carduus L.
		飞廉	C. crispus L.
	蓟属		Cirsium Mill.
		绿蓟	Cirsium chinense Gardn. et Champ.
		蓟（大蓟）	Cirsium japonicum DC.
		野蓟	Cirsium maackii Maxim.
		大刺儿菜	Cirsium eriophoroideum（Hook. f .）Pe-trak.
		刺儿菜（小蓟）	Cephalanoplos segetum（Bunge）Kitam.
	泥胡菜属		Hemistepta Bunge
		泥胡菜	H. lyrata Bunge
	风毛菊属		Saussurea DC.
		风毛菊	Saussurea japonica（Thunb.）DC.
		乌苏里风毛菊	Saussurea ussuriensis Maxim.
		蒙古风毛菊	Saussurea mongolica Maxim.
	麻花头属		Serratula L.
		麻花头	Serratula centauroides L.
	漏芦属		Stemmacantha Cass.

续表

科	属	种	拉丁名
		漏芦（祁州漏芦）	Rhaponticum uni-florum（L.）DC
	大丁草属		Gerbera Cass.
		大丁草	Gerbera anandria（Linn.）Sch. -Bip. .
（二）舌状花亚科			Cichorioideae Kitam.
	毛连菜属		Picris L.
		毛连菜	P. japonica Thunb.
	苦苣菜属		Sonchus L.
		花叶滇苦菜	S. asper（L.）Hill.
		苦苣菜	S. oleraceus L.
	黄鹌菜属		Youngia Cass.
		黄鹌菜	Y. japonica（L.）DC.
	翅果菊属		Pterocypsela Shih.
		翅果菊	Pterocypsela indica（Linn.）Shih
		多裂翅果菊	Pterocypsela laciniata（Houtt.）Shih
	小苦荬属		Ixeridium（A. Gray）　Tzvel.
		抱茎小苦荬	Ixeridium sonchifolia（Maxim.）Shih
		中华小苦荬	Ixeridium chinense（Thunb.）Tzvel.
	黄瓜菜属		Paraixeris Nakai
		黄瓜菜	Paraixeris denticulata（Houtt.）Nakai
	蒲公英属		Taraxacum Weber.
		蒲公英	Toraxacum mongolicum Hand. Mazz
九十三、香蒲科			Typhaceae
	香蒲属		Typha L.
		香蒲	T. orientalis Presl
		小香蒲	Typha minima Funk
		无苞香蒲	Typha laxmannii Lepech.
		长苞香蒲	Typha angustata Bory et Chaub.
		水烛	T. angustifolia L.
九十四、黑三棱科			Sparganiaceae
	黑三棱属		Sparganium L.

科	属	种	拉丁名
		黑三棱	S. stoloniferum Buch. -Ham.
九十五、眼子菜科			Potamogetonaceae
	眼子菜属		Potamogeton L.
		眼子菜	Potamogeton distinctus A. Benn.
		浮叶眼子菜	Potamogeton natans Linn.
		光叶眼子菜	Potamogeton lucens L.
		竹叶眼子菜	Potamogeton malaianus Miq.
		微齿眼子菜	Potamogeton maackianus A. Benn.
		小眼子菜	Potamogeton pusillus L.
九十六、茨藻科			Najadaceae
	茨藻属		Najas L.
		大茨藻	N. marina L.
		小茨藻	M. minor All
九十七、泽泻科			Alismataceae
	泽泻属		Alisma L.
		东方泽泻	Alisma orientale（Samuel.）Juz.
	慈姑属		Sagittaria L.
		野慈姑	Sagittaria trifolia L.
九十八、水鳖科			Hydrocharitaceae
	水鳖属		Hydrocharis L.
		水鳖	H. morsusranae L.
	黑藻属		Hydrilla Rich.
		黑藻	H. verticillata（L. f.）Royle
	苦草属		Vallisneria L.
		苦草	V. spiralis L.
九十九、禾本科			Poaceae
（一）竹亚科			Bambusoideae
	刚竹属		Phyllostachys Sieb. et Zucc.
		淡竹	Phyllostachys glauca McClure
（二）禾亚科			Agrostidoideae

科	属	种	拉丁名
	菰属		Zizania Gronov. ex L.
		菰	Zizania caduciflora（Turcz.）Hand. -Mazz
	芦苇属		Phragmites Adans.
		芦苇	Phragmites australis（Cav.）Trin. ex Steud.
	臭草属		Melica L.
		大花臭草	Melica grandiflora（Hack.）Koidz.
		臭草	M. scabrosa Trin.
		细叶臭草	M. radula Franch.
	早熟禾属		Poa Linn.
		草地早熟禾	Poa pratensis L.
		白顶早熟禾	Poa acroleuca Steud.
		早熟禾	Poa annua L.
	雀麦属		Bromus Linn.
		雀麦	Bromus japonicus Thunb.
	鹅观草属		Roegneria C. Koch
		竖立鹅观草	Roegneria japonensis Keng
		纤毛鹅观草	Roegneria ciliaris（Trin.）Nevski
		缘毛鹅观草	Roegneria pendulina Nevski
		东瀛鹅观草	Roegneria mayebarana（Honda）Ohwi
		鹅观草	Roegneria kamoji Ohwi
	拂子茅属		Calamagrostis Adans.
		拂子茅	Calamagrostis epigeios（L.）Roth
		假苇拂子茅	Calamagrostis pseudophragmites（Hall. F.）Koel
	看麦娘属		Alopecrus L.
		看麦娘	Alopecurus aequalis Sobol
	针茅属		Stipa L.
		长芒草	Stipa bungeana Trin.
	芨芨草属		Achnatheherum Beauv.
		远东芨芨草	Achnatherum extremiorientale（Hara）Keng ex P. C. Kuo

续表

科	属	种	拉丁名
	画眉草属		Eragrostis Beauv.
		大画眉草	Eragrostis cilianensis（All.）Link ex Vignolo-Lutati
		小画眉草	E. poaeoides Beauv.
		知风草	Eragrostis ferruginea（Thunb）Beauv
		画眉草	Eragrostis pilosa（L.）Beauv.
		秋画眉草	Eragrostis autumnalis Keng
	隐子草属		Cleistogenes Keng
		北京隐子草	Cleistogenes hancei Keng
		朝阳隐子草	C. hackelii（Honda）honda.
		丛生隐子草	Cleistogenes caespitosa Keng
	双稃草属		Diplachne Beauv.
		双稃草	Diplachne fusca（Linn.）Beauv.
	千金子属		Leptochloa Beauv.
		千金子	L. chinensis（L.）Nees
	草沙蚕属		Tripogon Roem. et Schult.
		中华草沙蚕	T. chinensis Hack.
	穇属		Eleusine Gaertn.
		牛筋草	Eleusine inica（L.）Gaertn.
	虎尾草属		Chloris Sw.
		虎尾草	C. virgata Swartz
	狗牙根属		Cynodon Rich.
		狗牙根	C. dactylon（L.）Pers.
	鼠尾粟属		Sporobolus R. Br.
		鼠尾粟	Sporobolus fertilis（Steud.）W. D. Clayt
	三芒草属		Aristida L.
		三芒草	A. adscensionis L.
	茅根属		Perotis Ait.
		茅根	P. indica（L.）Kuntze
	结缕草属		Zoysia Willd.
		结缕草	Z. japonica Steud.

续表

科	属	种	拉丁名
		中华结缕草	Zoysia sinica Hance
	锋芒草属		Tragus Hall.
		虱子草	T. berteronianus Schult.
		锋芒草	T. racemosus（L.）
	野古草属		Arundinella Raddi
		野古草	Arundinella hirta（Thunb.）C. Tanaka
	柳叶箬属		Isachne R. Br.
		柳叶箬	I. globosa（Thunb.）Kuntze
	黍属		Panicum L.
		糠稷	Panicum bisulcatum Thunb.
		细柄稷	P. psilopodium Trin.
	稗属		Echinochloa Beauv.
		稗	Echinochloa crusgalli（L.）Beauv. var. erusall.
		旱稗	Echinochloa hispidula（Retz.）Nees
		长芒稗	Echinochloa caudata Roshev.
	雀稗属		Paspalum L.
		雀稗	P. thunbergii Kunth ex Steud.
	马唐属		Digitaria Haller
		紫马唐	D. violascens Link
		止血马唐	D. ischaemum（Schreib.）Schreib. Ex Mubl.
		马唐	D. sanguinalis（L.）Scop.
		毛马唐	D. chrysoblephara Flig. et De Not
		升马唐	D. ciliaris（Retz.）Koel.
	狗尾草属		Setaria Beauv.
		大狗尾草	S. faberii Herrm.
		狗尾草	S. viridis（L.）Beauv.
		金色狗尾草	S. glauca（L.）Beauv.
	狼尾草属		Pennisetum Rich.
		狼尾草	P. alopecuroides（L.）Spreng
	芒属		Miscanthus Anderss.

科	属	种	拉丁名
		芒	M. sinensis Anderss
	荻属		Triarrhena Nakai
		荻	T. sacchariflora（Maxin.）Nakai
	白茅属		Imperata Cyr.
		白茅	I. cylindrica（L.）Beauv.
		丝茅	I. koengii（Retz.）Beauv.
	大油芒属		Spodiopogon Trin.
		大油芒	S. sibiricus Trin.
	黄金茅属		Eulalia Kunth.
		金茅	E. speciosa（Debeaux.）Kuntze
	孔颖草属		Bothriochloa Kuntze
		白羊草	B. ischaemum（L.）Keng
	细柄草属		Capillipedium Stapf
		细柄草	C. parviflorum（R. Br.）Stapf
	香茅草属		Cymbopogon Spreng.
		橘草	C. goeringii（Steud.）A. Camus
	裂稃草属		Schizachyrium Nees
		裂稃草	S. brevifolium（Sw.）Nees ex Buse
	荩草属		Arthraxon Beauv.
		茅叶荩草	A. prionodes（Steud.）Dandy.
		荩草	A. hispidus（Thunb.）Makio
	菅属		Themeda Forsk.
		黄背草	T. Japonica（Willd.）c. Tanaka.
	牛鞭草属		Hemarthria R Br.
		牛鞭草	H. altissima（Poir.）Stapf et C. E. Hubb.
一零零、莎草科			Cyperaceae
	荸荠属		Heleocharis R. Br.
		荸荠	H. tuberosa（Roxb.）Roem. et Schult.
		牛毛毡	Heleocharis yokoscensis（Franch. et Savat.）Tang et Wang
		刚毛荸荠	H. valleculosa Ohwif. setosa（Ohwi）Kitagawa.

续表

科	属	种	拉丁名
	飘拂草属		Fimbristylis Vahl
		烟台飘拂草	Fimbristylis stauntoni Debeaux et Franch.
	莎草属		Cyperus L.
		香附子	C. rotundus L.
		头状穗莎草	C. glomeratus L.
		碎米莎草	C. iria L.
		具芒碎米莎草	C. microiria Steud.
		异型莎草	C. difformis L.
		旋鳞莎草	C. michelianus (L.) Link.
		白鳞莎草	C. nipponicus Franch. et Savat.
	扁莎属		Pycreus P. Beauv.
		红鳞扁莎	P. sanguinolentus (Vahl) Nees
		球穗扁莎	P. globosus (All.) Reichb.
	水蜈蚣属		Kyllinga Rottb.
		无刺鳞水蜈蚣	Kyllinga brevifolia Rottb. var. leiolepis (Franch. et Sav.) Hara
一零一、天南星科			Araceae
	菖蒲属		Acorus L.
		菖蒲	A. calamus L.
	半夏属		Pinellia Tenore
		半夏	P. ternata (Thunb.) Breit.
		虎掌	P. pedatisecta Schott.
	天南星属		Arisaema Mart.
		东北天南星	A. amurense Maxim.
一零二、浮萍科			Lemnaceae
	紫萍属		Wolffia Hork. ex Schleid.
		紫萍	S. polyrrhiza (L.) Schleid.
	浮萍属		Lemna L.
		浮萍	L. minor L.
一零三、鸭跖草科			Commelinaceae
	鸭跖草属		Commelina L.

续表

科	属	种	拉丁名
		鸭跖草	C. communis L.
	水竹叶属		Murdannia Royle.
		裸花水竹叶	M. nudiflora（L.）Brenna.
一零四、雨久花科			Pontederiaceae
	雨久花属		Monochoria Presl
		雨久花	M. korsakowii Regel et Maack
		鸭舌草	M. vaginalis(Burm. f.) Presl
一零五、灯心草科			Juncaceae
	灯心草属		Juncus L.
		灯心草	J. effusus L.
		扁茎灯心草	J. compressus Jacq.
		坚被灯心草	J. tenuis Willd.
一零六、百合科			Liliaceae
	天门冬属		Asparagus L.
		龙须菜	A. schoberioides Kunth.
		南玉带	A. oligoclonos Maxim.
	菝葜属		Smilax L.
		华东菝葜	S. sieboldii Miq.
	山麦冬属		Liriope Lour.
		山麦冬	L. spicata（Thunb.）Lour.
		阔叶山麦冬	L. platyphylla Wang et Tang.
	铃兰属		Convallaria L.
		铃兰	C. majalis L.
	萱草属		Hemerocallis L.
		黄花菜	H. citrina Baroni.
		小黄花菜	H. minor Mill.
	鹿药属		Smilacina Desf.
		鹿药	S. japonica A. Gray.
	黄精属		Polygonatum Mill.
		黄精	P. sibiricum Delar. ex Redoute.

续表

科	属	种	拉丁名
		玉竹	P. odoratum（Mill.）Druce.
		热河黄精	P. macropodium Turcz.
	葱属		Allium L.
		野韭	A. ramosum L.
		薤白	A. macrostemon Bge.
		泰山韭	A. taishanense J. M. Xu.
		细叶韭	A. tenuissimum L.
	绵枣儿属		Scilla L.
		绵枣儿	S. scilloides（Lindl.）Druce
	百合属		Lilium L.
		有斑百合	L. concolor Salisb. var. pulchellum（Fisch.）Regel
		卷丹	L. lancifolium Thunb.
	郁金香属		Tulipa L.
		老鸭瓣	T. edulis（Miq.）Baker
一零七、薯蓣科			Dioscoreaceae
	薯蓣属		Dioscorea L.
		穿龙薯蓣	D. opposita Makino.
		薯蓣	D. opposita Thunb.
一零八、鸢尾科			Iridaceae
	射干属		Belamcanda Adans.
		射干	B. chinensis（L.）DC.
	鸢尾属		Iris L.
		野鸢尾	I. dichotoma Pall.
		马蔺	I. lactea var. chinensis（Fisch.）Koidz.

科	属	种	拉丁名
一零九、兰科			Orchidaceae
	无柱兰属		Amitostigma Schltr.
		无柱兰	A. gracile(bl.) Schltr.
	羊耳蒜属		Lparis L. C. Rich.
		羊耳蒜	L. japonica（Miq. ）Maxim.
	绶草属		Spiranthes L. C. Rich.
		绶草	S. sinensis（Pers. ）Ames.

附录Ⅱ 东平湖蓄滞洪区防洪工程建设项目评价区域鸟类名录

目科种	生活环境			居留情况	区系类型	种群数量	保护级别
	村庄、农田、人工林	水域	荒滩草地				
一、 目 PODICIPEDIFORMES							
（一） 科 Podicipedidae							
小 Tachybaptus ruficollis		√		R	WD	＋＋	
黑颈 Podiceps nigricillis		√		W	PA	＋	PR,SJ
凤头 Podiceps cristatus		√		P	WD	＋	PR,SJ
二、鹈形目 PELECANIFORMES							
（二）鸬鹚科 Phalacrocoracidae							
普通鸬鹚 Phalacrocorax carbo		√	√	P	WD	＋＋	
三、鹳形目 CICONIIFORMES							
（三）鹭科 Ardeidae							
苍鹭 Ardea cinerea		√	√	R	PA	＋＋＋	PR
草鹭 Ardea purpurea		√		S	WD	＋＋＋	PR,SJ
池鹭 Ardeola bacchus	√	√	√	S	O	＋＋	
牛背鹭 Ardeola bacchus	√	√	√	S	O	＋＋	PR,SJ,SA
大白鹭 Egretta alba	√	√	√	W	WD	＋＋	PR,SJ,SA
白鹭 Egretta garzetta	√	√	√	S	O	＋＋	PR
中白鹭 Egretta intermedia		√		P	O	＋	SJ,PR
夜鹭 Nycticorax nycticorax	√	√		S	WD	＋＋＋	SJ
黄苇鳽 Ixobrychus sinensis	√	√		S	O	＋＋	PR,SA
紫背苇鳽 I. eurhythmus		√	√	S	WD	＋	SJ,SA
栗苇鳽 I. cinnamomeus		√	√	S	WD	＋	PR
大麻鳽 Botaurus stellaris		√		P	PA	＋	SJ
（四）鹳科 Ciconiidae							
东方白鹳 Ciconia boyciana	√	√		P	PA	＋	I

续表

目科种	生活环境			居留情况	区系类型	种群数量	保护级别
	村庄、农田、人工林	水域	荒滩草地				
四、雁形目　ANSERIFORMES							
（五）鸭科　Anatidae							
鸿雁　Anser cygnoides	√	√		P	PA	+	SJ
豆雁　Anser fabalis	√	√		W	PA	+ + +	SJ
白额雁　Anser albifrons		√		P	PA	+	Ⅱ,SJ
大天鹅　Cygnus cygnus	√	√		W	PA	+	Ⅱ,SJ
小天鹅　Cygnus columbianus		√		P	PA	+	Ⅱ,SJ
赤麻鸭　Tadorna ferruginea	√	√		W	PA	+ + +	SJ
花脸鸭　Anas formosa		√		P	PA	+	SJ
针尾鸭　Anas acuta		√		P	PA	+	SJ
绿翅鸭　Anas crecca		√		W	WD	+ +	PR,SJ
罗纹鸭　Anas falcata		√		P	PA	+	SJ
绿头鸭　Anas platyrhynchos		√		W	WD	+ + +	SJ
斑嘴鸭　Anas poecilorhyncha		√		R	PA	+ + +	
赤膀鸭　Anas strepera		√		P	PA	+ + +	PR,SJ
赤颈鸭　Anas penelope		√		W	PA	+	SJ
白眉鸭　Anas querquedula		√		P	PA	+	SJ,SA
赤嘴潜鸭　Netta rufina		√		P	PA	+	
红头潜鸭　Aythya ferina		√		P	PA	+ +	SJ
凤头潜鸭　Aythya fuligula		√		P	PA	+	SJ
黑海番鸭　Melanitta nigra		√		P	PA		
斑脸海番鸭　M. fusca		√		P	PA		PR,SJ
鸳鸯　Aix galericulata		√		P	PA	+	Ⅱ
鹊鸭　Bucephala clangula		√		W	PA	+	SJ
白秋沙鸭　Mergus albellus		√		P	PA	+	SJ
普通秋沙鸭　Mergus merganser		√		W	WD	+ +	SJ,PR
五、隼形目　FALCONIFORMES							
（六）鹰科　Accipitridae							

续表

日科种	生活环境			居留情况	区系类型	种群数量	保护级别
	村庄、农田、人工林	水域	荒滩草地				
苍鹰　Accipiter gentilis	√		√	P	WD	+	Ⅱ
雀鹰　Accipiter nisus				P	WD	+	Ⅱ
普通　Buteo buteo	√			P	WD	+	Ⅱ
白尾鹞　Circus cyaneus	√			P	PA	+	Ⅱ,SJ
（七）隼科　Falconidae							
游隼　Falco peregrinus		√		R	WD	+	Ⅱ
燕隼　F. subbuteo				P	PA	+	Ⅱ,SJ
阿穆尔隼　Falco amurebsis			√	S	PA	+	Ⅱ
红隼　Falco tinnunculus	√		√	R	WD	+	Ⅱ
六、鸡形目　GALLIFORMES							
（八）雉科　Phasianidae							
石鸡　Alectoris chukar	√			R	PA	+	PR
鹌鹑　Coturnix coturnix	√			P	PA	+	SJ
雉鸡　Phasianus colchicus	√			R	PA	+ +	PR
七、鹤形目　GRUIFORMES							
（九）三趾鹑科　Turnicidae							
黄脚三趾鹑　Turnix tanki			√	S	WD		
（十）鹤科　Gruidae							
灰鹤　Grus grus	√	√		W	PA	+ +	Ⅱ,SJ
丹顶鹤　Grus japonensis		√		P	PA	+	Ⅰ
白枕鹤　Grus vipio		√		P	PA	+	Ⅱ,SJ
（十一）秧鸡科　Rallidae							
普通秧鸡　Rallus aquaticus				P	PA	+	PR,SJ
小田鸡　Porzana pusilla				P	WD	+	SJ
红胸田鸡　Porzana fusca				S	O	+	SJ
黑水鸡　Gallinula chloropus		√		S	WD	+ +	SJ
董鸡　Gallicrex cinerea	√	√		S	O	+	SJ
骨顶鸡　Fulica atra		√		R	WD	+ + +	

续表

目科种	生活环境			居留情况	区系类型	种群数量	保护级别
	村庄、农田、人工林	水域	荒滩草地				
（十二）鸨科　Otidae							
大鸨　Otistarda	√			W	PA	＋＋	I
八、鸻形目　CHARADRIIFORMES							
（十三）水雉科　Jacanidae							
水雉　Hydrophasianus chirurgus				S	O	＋	PR,SA
（十四）彩鹬科　Rostratulidae							
彩鹬　Rostratula benghalensis				S	O	＋	PR,SJ,SA
（十五）鸻科　Charadriidae							
凤头麦鸡　Vanellus vanellus	√	√		P	PA	＋＋	SJ
金眶鸻　Charadrius dubius				S	WD	＋	SA
环颈鸻　Charadrius alexandrinus		√		S	WD	＋＋	
（十六）燕鸻科　Glareolidae							
普通燕鸻　Glareola maldivarum		√		S	WD	＋	SJ,SA
（十七）鹬科　Scolopacidae							
丘鹬　Scolopax rusticola		√		P	PA	＋	SJ
针尾沙锥　Gallinago stenura				P	WD	＋	SA
扇尾沙锥　Gallinago gallinago		√		P	PA	＋	SJ
中杓鹬　Numenius phaeopus				P	PA	＋	SJ,SA
白腰杓鹬　Numenius arquata				P	PA	＋	PR,SJ,SA
鹤鹬　Tringa erythropus		√		P	PA	＋	SJ
青脚鹬　Tringa nebularia		√		P	PA	＋＋	SJ,SA
白腰草鹬　Tringa ochropus		√		P	PA	＋＋	SJ
林鹬　Tringa glareola		√		P	PA	＋	SJ,SA
矶鹬　Actitis hypoleucos		√		S	PA	＋	SJ,SA
（十八）鸥科　Laridae							
黑尾鸥　Larus crassirostris				S	PA	＋	
银鸥　Larus argentatus		√		R	PA	＋＋	SJ
红嘴鸥　Larus ridibundus		√		S	WD	＋	SJ

续表

目科种	生活环境			居留情况	区系类型	种群数量	保护级别
	村庄、农田、人工林	水域	荒滩草地				
（十九）燕鸥科　Sternidae							
白翅浮鸥　Chlidonias leucoptera		√		P	PA	+	SA
九、鸽形目　COLUMBIFORMES							
（二十）鸠鸽科　Columbidae							
山斑鸠　Streptopelia orientalis	√		√	R	WD	+ + +	
灰斑鸠　Streptopelia decaocto	√		√	R	WD	+ +	PR
火斑鸠　Oenopopelia tranquebarica	√			S	WD	+	
珠颈斑鸠　Streptopelia chinensis	√		√	R	O	+ +	
十、鹃形目　CUCULIFORMES							
（二十一）杜鹃科　Cuculidae							
四声杜鹃　Cuculus micropterus			√	S	O	+ +	PR
大杜鹃　Cuculus canorus			√	S	WD	+ +	SJ
中杜鹃　Cuculus saturatus				S	WD	+	SJ,SA
小杜鹃　Cuculus poliocephalus				S	WD	+	PR,SJ
十一、鸮形目　STRIGIFORMES							
（二十二）鸱鸮科　Strigildae							
红角鸮　Otus scops	√			S	WD	+	Ⅱ
雕鸮　Bubo bubo	√		√	R	PA	+	Ⅱ
斑头鸺鹠　Gcuculoides whiteleyi	√		√	R	O	+	Ⅱ
纵纹腹小鸮　Athene noctua	√		√	R	PA	+	Ⅱ
长耳鸮　Asio otus	√		√	W	PA	+	Ⅱ,SJ
短耳鸮　Asio flammeus	√		√	P	PA	+	Ⅱ,SJ
十二、夜鹰目　CAPRIMULGIFORMES							
（二十三）夜鹰科　Caprimulgidae							
普通夜鹰　Caprimulgus indicus				S	WD	+	PR,SJ
十三、雨燕目　APODIFORMES							
（二十四）雨燕科　Apodidae							
雨燕　Apus apus		√		S	PA	+	

续表

目科种	生活环境			居留情况	区系类型	种群数量	保护级别
	村庄、农田、人工林	水域	荒滩草地				
十四、佛法僧目　CORACIIFORMES							
（二十五）翠鸟科　Alcedinidae							
普通翠鸟　Alcedo atthis		√		R	WD	+	
（二十六）佛发僧科　Coraciidae							
三宝鸟　Eurystomus orientalis				S	O	+	PR,SJ
十五、戴胜目　UPUPIFORMES							
（二十七）戴胜科　Upupidae							
戴胜　Upupa epops	√		√	S	WD	+ +	
十六、鴷形目　PICIFORMES							
（二十八）啄木鸟科　Picidae							
蚁鴷　Jynx torquilla	√			P	PA	+	PR
星头啄木鸟　Piclides canicapillus	√			R	O	+	PR
棕腹啄木鸟　Dendrocopos hyperythrus	√			S	WD	+	PR
大斑啄木鸟　Picoides major			√	R	PA	+ +	
灰头绿啄木鸟　Picus canus			√	R	WD	+ +	
十七、雀形目　PASSERIFORMES							
（二十九）百灵科　Alaudidae							
凤头百灵　Galerida cristata			√	R	PA	+	PR
云雀　Alauda arvensis	√		√	W	PA	+	
小云雀　Alauda gulgula	√		√	R	WD	+	
（三十）燕科　Hirundinidae							
家燕　Hirundo rustica	√		√	S	WD	+ + +	SJ,SA
金腰燕　Hirundo daurica	√		√	S	WD	+ +	SJ
（三十一）鹡鸰科　Motacillidae							
白鹡鸰　Hirundo alba	√	√		S	WD	+ +	SJ,SA
黄鹡鸰　Motacilla flava	√			S	PA	+	SJ,SA
灰鹡鸰　Motacilla cinerea			√	S	WD	+	SA
田鹨　Anthus novaeseelandiar			√	P	WD	+	SJ

续表

目科种	生活环境			居留情况	区系类型	种群数量	保护级别
	村庄、农田、人工林	水域	荒滩草地				
树鹨 Anthus hodgsoni	√			P	PA	+	SJ
红喉鹨 Anthus cervinus			√	P	PA	+	SJ
水鹨 Anthus spinoletta			√	P	PA	+	SJ
（三十二）山椒鸟科 Campephagidae							
灰山椒鸟 Pericrocotus divaricatus			√	P	PA	+	SJ
（三十三）鹎科 Pycnonotidae							
白头鹎 Pycnonotus sinensis			√	R	O	+	
（三十四）太平鸟科 Bombycillidae							
太平鸟 Bombycilla garrulus				P	PA	+	PR,SJ
（三十五）伯劳科 Laniidae							
虎纹伯劳 Lanius tigrinus	√			S	PA	+	
红尾伯劳 Lanius cristatus	√			S	PA	+	SJ
（三十六）黄鹂科 Oriolidae							
黑枕黄鹂 Oriolus chinensis	√		√	S	O	+ +	PR,SJ
（三十七）卷尾科 Dicruridae							
黑卷尾 Dicrurus macrocercus	√		√	S	O	+ +	
发冠卷尾 Dicrurus. hottentottus	√			S	O	+	
（三十八）椋鸟科 Sturnidae							
灰椋鸟 Sturnus cineraceus			√	R	PA	+ + +	
（三十九）鸦科 Corvidae							
灰喜鹊 Cyanopica cyana	√		√	R	PA	+ +	
喜鹊 Pica pica	√		√	R	PA	+ + +	
寒鸦 Corvus monedula	√		√	R	PA	+	SJ
秃鼻乌鸦 C. frugilegus	√		√	R	PA	+ + +	SJ
大嘴乌鸦 Corvus macrorhynchus	√		√	R	WD	+ + +	
（四十）鹪鹩科 Troglodytidae							
鹪鹩 Troglodytes troglodytes				W	PA	+	
（四十一）岩鹨科 Prunellidae							

续表

目科种	生活环境			居留情况	区系类型	种群数量	保护级别
	村庄、农田、人工林	水域	荒滩草地				
棕眉山岩鹨　Prunella montanella			√	W	PA	+	
(四十二)鸫科　Turdidae							
红喉歌鸲(红点颏)　Luscinia calliope			√	P	PA	+	PR,SJ
蓝喉歌鸲(蓝点颏)　Luscinia svecica			√	P	PA	+	SJ
红胁蓝尾鸲　Tarsiger cyanurus	√		√	P	PA	+	SJ
北红尾鸲　Phoenicurus auroreus		√	√	R	PA	+ +	SJ
黑喉石䳭　Saxicola torquata	√		√	P	PA	+	SJ
蓝头矶鸫　Monticola cinclorhynchus				P	PA	+	
蓝矶鸫　Monticola solitarius	√		√	S	PA	+	
虎斑地鸫　Zoothera dauma	√			P	PA	+	
灰背鸫　Turdus hortulorum			√	P	PA	+	SJ
斑鸫　Turdus naumanni	√			P	PA	+	SJ
(四十三)鹟科　Muscicapidae							
乌鹟　Muscicapa sibirica	√		√	P	PA	+	SJ
白眉[姬]鹟　Ficedula zanthopygia	√		√	P	PA	+	SJ
鸲[姬]鹟　Ficedula mugimaki	√		√	P	PA	+	SJ
白腹蓝[姬]鹟　Cyanoptila cyanomelana	√		√	P	PA	+	SJ
(四十四)扇尾莺科　Cisticolidae							
棕扇尾莺　Cisticola juncidis	√		√	P	WD	+	
(四十五)莺科　Sylviidae							
淡脚树莺　P. tenellipes			√	P	PA	+	SJ
日本树莺(短翅树莺)　Cettia diphone			√	P	WD	+	
黄腹柳莺　Phylloscopus affinis			√	P	PA	+	
大苇莺　Acrocephalus arundinaceus	√		√	S	PA	+ +	SJ,SA
褐柳莺　Phylloscopus fuscatus	√			P	PA	+	
棕眉柳莺　Phylloscopus armandii			√	P	PA	+	
黄眉柳莺　Phylloscopus inornatus			√	P	PA	+	SJ
极北柳莺　Phylloscopus borealis			√	P	PA	+	SJ,SA

续表

目科种	生活环境			居留情况	区系类型	种群数量	保护级别
	村庄、农田、人工林	水域	荒滩草地				
(四十六)戴菊科　Regulidae							
戴菊　Regulus regulus				P	PA	+	
(四十七)绣眼鸟科　Zosteropidae							
暗绿绣眼鸟　Zosterops japonica			√	S	O	+	PR
红肋绣眼鸟　Zosterops. erythropleura			√	P	PA	+	
(四十八)攀雀科　Remizidae							
攀雀　Eurasian Penduline				P	PA	+	
(四十九)山雀科　Paridae							
大山雀　Parus major	√			R	WD	+ +	
黄腹山雀　Parus venustulus	√			R	O	+	
沼泽山雀　Parus palustris	√			R	PA	+ +	
(五十)旋木雀科　Certhiidae							
旋木雀　Certhia familiaris	√			W	PA	+	
(五十一)雀科　Passeridae							
树麻雀　Passer montanus	√		√	R	WD	+ + +	
山麻雀　Passer rutilans	√			R	WD	+	SJ
(五十二)燕雀科　Fringillidae							
燕雀　Fringilla montifringlla	√		√	R	PA	+	SJ
黄雀　Carduelis spinus	√		√	W	PA	+	PR,SJ
金翅雀　Carduelis sinica	√		√	R	WD	+ +	
灰腹灰雀　Pyrrhula griseiventris				W	PA	+	
锡嘴雀　Coccothraustes coccothraustes	√			P	PA	+	SJ
黑尾蜡嘴雀　Eophona migratoria	√		√	P	PA	+	SJ
黑头蜡嘴雀　Eophona personata	√			P	PA	+	
(五十三)鹀科　Emberizidae							
三道眉草鹀　Emberiza cioides	√		√	R	PA	+ +	
白眉鹀　Emberiza tristrami	√		√	P	PA	+	SJ
栗耳鹀　Emberiza fucata			√	P	PA	+	SJ

目科种	生活环境			居留情况	区系类型	种群数量	保护级别
	村庄、农田、人工林	水域	荒滩草地				
小鹀　Emberiza pusilla	√			W	PA	+	SJ
黄眉鹀　Emberiza chrysophrys			√	P	PA	+	
田鹀　Emberiza rustica	√			W	PA	+	SJ
黄喉鹀　Emberiza elegans	√			P	PA	+	SJ
黄胸鹀　Emberiza aureola			√	P	PA	+	SJ
栗鹀　Emberiza rutila			√	P	PA	+	
灰头鹀　Emberiza spodocephala	√		√	P	PA	+	SJ
芦鹀　Emberiza schoeniclus			√	P	PA	+	SJ
铁爪鹀　Calcarius lapponicus	√		√	W	PA	+	SJ

注:1.居留情况:R:留鸟,S:夏候鸟,W:冬候鸟,P:旅鸟;

2.区系类型:PA:古北界鸟类,O:东洋界鸟类,WD:广布种;

3.保护级别:Ⅰ:国家一级重点保护动物,Ⅱ:国家二级重点保护动物,PR:省级保护动物,SJ:中日候鸟保护协定中保护的鸟类,SA:中澳候鸟保护协定中保护的鸟类;

4.种群数量:+表示稀有种,++表示普通种,+++表示优势种。

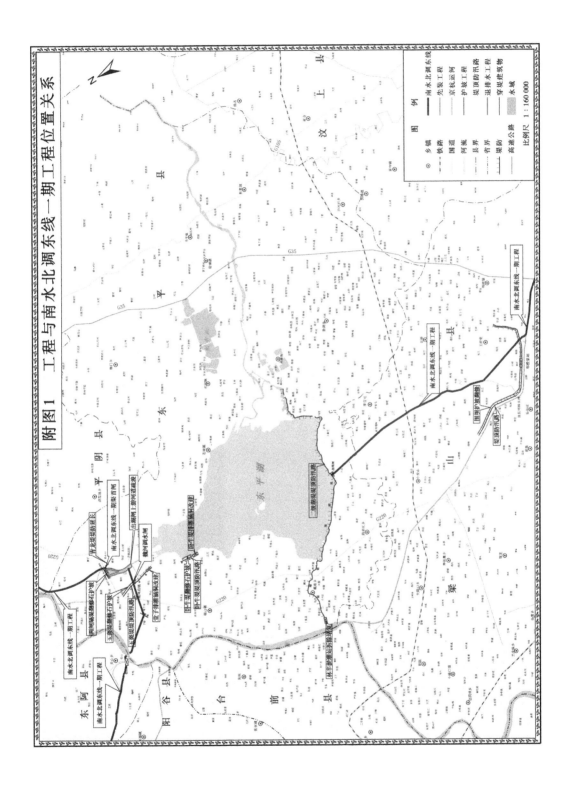

附图 1　工程与南水北调东线一期工程位置关系

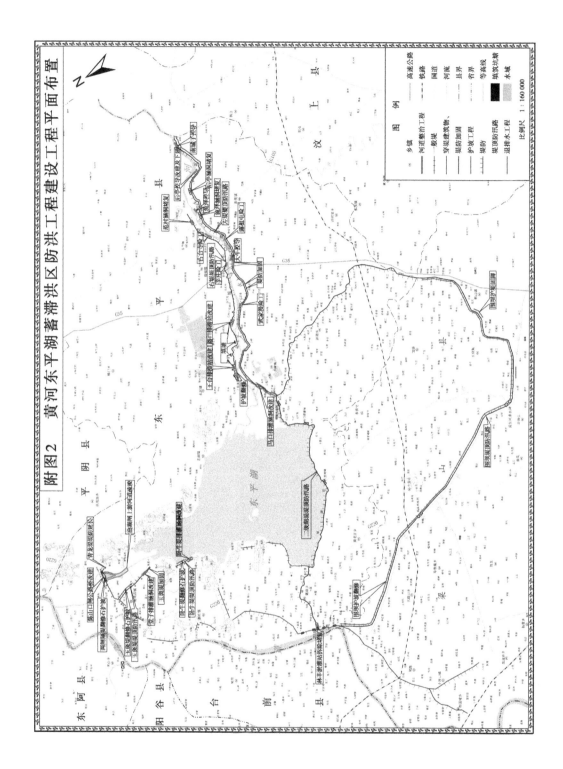

附图2　黄河东平湖蓄滞洪区防洪工程建设工程平面布置

参 考 文 献

[1] 水利部黄河水利委员会.黄河流域防洪规划[M].郑州:黄河水利出版社,2008.

[2] 水利部黄河水利委员会.黄河流域地图集[M].北京:中国地图出版社,1989.

[3] 水利部水资源司,水利部水利水电规划设计总院.全国重要江河湖泊水功能区划手册[M].北京:中国水利水电出版社,2013.

[4] 王中敏,柳七一,李欣欣.长江中下游蓄滞洪区建设环境影响评价的重点[J].人民长江,2008,39(23):119-120.

[5] 穆伊舟,周艳丽,陈希媛,等.亚行贷款黄河防洪工程施工环境影响评价[J].人民黄河,2009,31(3):109-110.

[6] 李惠民,文琛,黄影,等.修河流域防洪工程及其环境影响评价[J].科技创新导报,2013(11):121-121.

[7] 范景坤.双子河堤防工程环境影响分析与经济效益评价[D].哈尔滨:黑龙江大学,2015.

[8] 胥峰.丘陵地区防洪工程环境影响研究[J].科技风,2013(16):151.

[9] 俏娃.恰普河防洪工程对环境影响分析[J].陕西水利,2014-151(F06):119-120.

[10] 余锦龙,雷波,曹炳伟,等.江西省五河治理防洪工程(赣江干支流及渌水)对区域生态完整性的影响研究[J].江西科学,2013,31(5):702-706.

[11] 党永红,杜远,周伟东.黄河河口防洪工程建设对山东黄河三角洲国家级自然保护区鸟类影响评价[C]//中国水利学会.中国水利学会2014学术年会论文集(上册).南京:河海大学出版社,2014.

[12] 李桂霞,闫桂云,孙旭民,等.黄河下游防洪工程的环境监测评价的重要性[C]//中国水利学会.中国水利学会2008学术年会论文集(上册).北京:中国水利水电出版社,2008.

[13] 臧滨城.防洪工程建设对环境影响评价方法的探讨[J].现代园艺,2016(4):162-162.

[14] 简华丹.城市防洪工程对生态环境的影响及保护对策[J].轻工科技,2014(12):76-77.

[15] 孙飚.安肇新河及其滞洪区对水生态环境的影响研究[J].黑龙江水利科技,2014,42(8):8-11.

[16] 王国栋,许秀贞.洞庭湖蓄滞洪区安全建设与生态环境可持续发展[J].人民长江,2009,40(3):35-37.

[17] 王培.长江流域城市防洪工程环境影响评价[J].水利水电快报,2001,22(20):14-16.

[18] 田中久.城市防洪工程环境影响分析[J].科协论坛,2007(1):90-90.

[19] 何铁生,王学雷.洞庭湖区防洪治涝堤防工程及其环境影响评价[J].华中师范大学学报:自然科学版,2004,38(1):105-108.

[20] 韩晓红.汾河上游干流河道治理对环境的综合影响[J].山西水利科技,2004(2):10-11.

[21] 梁达,穆军.汾河下游防洪工程环境影响及保护方案分析[J].科研,2015(31):105-105.

[22] 刘宪春,徐宪立.黄河下游防洪工程的生态环境影响分析[J].水土保持通报,2005,25(1):78-81,87.

[23] 董丽,孟祥娟.科洛河防洪工程的环境影响分析及环保措施[J].黑龙江水利科技,2011,39(1):227-228.

[24] 孟凡光,徐美.三江平原防洪治涝工程对区域生态环境的影响评价[J].东北水利水电,2007,25

(8):51-53.

[25] 陈懋平, 席凤仪, 高超. 黄河下游河道整治工程建设环境保护研究[J]. 人民黄河, 2004, 26(11): 35-36, 43.

[26] 陈增奇, 陈伟法. 城市防洪工程环境影响评价若干问题探讨[J]. 水利技术监督, 2002, 10(3):36-38.

[27] 董红霞, 梁丽桥, 王玉晓. 黄河下游防洪工程环境影响分析[J]. 人民黄河, 2004, 26(1):10-11.

[28] 孟丽, 寇敏星, 万丹. 浅析细河城市段防洪工程建设对环境的影响[J]. 水利科技与经济, 2005, 11(4):229-230.

[29] 刘进义. 涑水河入黄口治理工程环境影响及保护方案[J]. 山西建筑, 2008, 34(26):354-355.

[30] 黄玉芳, 王成, 申景芳, 等. 淮河流域重点平原洼地治理工程重要环境问题影响研究[J]. 治淮, 2009(12):22-23.

[31] 陈金萍, 孙栋, 王志忠, 等. 2006~2007年东平湖渔业水环境分析与评价[J]. 齐鲁渔业, 2010, 27(7):12-15.

[32] 孙婕, 李淑娟, 张明, 等. 2009年东平湖水库运用对黄河河道冲淤的影响[J]. 水资源与水工程学报, 2010, 21(3):163-165.

[33] 侯元, 张芹, 尚艳丽. 大汶河流域地下水位动态预测[J]. 地下水, 2010, 32(4):84-85, 105.

[34] 倪深海, 刘传宝. 大汶河流域地下水资源开发利用对策研究[J]. 地下水, 1998, 20(1):7-8, 11.

[35] 刘建成, 孔莉莉. 堤防截渗墙加固对圩区地下水水质的影响[J]. 河海大学学报: 自然科学版, 2008, 36(6):748-752.

[36] 王志忠, 王钦东, 陈述江, 等. 东平湖大型底栖动物多样性及其环境质量评价[J]. 广东农业科学, 2011, 38(20):120-123.

[37] 杜玉海, 高峰, 李洪书. 东平湖分洪运用调度分析[J]. 人民黄河, 2008, 30(10):96-97.

[38] 郭沛涌, 林育真, 李玉仙. 东平湖浮游植物与水质评价[J]. 海洋湖沼通报, 1997(4):37-42.

[39] 张欣, 喻宗仁, 赵培才, 等. 东平湖高浓度污染水团的发生规律及监测研究[J]. 环境工程, 2004, 22(4):57-59.

[40] 路明, 刘加珍, 陈永金. 东平湖环境问题的影响因素与综合治理分析[J]. 安徽农业科学, 2012, 40(9):5490-5492.

[41] 贾维花, 侯鹏, 杨锋杰. 基于遥感方法的东平湖水域动态监测[J]. 测绘与空间地理信息, 2005, 28(1):52-55.

[42] 姜东生, 刘存功, 刘桂珍, 等. 东平湖及周围水环境分析[J]. 海洋湖沼通报, 2002(4):12-15.

[43] 佘文学, 殷建军. 东平湖库区可持续发展综合分析[J]. 中国人口·资源与环境, 2003, 13(4):73-77.

[44] 张翠华, 刘贵福, 杨静, 等. 东平湖库区涝洼地治理改造的成效与经验[J]. 中国西部科技, 2006(4):33-34.

[45] 刘拴明, 佘文学, 赵世来. 东平湖库区社会经济可持续发展分析[J]. 人民黄河, 2003, 25(10):32-33.

[46] 陈洪山, 郭国全, 曹洪升. 东平湖库区水资源开发利用存在的问题与对策[J]. 人民黄河, 2003, 25(10):34-35.

[47] 路洪海, 陈诗越, 张重阳. 东平湖流域洪涝灾害特点与成灾机理分析[J]. 人民黄河, 2012, 34(3):6-7, 10.

[48] 路洪海, 陈诗越. 东平湖流域水环境存在的问题与治理对策[J]. 贵州农业科学, 2011, 39(7): 201-203.

[49] 林育真,李玉仙.东平湖轮虫群落与水质评价[J].山东师范大学学报:自然科学版,1998,13(1): 63-67.

[50] 张景富,吴惠民,秦玉玲,等.南水北调东线工程东平湖水 COD 环境容量计算及水质控制措施 [J].中国环境监测,2003,19(6):50-52.

[51] 张景富,秦玉玲,蒋爱军,等.东平湖区高浓度污染水团的发生规律监测研究[J].水资源保护, 2004,20(5):42-45.

[52] 贾传义.东平湖区域水资源综合利用战略研究[J].地下水,2008,30(2):98-102.

[53] 张兴强,焦德申.东平湖区主要气象灾害及其防御初探[J].山东气象,2004,24(B11):29-30.

[54] 窦素珍,喻亲仁,李东元,等.山东省东平湖浮游动物与富营养化防治[J].重庆环境科学,2002, 24(2):58-62,68.

[55] 林育真,李玉仙.山东省东平湖轮虫种类组成研究[J].齐鲁渔业,1997,14(2):21-23.

[56] 林育真,李玉仙,郭沛涌.山东省东平湖枝角类初步研究[J].动物学杂志,1998,33(2):3-11.

[57] 庞清江.东平湖生态环境质量综合评价[J].海河水利,2004(3):17-20.

[58] 李兴国,刘道辰.东平湖生态系统服务功能及其影响因子分析[J].聊城大学学报:自然科学版, 2012,25(2):92-95.

[59] 王丰川,刘加珍,陈永金.东平湖湿地不同土地利用方式草本植物特征分析[J].安徽师范大学学 报:自然科学版,2013,36(2):147-152.

[60] 彭博.东平湖湿地生态补偿研究综述[J].科技信息,2013(8):163-164.

[61] 高桂芹.东平湖湿地生态系统健康评价研究[D].济南:山东师范大学,2006.

[62] 侯新闻,梁建峰.东平湖水库泄流存在的问题与建议[J].人民黄河,2002,24(3):6,17.

[63] 庞清江,李白英.东平湖水体富营养化评价[J].水资源保护,2003,19(5):42-44.

[64] 陈永金,林丽,刘加珍,等.东平湖水体环境容量分析[J].人民黄河,2012,34(6):61-62.

[65] 毛伟兵,庞清江,李冬梅.东平湖水污染关键因子的控制研究[J].山东农业大学学报:自然科学 版,2003,34(1):29-32,36.

[66] 王志忠,巩俊霞,陈述江,等.东平湖水域浮游植物群落组成与生物量研究[J].长江大学学报:自 科版,2011,8(5):235-240.

[67] 崔长勇,刘娟,刘生云,等.东平湖蓄滞洪区风险区划与安全建设方案[J].人民黄河,2010,32 (2):21-22.

[68] 张仁哲,朱振明.东平湖营养物状况调查与分析[J].山东环境,1998(2):35-36.

[69] 郝金之.东平滞洪区存在的问题及对策研究[J].人民黄河,2006,28(6):14-15.

[70] 贾传义,张运华,牛晓燕.东平湖周边地下水开发利用保护研究[J].地下水,2008,30(6):40-45.

[71] 蒋平.洞庭湖区堤防加固加高工程对水文情势影响分析[J].上海水务,2001(2):40-43.

[72] 孟熊,傅臻炜,廖小红.洞庭湖蓄滞洪区风险评价[J].湖南水利水电,2013(1):39-41.

[73] 邓命华,段炼中,黄昌林.洞庭湖蓄滞洪区建设管理问题与对策研究[J].中国农村水利水电, 2009(11):40-42.

[74] 牛铜钢,束晨阳,刘冬梅.风景名胜区重大建设项目影响评价方法——以成兰铁路穿越黄龙风景 名胜区为例[J].中国园林,2009,25(12):15-18.

[75] 贾生元,陶思明.关于建设项目对自然保护区生态影响专题评价的思考[J].四川环境,2008,27 (5):64-69.

[76] 山东农业生态环保学会.关于南水北调东线山东段农业面源污染防治对策的建议[J].学会,2006 (2):55-56.

[77] 罗小青.淮河蓄滞洪区调度与运用初探[J].中国水利,2006(23):33-35.

[78] 董红霞, 李晓玲, 王楠, 等. 黄河下游防洪工程建设对湿地自然保护区的影响及减缓措施探讨[J]. 水资源保护, 2011, 27(5):97-100,118.

[79] 贺国平, 邵景力, 崔亚莉. 黄河下游截渗墙对地下水影响的数学模型与评价[J]. 人民黄河, 2003, 25(1):22-23.

[80] 邹剑峰, 刘起霞, 吴国宏. 黄河下游拟建堤防截渗墙的工程地质问题分析[J]. 工程地质学报, 2002, 10(1):68-73.

[81] 张芹, 陈诗越. 历史时期黄河下游地区的洪水及其对东平湖变迁的影响[J]. 聊城大学学报: 自然科学版, 2013, 26(1):70-74.

[82] 杜延成, 张平, 李清华. 利用水生植物防止东平湖二级湖堤风浪破坏的建议[J]. 科技视界, 2012(17):290-291.

[83] 李敏. 南水北调东平湖高水位蓄水带来的影响及对策[J]. 山东水利, 2000(9):40-41.

[84] 罗辉, 欧阳越, 周建仁. 南水北调东平湖水质分析与治理对策[J]. 水利水电技术, 2003, 34(11):18-20.

[85] 刘德文, 何杉. 南水北调东线(黄河以北)水质预测及保护对策研究[J]. 水资源保护, 1995(2):6-11,16.

[86] 郭亚梅, 任东红. 南水北调东线背景下东平湖综合效益的发挥[J]. 人民黄河, 2012, 34(11):23-25.

[87] 朱顺初, 胡魏耿. 南水北调东线第一期工程对水文情势的影响分析[J]. 治淮, 2007(3):11-13.

[88] 黄永生. 南水北调东线第一期工程济平干渠先期调水对东平湖的环境风险分析[J]. 治淮, 2003(2):11-12.

[89] 杜虹, 梅立庚. 南水北调东线东平湖蓄水影响处理工程对生态环境的影响分析[J]. 海河水利, 2006(5):15-17.

[90] 武士国, 高峰, 李新立. 南水北调东线对东平湖滞洪区运用的影响[J]. 人民黄河, 2011, 33(4):5-6.

[91] 张景富, 吴惠民, 秦玉玲, 等. 南水北调东线工程东平湖水 COD 环境容量计算及水质控制措施[J]. 中国环境监测, 2003, 19(6):50-52.

[92] 张景富, 蒋爱军, 凌文革, 等. 南水北调东线工程东平湖水质保证措施研究[J]. 中国环境管理, 2003, 22(S1):70-71.

[93] 侯新闻. 南水北调东线工程对东平湖蓄水的影响及对策[J]. 中国水利, 2003(8):37-38.

[94] 刘长余, 赵培青, 韩凤来. 南水北调东线工程山东段概况[J]. 山东水利, 2003(3):5-6.

[95] 陈冬青, 孟凡朋, 陈岩. 南水北调东线工程山东段水质保证的措施探讨[J]. 山东环境, 2002(3):28-30.

[96] 郝彩萍, 傅新莉. 南水北调东线工程实施后东平湖运行管理研究思路[J]. 山东水利, 2006(12):37-39.

[97] 耿雷华, 姜蓓蕾, 付开文, 等. 南水北调东线工程输水系统运行风险研究[J]. 人民黄河, 2012, 34(1):92-95.

[98] 杨登琴. 南水北调东线工程输水与排洪排涝的关系[J]. 治淮, 1996(8):19-21.

[99] 董金梅, 曲玲, 田瑾, 等. 南水北调东线工程调水沿线现状水质浅析[J]. 山东水利, 2006(2):18-19.

[100] 万一, 黄永生, 王晖. 南水北调东线工程调蓄湖泊湿地环境影响评价及保护措施[J]. 环境科学研究, 2003, 16(4):5-7,11.

[101] 魏继东, 万一. 南水北调东线工程调蓄湖泊水环境保护[J]. 治淮, 2002(7):13-15.

[102] 祝寿泉,单光宗,胡纪常,等.南水北调东线沿线土壤盐渍化初步分析[J].地理研究,1984,3(4):111-118.

[103] 水利部南水北调规划设计管理局.南水北调工程总体规划内容简介[J].中国水利,2003(2):11-13.

[104] 张金凤.南四湖污染对南水北调东线水质的影响及应对方法探索[J].中国高新技术企业,2012,(32/35):8-9.

[105] 郭凤清,曾辉,丛沛桐,等.滠江蓄滞洪区洪灾风险分析及避难转移安置研究[J].灾害学,2013,28(3):85-90.

[106] 王章立.浅谈蓄滞洪区在防洪减灾中的作用[J].水利管理技术,1998,18(4):13-16.

[107] 赖晓珍,郁丹英.浅析南水北调东线工程调水沿线地表水水质现状及保护措施[J].治淮,2007(9):7-9.

[108] 韩修民,周玉印.山东省蓄滞洪区及黄河滩区规划建设的对策措施[J].山东水利,2004(12):7-8.

[109] 山东省环境保护局,山东省质量技术监督局.DB 37/599—2006.山东省南水北调沿线水污染物综合排放标准[S].[2008-04-30].http://www.sdein.gov.cn/hjbz/zfhjhz/sldb/200804/t20080430-121228.html.

[110] 王刚,李平.泰安市大汶河流域地下水开发利用问题及对策[J].地下水,2008,30(1):51,56.

[111] 侯传河,沈福新.我国蓄滞洪区规划与建设的思路[J].中国水利,2010(20):40-44,64.

[112] 杜梅,苗沛然,刘伟.蓄滞洪区对生态影响评价[J].东北水利水电,2002,20(5):45-46.

[113] 向立云.蓄滞洪区管理案例研究[J].中国水利水电科学研究院学报,2003,1(4):260-265.

[114] 李罗刚,安利军.蓄滞洪区规划建设管理措施探讨[J].河南水利与南水北调,2005(10):21-21.

[115] 鲍文.蓄滞洪区减灾与可持续发展研究[J].人民黄河,2007,29(10):14-15.

[116] 梅亚东,冯尚友.蓄滞洪区利用与减灾研究[J].水科学进展,1995,6(2):145-149.

[117] 张彬,朱东恺,施国庆.蓄滞洪区社会经济问题研究综述[J].人民长江,2007,38(9):143-147.

[118] 王薇,李传奇,向立云.蓄滞洪区生态修复研究[J].水利水电技术,2003,34(7):61-63.

[119] 高学平,郭磊,李兰秀.蓄滞洪区蓄水优化研究[J].干旱区资源与环境,2006,20(5):46-50.

[120] 刘桂成,刘艳艳,李敬忠,等.治理东平湖流域污染为南水北调东线工程提供优良水质[J].中国环境管理,2003,22(S1):108-110.